普通高等学校"十四五"应用型精品教材

微积分

（下册）

主　编　刘　荷

副主编　田　苗　张海明　赵雯晖　蔺秀丽

西南交通大学出版社

·成　都·

图书在版编目（CIP）数据

微积分. 下册 / 刘荷主编. —成都：西南交通大学出版社，2022.1（2025.1 重印）
ISBN 978-7-5643-8525-5

Ⅰ. ①微… Ⅱ. ①刘… Ⅲ. ①微积分 – 高等学校 – 教材 Ⅳ. ①O172

中国版本图书馆 CIP 数据核字（2021）第 276983 号

Weijifen (Xiace)

微积分（下册）

主　编　刘　荷

责任编辑	王　旻
特邀编辑	赵鲜花
封面设计	何东琳设计工作室

出版发行	西南交通大学出版社
	（四川省成都市金牛区二环路北一段 111 号
	西南交通大学创新大厦 21 楼）
邮政编码	610031
营销部电话	028-87600564　028-87600533
网址	http://www.xnjdcbs.com
印刷	成都中永印务有限责任公司

成品尺寸	185 mm×260 mm
印张	15.5
字数	389 千
版次	2022 年 1 月第 1 版
印次	2025 年 1 月第 3 次
定价	46.00 元
书号	ISBN 978-7-5643-8525-5

课件咨询电话：028-81435775
图书如有印装质量问题　本社负责退换
版权所有　盗版必究　举报电话：028-87600562

前　言

数学是自然科学、工程、经济、金融等各个领域的基础，是各学科进行科研的重要手段与工具。微积分又是近代数学的基础，是经济管理类各专业的必修课，也是经管专业院校硕士研究生入学考试的必考科目。本书以经典微积分为主要内容，通过微积分的学习，可以初步掌握数学的基本功能，能够对已知规律进行数学描述，打下建立数学模型的基础，并能获得通过数学建模解决实际问题的能力。掌握好微积分的基础知识、基本理论及基本技能和分析方法，对学生综合素质的培养及后续课程的学习有着极其重要的作用。

本书的编写是以优化教学内容、加强基础、突出应用、提高学生素质、便于教学为原则，力求做到理论清晰、重点突出、知识要点明确、循序渐进、深入浅出，弱化定理公式的推导证明，着重讲清基本概念、基本思想、基本方法，使学生在有限的时间内学习数学的精华，形成基本数学思想。同时，加入与经济密切相关的问题、例题与课后习题，使学生会用数学方法解决数学以及相关学科的问题。在学习数学思维方法以及运用数学知识解决实际问题的能力诸方面得到良好的训练与培养，促进学生不断提升知识、能力和素质，提高解决实际问题的能力。

本书的主要特色有：

（1）通过知识点的讲解、重要概念解析、典型例题分析、解题方法归纳总结等，不断加强学生对基本概念、基本理论和基本方法的理解，提高学生分析和解决问题的能力，引导学生对知识进行独立的思考和总结。

（2）强化对学生直觉思维的培养，突出重要概念产生的实际背景，如几何背景、物理背景等，以使学生在学习过程中比较自然地接受这些重要概念，并加以深刻理解。

（3）加强数学知识的应用和数学建模，选编了一些与经济相关的例题、习题及应用知识，丰富了教学内容，培养学生运用数学知识建立简单模型的能力，提高学生解决实际问题的能力。

（4）每节安排的例题与后面的练习题和所学内容互相呼应。每章后配有一套总习题，供学生强化全章知识、综合使用所学知识并检测学习情况。通过有针对性的学习，巩固所学知识。

本书由黑龙江工商学院刘荷编写了第七章、第八章，黑龙江工商学院田苗编写了第十一章和习题答案，黑龙江工商学院张海明编写了第十章，黑龙江工商学院赵雯晖编写了第九章，蔺秀丽组织编者之间协调和校对工作. 全书由刘荷担任主编，由田苗、张海明、赵雯晖、蔺秀丽担任副主编。

本书的每一章节的内容都经过全体编写人员的充分讨论，浓缩了各位教师的经验和智慧。不过世界上没有完美的事物，教材中难免有疏漏之处，敬请同行、专家和读者指出，全体编写人员在此表示诚挚的感谢！

编　者

2021 年 11 月

目 录

第七章

空间解析几何与向量代数

在平面解析几何中，为了使空间的点与数、图形与方程形成联系，我们通过坐标法建立空间直角坐标系，使一元函数有了直观的几何意义，进而可以用代数方法来研究几何问题. 本章着重用类似的方法，建立空间解析几何.

正像平面解析几何的知识对学习一元函数微积分是不可缺少的一样，空间解析几何的知识对学习多元函数微积分也是必要的. 数学中的向量在数学、物理、力学及工程技术中有着广泛的应用，是一种重要的数学工具. 本章首先阐述向量的概念及其运算，然后建立空间直角坐标系，利用坐标讨论向量的运算，以向量为工具讨论空间的平面与直线，并介绍空间解析几何的曲面和空间直线.

第一节 向量及其线性运算

一、向量概念

自然界中的很多量既有大小，又有方向，如位移、速度、加速度、力、力矩等，这一类量叫作**向量**（或**矢量**）.

从定义可知，向量的两个要素是大小和方向. 由于具有这两个要素的最简单的几何图形是有向线段，故用有向线段来表示向量. 有向线段的长度表示向量的大小，有向线段的方向表示向量的方向，以 A 为起点、B 为终点的有向线段所表示的向量记作 $\overrightarrow{AB}$，有时也用黑体字母 $\boldsymbol{a}$ 或在字母上加箭头 $\vec{a}$ 来表示（见图 7.1）.

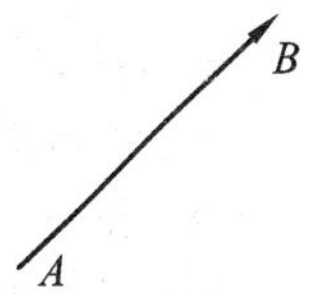

在许多实际问题中所碰到的向量常常与起点无关，鉴于一切向量的共性是它们都有大小和方向，因此在数学上一般我们只研究与起点无关的向量，称这种向量为**自由向量**（以后简称向量）. 在本章，如不特别说明，所讨论的向量都是自由向量.

图 7.1

这里只讨论自由向量. 若两个向量 $\boldsymbol{a}$ 和 $\boldsymbol{b}$ 的大小相等，且方向相同，我们就称向量 $\boldsymbol{a}$ 和 $\boldsymbol{b}$ 是相等的，记作 $\boldsymbol{a} = \boldsymbol{b}$. 若两个非零向量 $\boldsymbol{a}$ 和 $\boldsymbol{b}$ 的方向相同或相反，则称这两个向量平行，记作 $\boldsymbol{a} \parallel \boldsymbol{b}$.

向量的大小称为向量的**模**. 向量 $\boldsymbol{a}, \vec{a}, \overrightarrow{AB}$ 的模依次记作 $|\boldsymbol{a}|, |\vec{a}|, |\overrightarrow{AB}|$. 模等于 1 的向量称为**单位向量**. 模等于 0 的向量称为**零向量**，记为 $\boldsymbol{0}$ 或 $\vec{0}$. 零向量的起点和终点重合，它的方向可以看作是任意的.

设有两个非零向量 **a** 和 **b**，任取空间一点 O，作 $\overrightarrow{OA} = a$，$\overrightarrow{OB} = b$，规定不超过 π 的 $\angle AOB = \varphi$ 为向量 **a** 和 **b** 的夹角（见图 7.2），记作 $(\widehat{a,b})$ 或 $(\widehat{b,a})$，即 $(\widehat{a,b}) = \varphi$. 如果向量 **a** 和 **b** 中有一个是零向量，规定它们的夹角可以在 0 与 π 之间任意取值.

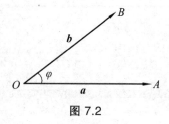

图 7.2

若 **a** 和 **b** 平行，则 $(\widehat{a,b}) = 0$ 或 π. 如果向量 **a** 和 **b** 垂直（记 $a \perp b$），则 $(\widehat{a,b}) = \dfrac{\pi}{2}$. 由于零向量与另一向量的夹角可以在 0 与 π 之间任意取值，因此可以认为零向量与任何向量都平行，也可以认为零向量与任何向量都垂直.

二、向量的线性运算

1. 向量的加减法

向量的加法运算规定如下：

设有两个向量 **a** 和 **b**，以任意点 O 为起点，作 $\overrightarrow{OA} = a$，以 **a** 的终点 A 为起点作 $\overrightarrow{AB} = b$，连接 OB，则向量 $\overrightarrow{OB} = c$ 就是向量 **a** 与 **b** 的和（见图 7.3），即

$$c = a + b$$

这种作出两向量之和的方法叫作向量相加的**三角形法则**.

力学上有求合力的平行四边形法则，类似的数学上也有向量相加的平行四边形法则. 这就是：当向量 **a** 和 **b** 不平行时，以任意点 O 为起点，作 $\overrightarrow{OA} = a$，$\overrightarrow{OB} = b$，再以 OA, OB 为边作一平行四边形 $OACB$，连接对角线，显然向量 $\overrightarrow{OC} = c$ 等于向量 **a** 与 **b** 的和 $a + b$（见图 7.4）.

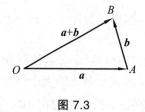

图 7.3

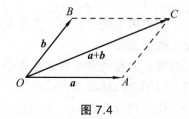

图 7.4

由向量加法的定义可知，向量的加法满足下列运算规律：

（1）交换律：$a + b = b + a$.

（2）结合律：$(a + b) + c = a + (b + c)$.

由于向量加法满足交换律和结合律，故 n 个向量 $a_1, a_2, \cdots, a_n$ 相加可写成

$$a_1 + a_2 + \cdots + a_n$$

并按向量相加的三角形法则，可得 n 个向量相加的法则：使前一向量的终点作为次一向量的起点，相继作向量 $a_1, a_2, \cdots, a_n$，再以第一个向量的起点为起点，最后一向量的终点为终点作一向量，这个向量即为所求的和（见图 7.5），有

$$s = a_1 + a_2 + \cdots + a_n$$

设 a 为一向量，称与 a 的模相同而方向相反的向量为 a 的负向量，记作 $-a$. 由此，我们可以规定两个向量 b 与 a 的差：把向量 b 加到向量 $-a$ 上，便得 b 与 a 的差［见图7.6（a）］，记为 $b-a$ ，即

$$b-a = b+(-a)$$

向量 b 与 a 的差也可按图7.6（b）的方法作出.

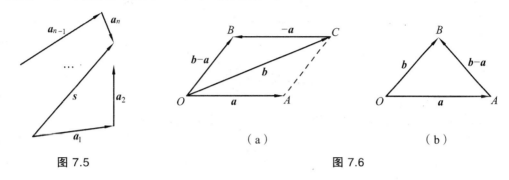

图 7.5　　　　　　　　　　　　　（a）　　　　　　　　（b）　　图 7.6

从图7.6（b）可以看出，若把向量 a 与 b 移到同一点 O ，则从 a 的终点 A 指向 b 的终点 B 的向量便是向量 b 与 a 的差.

由三角形两边之和大于第三边得

$$|a+b| \leqslant |a|+|b| \quad 及 \quad |a-b| \leqslant |a|+|b|$$

其中等号在 a 与 b 同向或反向时成立.

2. 向量与数的乘法

向量 a 与实数 λ 的乘积记作 λa ，规定 λa 是一个向量. 它的模为

$$|\lambda a| = |\lambda||a|$$

它的方向为：当 $\lambda > 0$ 时与 a 相同；当 $\lambda < 0$ 时与 a 相反.

当 $\lambda = 0$ 时， $|\lambda a|=0$ 时，即 λa 为零向量，这时它的方向可以是任意的.

特别地，当 $\lambda = -1$ 时， λa 为 a 的负向量，即 $(-1)a = -a$.

向量与数的乘积满足以下运算规律：

（1）结合律： $\lambda(\mu a) = \mu(\lambda a) = (\lambda \mu)a$.

由向量与数的乘积的规定可知，向量 $\lambda(\mu a), \mu(\lambda a), (\lambda \mu)a$ 都是平行的向量，它们的指向也是相同的，而且

$$|\lambda(\mu a)| = |\mu(\lambda a)| = |(\lambda \mu)a|$$

所以

$$\lambda(\mu a) = \mu(\lambda a) = (\lambda \mu)a$$

（2）分配律： $(\lambda + \mu)a = \lambda a + \mu a$ ，

$$\lambda(a+b) = \lambda a + \lambda b.$$

向量相加、减及数乘向量统称为向量的**线性运算**.

245

根据向量与数的乘积的定义，可得两个向量平行的充要条件：

定理 1.1　设向量 $a \neq 0$，那么向量 b 平行于 a 的充分必要条件是：存在唯一的实数 λ，使 $b = \lambda a$.

证明　条件的充分性是显然的，下面证明条件的必要性.

设 $b \parallel a$，当 b 与 a 同向时取 $\lambda = \dfrac{|b|}{|a|}$，当 b 与 a 反向时取 $\lambda = -\dfrac{|b|}{|a|}$，这时有

$$b = \lambda a$$

且

$$|\lambda a| = |\lambda||a| = \frac{|b|}{|a|}|a| = |b|$$

再证数 λ 的唯一性. 设存在实数 λ, μ，使 $b = \lambda a$ 和 $b = \mu a$，两式相减得

$$(\lambda - \mu)a = 0$$

即

$$|\lambda - \mu||a| = 0$$

因 $|a| \neq 0$，从而 $|\lambda - \mu| = 0$，即 $\lambda = \mu$.

前面已经讲过，模等于 1 的向量叫作单位向量，设 e_a 表示与非零向量 a 同方向的单位向量，那么按照向量乘积的规定，由于 $|a| > 0$，所以 $|a|e_a$ 与 e_a 的方向相同，即 $|a|e_a$ 与 a 的方向相同. 又因 $|a|e_a$ 的模是

$$|a||e_a| = |a| \cdot 1 = |a|$$

所以

$$a = |a|e_a$$

我们规定，当 $|a| \neq 0$ 时，

$$\frac{a}{|a|} = e_a$$

上式表明任一个非零向量除以它的模得到一个与原向量同方向的单位向量.

例 1　在平行四边形 $ABCD$ 中，设 $\overrightarrow{AB} = a$，$\overrightarrow{AD} = b$，试用 a 和 b 表示向量 $\overrightarrow{MA}$，$\overrightarrow{MB}$，$\overrightarrow{MC}$，$\overrightarrow{MD}$，这里 M 是平行四边形对角线的交点（见图 7.7）.

解　由于平行四边形的对角线互相平分，所以

$$a + b = \overrightarrow{AC} = 2\overrightarrow{AM}$$

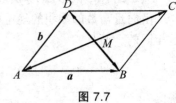

图 7.7

即

$$-(a + b) = 2\overrightarrow{MA}$$

于是

$$\overrightarrow{MA} = -\frac{1}{2}(a + b)$$

因为 $\overrightarrow{MC} = -\overrightarrow{MA}$，所以

$$\overrightarrow{MC} = \frac{1}{2}(\boldsymbol{a} + \boldsymbol{b})$$

又因 $-\boldsymbol{a} + \boldsymbol{b} = \overrightarrow{BD} = 2\overrightarrow{MD}$，所以

$$\overrightarrow{MD} = \frac{1}{2}(\boldsymbol{b} - \boldsymbol{a})$$

由于 $\overrightarrow{MB} = -\overrightarrow{MD}$，所以

$$\overrightarrow{MB} = \frac{1}{2}(\boldsymbol{a} - \boldsymbol{b})$$

例 2 化简：$\boldsymbol{a} - \boldsymbol{b} + 5\left(-\frac{1}{2}\boldsymbol{b} + \frac{\boldsymbol{b} - 3\boldsymbol{a}}{5}\right)$.

解 $\boldsymbol{a} - \boldsymbol{b} + 5\left(-\frac{1}{2}\boldsymbol{b} + \frac{\boldsymbol{b} - 3\boldsymbol{a}}{5}\right) = (1-3)\boldsymbol{a} + \left(-1 - \frac{5}{2} + \frac{1}{5} \times 5\right)\boldsymbol{b} = -2\boldsymbol{a} - \frac{5}{2}\boldsymbol{b}$.

三、空间直角坐标系

过空间一个定点 O，作三条两两互相垂直的数轴，依次记为 x 轴（横轴）、y 轴（纵轴）、z 轴（竖轴），统称为坐标轴（见图 7.8）. 这三条数轴都以 O 为原点且有相同的长度单位，它们构成一个空间直角坐标系，称为 $Oxyz$ 坐标系，点 O 称为**坐标原点**（或原点）. 这三条轴的正方向符合右手法则，即以右手握住 z 轴，当右手的四个手指从 x 轴正向以 $\frac{\pi}{2}$ 角度转向 y 轴正向时，竖起的大拇指的指向就是 z 轴的正向（见图 7.9）.

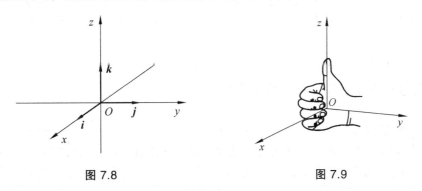

图 7.8　　　　　　　　　　　　　图 7.9

通常把 x 轴和 y 轴置于水平面上，而 z 轴是铅直线. 三条坐标轴中的任意两条确定一个平面，这样定出的三个平面统称为**坐标面**. 由 x 轴和 y 轴所确定的坐标面叫作 xOy 面，由 y 轴、z 轴及由 z 轴、x 轴所确定的坐标面，分别叫作 yOz 面及 zOx 面. 三个坐标面把空间分成八个部分，每一部分叫作一个**卦限**. 含有 x 轴、y 轴与 z 轴正半轴的那个卦限叫作**第一卦限**，其他第二、第三、第四卦限，在 xOy 面的上方，按逆时针方向确定；第五至第八卦限，在 xOy 面的下方，由第一卦限之下的第五卦限，按逆时针方向确定. 这八个卦限分别用字母 Ⅰ、Ⅱ、Ⅲ、Ⅳ、Ⅴ、Ⅵ、Ⅶ、Ⅷ表示（见图 7.10）.

建立空间直角坐标系后，空间任一点就可以用三个有序的实数来表示. 设 M 为空间任意一点，过 M 分别作三个平面垂直于 x 轴、y 轴和 z 轴，其交点依次为 P,Q,R（见图7.11）. 设这三个点在 x 轴、y 轴和 z 轴上的坐标分别为 x,y,z，于是由点 M 就唯一确定了三个有序数 x,y,z；反之，如果已知三个有序数 x,y,z，我们可以在 x 轴、y 轴和 z 轴上分别取坐标为 x,y,z 的三个点 P,Q,R，然后通过点 P,Q,R 分别作垂直于 x 轴、y 轴和 z 轴的三个平面，这三个平面必然交于空间一点 M. 由此可见，空间一点 M 与三个有序数 x,y,z 之间存在着一一对应关系，我们把有序数 x,y,z 称为点 M 的坐标，并依次称 x,y,z 为点 M 的横坐标、纵坐标、竖坐标，点 M 通常记作 $M(x,y,z)$.

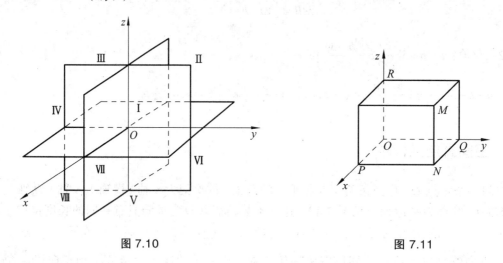

图 7.10　　　　　　　　　　　　　　　　图 7.11

坐标面上和坐标轴上的点，其坐标各有一定的特征. 例如，如果点 M 在 yOz 面上，则 $x=0$；同样，在 zOx 面上的点，有 $y=0$；在 xOy 面上的点，有 $z=0$. 如果点 M 在 x 轴上，则 $y=z=0$；同样，在 y 轴上的点，有 $z=x=0$；在 z 轴上的点，有 $x=y=0$. 如果点 M 为原点，则 $x=y=z=0$.

四、向量的坐标及向量的线性运算

为了沟通向量与数的联系，我们考虑把向量放到直角坐标系中，引进向量的坐标表示，即把向量用有序数组表示出来，从而把向量的运算转化为有序数组的代数运算.

设 a 为空间直角坐标系 $Oxyz$ 中任一向量，将 a 的起点平移到坐标原点 O，设其终点为 $M(x,y,z)$. 过点 M 分别作垂直于 x 轴、y 轴和 z 轴的三个平面，它们与三个坐标轴的交点分别记为 P,Q,R，如图7.11所示. 由向量的三角形法则，有

$$a = \overrightarrow{OM} = \overrightarrow{OP} + \overrightarrow{PN} + \overrightarrow{NM} = \overrightarrow{OP} + \overrightarrow{OQ} + \overrightarrow{OR}$$

在空间直角坐标系 $Oxyz$ 中，分别取 x 轴、y 轴和 z 轴正向上的单位向量为 i, j, k，这三个向量称为**坐标系基本单位向量**. 由向量与数的乘积运算可得

$$\overrightarrow{OP} = xi, \quad \overrightarrow{OQ} = yj, \quad \overrightarrow{OR} = zk$$

所以

$$\boldsymbol{a} = \overrightarrow{OM} = x\boldsymbol{i} + y\boldsymbol{j} + z\boldsymbol{k}$$

上式称为向量 $\boldsymbol{a}$ 的**坐标分解式**，向量 $x\boldsymbol{i}, y\boldsymbol{j}, z\boldsymbol{k}$ 称为向量 $\boldsymbol{a}$ 沿三个坐标方向的分向量.

空间中一个向量 $\boldsymbol{a}$ 与三个有序数 x, y, z 之间存在着一一对应关系，我们把有序数 x, y, z 称为向量 $\boldsymbol{a}$ 的坐标，记为

$$\boldsymbol{a} = (x, y, z)$$

向量 $\overrightarrow{OM}$ 称为点 M 关于原点的**向径**，通常用黑体字母 $\boldsymbol{r}$ 表示，即 $\boldsymbol{r} = \overrightarrow{OM}$.

上述定义表明，一个点与该点的向径有相同的坐标，记号 (x, y, z) 既表示点 M，又表示向量 $\overrightarrow{OM}$.

利用向量的坐标，可得向量的加法、减法以及向量与数的乘法的运算如下：

设 $\boldsymbol{a} = (a_x, a_y, a_z)$，$\boldsymbol{b} = (b_x, b_y, b_z)$，即

$$\boldsymbol{a} = a_x\boldsymbol{i} + a_y\boldsymbol{j} + a_z\boldsymbol{k}, \quad \boldsymbol{b} = b_x\boldsymbol{i} + b_y\boldsymbol{j} + b_z\boldsymbol{k}$$

利用向量加法的交换律与结合律以及向量与数的乘法的结合与分配律，有

$$\boldsymbol{a} + \boldsymbol{b} = (a_x + b_x)\boldsymbol{i} + (a_y + b_y)\boldsymbol{j} + (a_z + b_z)\boldsymbol{k}$$
$$\boldsymbol{a} - \boldsymbol{b} = (a_x - b_x)\boldsymbol{i} + (a_y - b_y)\boldsymbol{j} + (a_z - b_z)\boldsymbol{k}$$
$$\lambda\boldsymbol{a} = (\lambda a_x)\boldsymbol{i} + (\lambda a_y)\boldsymbol{j} + (\lambda a_z)\boldsymbol{k}$$

即

$$\boldsymbol{a} + \boldsymbol{b} = (a_x + b_x, a_y + b_y, a_z + b_z)$$
$$\boldsymbol{a} - \boldsymbol{b} = (a_x - b_x, a_y - b_y, a_z - b_z)$$
$$\lambda\boldsymbol{a} = (\lambda a_x, \lambda a_y, \lambda a_z)$$

由此可见，对向量进行加、减及与数相乘的运算，只需对向量的各个坐标分别进行相应的数量运算就行了.

定理 1.1 指出，当向量 $\boldsymbol{a} \neq \boldsymbol{0}$ 时，向量 $\boldsymbol{b} \parallel \boldsymbol{a}$ 相当于 $\boldsymbol{b} = \lambda\boldsymbol{a}$，其坐标表达式为

$$(b_x, b_y, b_z) = \lambda(a_x, a_y, a_z)$$

即相当于向量 $\boldsymbol{b}$ 与 $\boldsymbol{a}$ 的对应坐标成比例

$$\frac{b_x}{a_x} = \frac{b_y}{a_y} = \frac{b_z}{a_z}$$

例 3 设 $A(x_1, y_1, z_1)$ 和 $B(x_2, y_2, z_2)$ 为两已知点，直线 AB 上的点 M 分有向线段 $\overrightarrow{AB}$ 为两部分 $\overrightarrow{AM}, \overrightarrow{MB}$，而且它们的值的比等于某常数 $\lambda(\lambda \neq -1)$，即 $\dfrac{\overrightarrow{AM}}{\overrightarrow{MB}} = \lambda$，求分点的坐标.

解 设 $M(x, y, z)$ 为直线 AB 上的点，且

$$\overrightarrow{AM} = (x - x_1, \ y - y_1, \ z - z_1), \qquad \overrightarrow{MB} = (x_2 - x, \ y_2 - y, \ z_2 - z)$$

由题意 $\overrightarrow{AM} = \lambda \overrightarrow{MB}$ ，则

$$(x - x_1, \ y - y_1, \ z - z_1) = \lambda(x_2 - x, \ y_2 - y, \ z_2 - z)$$

即

$$\begin{cases} x - x_1 = \lambda(x_2 - x) \Rightarrow x = \dfrac{x_1 + \lambda x_2}{1 + \lambda} \\[2mm] y - y_1 = \lambda(y_2 - y) \Rightarrow y = \dfrac{y_1 + \lambda y_2}{1 + \lambda} \\[2mm] z - z_1 = \lambda(z_2 - z) \Rightarrow z = \dfrac{z_1 + \lambda z_2}{1 + \lambda} \end{cases}$$

点 M 称为有向线段 $\overrightarrow{AB}$ 的**定比分点**. 当 M 为中点时，

$$x = \frac{x_1 + x_2}{2}, \qquad y = \frac{y_1 + y_2}{2}, \qquad z = \frac{z_1 + z_2}{2}$$

通过本例，我们应注意以下两点：

（1）由于点 M 与向量 $\overrightarrow{OM}$ 有相同的坐标，因此，求点 M 的坐标，就是求向量 $\overrightarrow{OM}$ 的坐标.

（2）记号 (x, y, z) 既可表示点 M，又可表示向量 $\overrightarrow{OM}$. 在几何中点与向量是两个不同的概念，不可混淆. 因此，在看到记号 (x, y, z) 时，须从上下文去认清它究竟是表示点还是表示向量. 当 (x, y, z) 表示向量时，可对它进行运算；当 (x, y, z) 表示点时，就不能进行运算.

五、向量的模、方向角、投影

1. 向量的模与两点间的距离公式

设向量 $\boldsymbol{r} = (x, y, z)$ ，作 $\overrightarrow{OM} = \boldsymbol{r}$ ，如图 7.11 所示，有

$$\overrightarrow{OM} = \overrightarrow{OP} + \overrightarrow{OQ} + \overrightarrow{OR}$$

由勾股定理可得

$$|\boldsymbol{r}| = \left| \overrightarrow{OM} \right| = \sqrt{\left| \overrightarrow{OP} \right|^2 + \left| \overrightarrow{OQ} \right|^2 + \left| \overrightarrow{OR} \right|^2}$$

因为

$$\left| \overrightarrow{OP} \right| = |x\boldsymbol{i}| = |x|, \qquad \left| \overrightarrow{OQ} \right| = |y\boldsymbol{j}| = |y|, \qquad \left| \overrightarrow{OR} \right| = |z\boldsymbol{k}| = |z|$$

于是得向量模的坐标表达式

$$|\boldsymbol{r}| = \left| \overrightarrow{OM} \right| = \sqrt{x^2 + y^2 + z^2}$$

设 $M_1(x_1, y_1, z_1)$，$M_2(x_2, y_2, z_2)$ 为空间两点，在 $\mathrm{Rt}\triangle M_1NM_2$ 及 $\mathrm{Rt}\triangle M_1PN$ 中（见图 7.12），因为

$$\left|\overrightarrow{M_1P}\right| = |x_2 - x_1|, \quad \left|\overrightarrow{PN}\right| = |y_2 - y_1|, \quad |NM_2| = |z_2 - z_1|$$

则

$$d^2 = \left|\overrightarrow{M_1P}\right|^2 + \left|\overrightarrow{PN}\right|^2 + \left|\overrightarrow{NM_2}\right|^2$$

所以

$$d = \sqrt{\left|\overrightarrow{M_1P}\right|^2 + \left|\overrightarrow{PN}\right|^2 + \left|\overrightarrow{NM_2}\right|^2}$$

则空间两点间的距离公式为

$$\left|\overrightarrow{M_1M_2}\right| = \sqrt{(x_2 - x_1)^2 + (y_2 - y_1)^2 + (z_2 - z_1)^2}$$

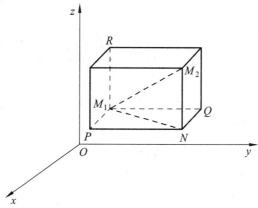

图 7.12

特殊的，若两点分别为 $M(x, y, z)$，$O(0,0,0)$，则

$$d = \left|\overrightarrow{OM}\right| = \sqrt{x^2 + y^2 + z^2}$$

例 4　求证以 $M_1(4,3,1)$，$M_2(7,1,2)$，$M_3(5,2,3)$ 三点为顶点的三角形是一个等腰三角形.

解　因为

$$\left|\overrightarrow{M_2M_3}\right|^2 = (5-7)^2 + (2-1)^2 + (3-2)^2 = 6$$

$$\left|\overrightarrow{M_1M_2}\right|^2 = (7-4)^2 + (1-3)^2 + (2-1)^2 = 14$$

$$\left|\overrightarrow{M_3M_1}\right|^2 = (4-5)^2 + (3-2)^2 + (1-3)^2 = 6$$

所以

$$\left|\overrightarrow{M_2M_3}\right| = \left|\overrightarrow{M_3M_1}\right|$$

故原结论成立.

例 5　设点 P 在 x 轴上，它到点 $P_1(0,\sqrt{2},3)$ 的距离为到点 $P_2(0,1,-1)$ 的距离的两倍，求点 P 的坐标.

解　因为点 P 在 x 轴上，故可设点 P 的坐标为 $(x,0,0)$，则

$$\left|\overrightarrow{PP_1}\right|=\sqrt{(-x)^2+(\sqrt{2})^2+3^2}=\sqrt{x^2+11}, \quad \left|\overrightarrow{PP_2}\right|=\sqrt{(-x)^2+1^2+(-1)^2}=\sqrt{x^2+2}$$

因为 $\left|\overrightarrow{PP_1}\right|=2\left|\overrightarrow{PP_2}\right|$，则

$$\sqrt{x^2+11}=2\sqrt{x^2+2}\Rightarrow x=\pm1$$

故所求点为 $(1,0,0)$ 和 $(-1,0,0)$.

2. 方向角与方向余弦

非零向量 $\boldsymbol{a}$ 与三条坐标轴的正向的夹角 α,β,γ 称为向量 $\boldsymbol{a}$ 的方向角. 由图 7.13 可知，设 $\overrightarrow{M_1M_2}=\boldsymbol{a}=(a_x,a_y,a_z)$，则

$$\cos\alpha=\frac{a_x}{|r|}=\frac{a_x}{\sqrt{a_x^2+a_y^2+a_z^2}}$$

$$\cos\beta=\frac{a_y}{|r|}=\frac{a_y}{\sqrt{a_x^2+a_y^2+a_z^2}}$$

$$\cos\gamma=\frac{a_z}{|r|}=\frac{a_z}{\sqrt{a_x^2+a_y^2+a_z^2}}$$

从而

$$(\cos\alpha,\cos\beta,\cos\gamma)=\left(\frac{a_x}{r},\frac{a_y}{r},\frac{a_z}{r}\right)=\frac{1}{|\boldsymbol{a}|}(a_x,a_y,a_z)=\frac{\boldsymbol{a}}{|\boldsymbol{a}|}=\boldsymbol{e}_a$$

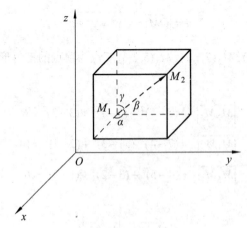

图 7.13

$\cos\alpha, \cos\beta, \cos\gamma$ 称为向量 **a 的方向余弦**. 上式表明，以向量 **a** 的方向余弦为坐标的向量就是与 **a** 同方向的单位向量 e_a，并有

$$\cos^2\alpha + \cos^2\beta + \cos^2\gamma = 1$$

例 6 求平行于向量 $\boldsymbol{a} = 6\boldsymbol{i} + 7\boldsymbol{j} - 6\boldsymbol{k}$ 的单位向量的分解式.

解 所求向量有两个：一个与 **a** 同向，一个与 **a** 反向. 因为

$$|\boldsymbol{a}| = \sqrt{6^2 + 7^2 + (-6)^2} = 11$$

所以

$$e_a = \frac{6}{11}\boldsymbol{i} + \frac{7}{11}\boldsymbol{j} - \frac{6}{11}\boldsymbol{k} \ \text{或} \ e_a = -\frac{6}{11}\boldsymbol{i} - \frac{7}{11}\boldsymbol{j} + \frac{6}{11}\boldsymbol{k}$$

例 7 设有向量 $\overrightarrow{P_1P_2}$，已知 $|\overrightarrow{P_1P_2}| = 2$，且它与 x 轴和 y 轴的夹角分别为 $\frac{\pi}{3}$ 和 $\frac{\pi}{4}$，如果 P_1 的坐标为 $(1,0,3)$，求 P_2 的坐标.

解 设向量 $\overrightarrow{P_1P_2}$ 的方向角为 α, β, γ，则有

$$\alpha = \frac{\pi}{3}, \quad \cos\alpha = \frac{1}{2}; \quad \beta = \frac{\pi}{4}, \quad \cos\beta = \frac{\sqrt{2}}{2}$$

因为 $\cos^2\alpha + \cos^2\beta + \cos^2\gamma = 1$，所以

$$\cos\gamma = \pm\frac{1}{2} \Rightarrow \gamma = \frac{\pi}{3}, \ \gamma = \frac{2\pi}{3}$$

设 P_2 的坐标为 (x, y, z)，则

$$\cos\alpha = \frac{x-1}{|\overrightarrow{P_1P_2}|} \Rightarrow \frac{x-1}{2} = \frac{1}{2} \Rightarrow x = 2$$

$$\cos\beta = \frac{y-0}{|\overrightarrow{P_1P_2}|} \Rightarrow \frac{y-0}{2} = \frac{\sqrt{2}}{2} \Rightarrow y = \sqrt{2}$$

$$\cos\gamma = \frac{z-3}{|\overrightarrow{P_1P_2}|} \Rightarrow \frac{z-3}{2} = \pm\frac{1}{2} \Rightarrow z = 4, \ z = 2$$

所以点 P_2 的坐标为 $(2, \sqrt{2}, 4)$ 或 $(2, \sqrt{2}, 2)$.

3. 向量在轴上的投影

如果单独考虑 x 轴与向量 $\boldsymbol{a} = \overrightarrow{OM}$ 的关系，那么由图 7.14 可见，过点 M 作垂直于 x 轴的平面，此平面与 x 轴的交点为 P，则向量 $\overrightarrow{OP}$ 为 **a** 在 x 轴上的分向量，因为 $\overrightarrow{OP} = x\boldsymbol{i}$，则向量

a 在 x 轴上的坐标为 x，且 $x = |a| \cos \varphi$.

一般的，设点 O 及单位向量 e 确定 u 轴（见图 7.15），任给向量 a，作 $\overrightarrow{OM} = a$，再过点 M 作 u 轴的垂线，垂点为 M'（点 M' 叫作**点 M 在 u 轴上的投影**），则向量 $\overrightarrow{OM'}$ 称为向量 a 在 u 轴上的分向量. 设 $\overrightarrow{OM'} = \lambda e$，则数 λ 称为**向量 a 在 u 轴上的投影**，记作 $\mathrm{Prj}_u a$.

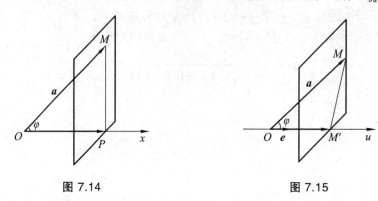

图 7.14　　　　　　　　　　　　　图 7.15

按此定义，向量在直角坐标系 $Oxyz$ 中的坐标 a_x, a_y, a_z 就是 a 在三条坐轴上的投影，即

$$a_x = \mathrm{Prj}_x a, \qquad a_y = \mathrm{Prj}_y a, \qquad a_z = \mathrm{Prj}_z a$$

由此可知，向量的投影具有与坐标相同的性质：

性质 1　　$\mathrm{Prj}_u a = |a| \cos \varphi$，其中 φ 为向量 a 与 u 轴的夹角.

性质 2　　$\mathrm{Prj}_u (a + b) = \mathrm{Prj}_u a + \mathrm{Prj}_u b$.

性质 3　　$\mathrm{Prj}_u (\lambda a) = \lambda \mathrm{Prj}_u a$.

例 8　　设 $m = 3i + 5j + 8k$，$n = 2i - 4j - 7k$，$p = 5i + j - 4k$，求向量 $a = 4m + 3n - p$ 在 x 轴上的投影及在 y 轴上的分向量.

解　　因为

$$a = 4m + 3n - p = 4(3i + 5j + 8k) + 3(2i - 4j - 7k) - (5i + j - 4k)$$

$$= 13i + 7j + 15k$$

所以在 x 轴上的投影为 $a_x = 13$，在 y 轴上的分向量为 $7j$.

习题 7.1

1. 如果平面上一个四边形的对角线互相平分，试用向量证明它是平行四边形.
2. 求平行于向量 $(6, 7, -6)$ 的单位向量.
3. 在空间直角坐标中，指出下列各点在哪个卦限：
　　$A(1, -2, 3)$，$B(2, 3, -4)$　$C(2-3, -4)$，$D(-2, -3, 1)$.
4. 在坐标面上和坐标轴上的点的坐标各有什么特征？指出下列各点的位置：
　　$A(3, 4, 0)$，$B(0, 4, 3)$，$C(3, 0, 0)$，$D(0, -1, 1)$.

5. 自点 $P_0(x_0, y_0, z_0)$ 分别作平行于 z 轴的直线和平行于 xOy 面的平面,问在它们上面的点的坐标各有什么特点?

6. 一边长为 a 的立方体放置在 xOy 面上,其底面的中心在坐标原点,底面的顶点在 x 轴和 y 轴上,求其各顶点的坐标.

7. 求点 $M(4,-3,5)$ 到各坐标轴的距离.

8. 在 yOz 面上,求与三点 $A(3,1,2)$, $B(4,-2,-2)$ 和 $C(0,5,1)$ 等距离的点.

9. 试证明以三点 $A(4,1,9)$, $B(10,-1,6)$, $C(2,4,3)$ 为顶点的三角形是等腰直角三角形.

10. 已知两点 $M_1(4,\sqrt{2},1)$ 和 $M_2(3,0,2)$,试计算向量 $\overrightarrow{M_1M_2}$ 的模、方向余弦和方向角.

第二节　数量积 向量积 混合积

一、两向量的数量积

一物体在常力 $\boldsymbol{F}$ 作用下沿直线从点 M_1 移动到点 M_2,以 $\boldsymbol{s}$ 表示位移,则力 $\boldsymbol{F}$ 所做的功为

$$W = |\boldsymbol{F}||\boldsymbol{s}|\cos\theta \quad (\text{其中 } \theta \text{ 为 } \boldsymbol{F} \text{ 与 } \boldsymbol{s} \text{ 的夹角})$$

从这个问题可以看出,我们有时要对两个向量作这样的运算,其运算的结果是一个数,这个数等于两个向量的模与它们夹角余弦的乘积. 两个向量的这种运算在力学、工程等许多实际问题中经常遇到,为此我们抛开它的具体背景,引入下列概念.

两个向量 $\boldsymbol{a}$ 和 $\boldsymbol{b}$ 的模与它们夹角 θ $(0 \leqslant \theta \leqslant \pi)$ 的余弦的乘积,称为向量 $\boldsymbol{a}$ 和 $\boldsymbol{b}$ 的**数量积**,记作 $\boldsymbol{a} \cdot \boldsymbol{b}$(见图 7.16),即

$$\boldsymbol{a} \cdot \boldsymbol{b} = |\boldsymbol{a}||\boldsymbol{b}|\cos\theta$$

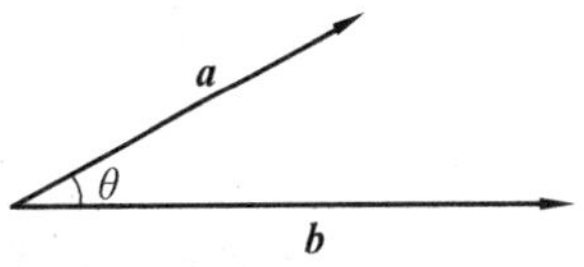

图 7.16

数量积也称为"**点积**"或"**内积**".

根据这个定义,上述问题中力所做的功 W 是力 $\boldsymbol{F}$ 与位移 $\boldsymbol{s}$ 的数量积,即

$$W = \boldsymbol{F} \cdot \boldsymbol{s}$$

当 $\boldsymbol{a} \neq \boldsymbol{0}$ 时,$|\boldsymbol{b}|\cos\theta = |\boldsymbol{b}|\cos(\widehat{\boldsymbol{a},\boldsymbol{b}})$ 是向量 $\boldsymbol{b}$ 在向量 $\boldsymbol{a}$ 的方向上的投影,用 $\mathrm{Prj}_a\boldsymbol{b}$ 来表示这个投影,便有

$$\boldsymbol{a} \cdot \boldsymbol{b} = |\boldsymbol{a}|\mathrm{Prj}_a\boldsymbol{b}$$

同理,当 $\boldsymbol{b} \neq \boldsymbol{0}$ 时,有

$$\boldsymbol{a} \cdot \boldsymbol{b} = |\boldsymbol{b}|\mathrm{Prj}_b\boldsymbol{a}$$

这就是说,两向量的数量积等于其中一个向量的模和另一个向量在这向量的方向上的投影的乘积.

由数量积的定义可以推得:

（1）$a \cdot a = |a|^2$.

这是因为夹角 $\theta = 0$，所以 $a \cdot a = |a|^2 \cos 0 = |a|^2$.

（2）向量 $a \perp b$ 的充分必要条件是 $a \cdot b = 0$.

这是因为当 a 和 b 中有一个为零向量时，由于零向量的方向是任意的，故可以认为零向量与任何向量都垂直，结论显然成立；当 a 和 b 均不为零向量时，$a \perp b$ 的充分必要条件是 $\theta = \dfrac{\pi}{2}$，即 $a \cdot b = |a||b| \cos \dfrac{\pi}{2} = 0$.

数量积符合下列运算规律：

（1）交换律：$a \cdot b = b \cdot a$.

（2）结合律：$(\lambda a) \cdot b = \lambda(a \cdot b)$.

（3）分配律：$a \cdot (b + c) = a \cdot b + a \cdot c$.

上面三个运算规律可由数量积定义以及向量在轴上投影的性质导出. 下面仅对（3）加以证明.

当 $a = 0$，式（3）显然成立；如果 $a \neq 0$，那么有

$$a \cdot (b + c) = |a| \operatorname{Prj}_a(b + c)$$

根据投影性质 2，可知

$$\operatorname{Prj}_a(b + c) = \operatorname{Prj}_a b + \operatorname{Prj}_a c$$

因此

$$a \cdot (b + c) = |a| \operatorname{Prj}_a(b + c) = |a| \operatorname{Prj}_a b + |a| \operatorname{Prj}_a c$$
$$= a \cdot b + a \cdot c$$

下面来推导数量积的坐标表达式.

设 $a = a_x i + a_y j + a_z k$，$b = b_x i + b_y j + b_z k$，按数量积的运算规律可得

$$a \cdot b = (a_x i + a_y j + a_z k) \cdot (b_x i + b_y j + b_z k)$$
$$= a_x b_x i \cdot i + a_x b_y i \cdot j + a_x b_z i \cdot k + a_y b_x j \cdot i + a_y b_y j \cdot j + a_y b_z j \cdot k +$$
$$a_z b_x k \cdot i + a_z b_y k \cdot j + a_z b_z k \cdot k$$

因为 $i \perp j \perp k$，所以

$$i \cdot j = j \cdot k = k \cdot i = 0$$

因为 $|i| = |j| = |k| = 1$，所以

$$i \cdot i = j \cdot j = k \cdot k = 1$$

因此两个向量的数量积的坐标表达式为

$$a \cdot b = a_x b_x + a_y b_y + a_z b_z$$

因此两向量 $a \perp b$ 的充要条件为

$$a_x b_x + a_y b_y + a_z b_z = 0$$

由于 $a \cdot b = |a||b|\cos\theta$ ，故两个非零向量夹角余弦的坐标表达式为

$$\cos\theta = \frac{a_x b_x + a_y b_y + a_z b_z}{\sqrt{a_x^2 + a_y^2 + a_z^2}\sqrt{b_x^2 + b_y^2 + b_z^2}}$$

例 1 已知 $a = (1,1,-4), b = (1,-2,2)$ ，求（1） $a \cdot b$ ；（2） a 和 b 的夹角；（3） a 在 b 上的投影.

解（1） $a \cdot b = 1 \cdot 1 + 1 \cdot (-2) + (-4) \cdot 2 = -9$.

（2）因为

$$\cos\theta = \frac{a_x b_x + a_y b_y + a_z b_z}{\sqrt{a_x^2 + a_y^2 + a_z^2}\sqrt{b_x^2 + b_y^2 + b_z^2}} = -\frac{1}{\sqrt{2}}$$

所以 $\theta = \dfrac{3\pi}{4}$.

（3）因为 $a \cdot b = |b|\mathrm{Prj}_b a$ ，所以 $\mathrm{Prj}_b a = \dfrac{a \cdot b}{|b|} = -3$.

例 2 证明向量 c 与向量 $(a \cdot c)b - (b \cdot c)a$ 垂直.

解 因为

$$[(a \cdot c)b - (b \cdot c)a] \cdot c = [(a \cdot c)b \cdot c - (b \cdot c)a \cdot c] = (b \cdot c)[a \cdot c - a \cdot c] = 0$$

所以

$$[(a \cdot c)b - (b \cdot c)a] \perp c$$

二、两向量的向量积

实例 设 O 为一杠杆 L 的支点，有一力 F 作用于杠杆的 P 点处. 力 F 与 $\overrightarrow{OP}$ 的夹角为 θ ，力 F 对支点 O 的力矩是一向量 M（见图 7.17）. 向量 M 的模为

$$|M| = |\overrightarrow{OQ}||F| = |\overrightarrow{OP}||F|\sin\theta$$

方向垂直于 $\overrightarrow{OP}$ 与 F 所确定的平面，其指向是按右手规则从以不超过 π 的角转向 F 来确定的，即当右手的四个手指从以不超过 π 的角转向 F 握拳时，大拇指的指向就是 M 的指向（见图 7.18）.

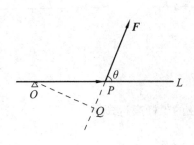

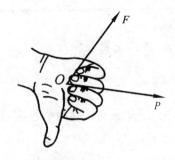

图 7.17   图 7.18

这种由两个已知向量按上面的规则来确定另一个向量的情况，在其他力学和物理学问题中也会遇到，于是可从中抽象出两个向量的向量积概念.

两个向量 $\boldsymbol{a}$ 和 $\boldsymbol{b}$ 的向量积是一个向量 $\boldsymbol{c}$，它的模为 $|\boldsymbol{c}|=|\boldsymbol{a}||\boldsymbol{b}|\sin\theta$（其中 θ 为二者的夹角）；它的方向垂直于 $\boldsymbol{a}$ 与 $\boldsymbol{b}$ 所确定的平面（即 $\boldsymbol{c}$ 垂直于 $\boldsymbol{a}$，又垂直于 $\boldsymbol{b}$）.

它的指向是按右手规则从 $\boldsymbol{a}$ 转向 $\boldsymbol{b}$ 来确定（见图 7.19），那么，向量 $\boldsymbol{c}$ 叫作向量 $\boldsymbol{a}$ 与 $\boldsymbol{b}$ 的向量积，记作 $\boldsymbol{a}\times\boldsymbol{b}$，即

$$c = a\times b$$

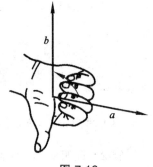

由向量积的定义，上面的力矩 $\boldsymbol{M}$ 等于 $\overrightarrow{OP}$ 与 $\boldsymbol{F}$ 的向量积，即

$$M = \overrightarrow{OP}\times F$$

图 7.19

由向量积的定义可以推得：

（1）$\boldsymbol{a}\times\boldsymbol{a}=\boldsymbol{0}$.

这是因为夹角 $\theta=0$，所以 $|\boldsymbol{a}|\times|\boldsymbol{a}|=|\boldsymbol{a}||\boldsymbol{a}|\sin\theta=0$.

（2）向量 $\boldsymbol{a}\parallel\boldsymbol{b}$ 的充分必要条件是 $\boldsymbol{a}\times\boldsymbol{b}=\boldsymbol{0}$.

当 a,b 中有一个为零向量时，结论显然成立；当 a,b 为两个非零向量，如果 $\boldsymbol{a}\parallel\boldsymbol{b}$，那么 $\theta=0$ 或 π，于是 $\sin\theta=0$，从而 $\boldsymbol{a}\times\boldsymbol{b}=\boldsymbol{0}$.

向量 $\boldsymbol{a}\parallel\boldsymbol{b}$ 的向量积符合下列运算规律：

（1）$\boldsymbol{a}\times\boldsymbol{b}=-\boldsymbol{b}\times\boldsymbol{a}$.

这是因为按右手规则从 $\boldsymbol{b}$ 转向 $\boldsymbol{a}$ 定出的方向恰好与按右手规则从 $\boldsymbol{a}$ 转向 $\boldsymbol{b}$ 定出的方向相反，它表明交换律对向量积不成立.

（2）分配律：$(\boldsymbol{a}+\boldsymbol{b})\times\boldsymbol{c}=\boldsymbol{a}\times\boldsymbol{c}+\boldsymbol{b}\times\boldsymbol{c}$.

（3）结合律：$(\lambda\boldsymbol{a})\times\boldsymbol{b}=\boldsymbol{a}\times(\lambda\boldsymbol{b})=\lambda(\boldsymbol{a}\times\boldsymbol{b})$（$\lambda$ 是常数）.

这三个规律在这里不予证明.

下面来推导向量积的坐标表达式.

设 $\boldsymbol{a}=a_x\boldsymbol{i}+a_y\boldsymbol{j}+a_z\boldsymbol{k}$，$\boldsymbol{b}=b_x\boldsymbol{i}+b_y\boldsymbol{j}+b_z\boldsymbol{k}$，按向量积的运算规律可得

$$\boldsymbol{a}\times\boldsymbol{b}=(a_x\boldsymbol{i}+a_y\boldsymbol{j}+a_z\boldsymbol{k})\times(b_x\boldsymbol{i}+b_y\boldsymbol{j}+b_z\boldsymbol{k})$$
$$=a_xb_x\boldsymbol{i}\times\boldsymbol{i}+a_xb_y\boldsymbol{i}\times\boldsymbol{j}+a_xb_z\boldsymbol{i}\times\boldsymbol{k}+a_yb_x\boldsymbol{j}\times\boldsymbol{i}+a_yb_y\boldsymbol{j}\times\boldsymbol{j}+a_yb_z\boldsymbol{j}\times\boldsymbol{k}+$$

$$a_z b_x \boldsymbol{k} \times \boldsymbol{i} + a_z b_y \boldsymbol{k} \times \boldsymbol{j} + a_z b_z \boldsymbol{k} \times \boldsymbol{k}$$

因为

$$\boldsymbol{i} \times \boldsymbol{i} = \boldsymbol{j} \times \boldsymbol{j} = \boldsymbol{k} \times \boldsymbol{k} = \boldsymbol{0}$$
$$\boldsymbol{i} \times \boldsymbol{j} = \boldsymbol{k}, \quad \boldsymbol{j} \times \boldsymbol{k} = \boldsymbol{i}, \quad \boldsymbol{k} \times \boldsymbol{i} = \boldsymbol{j}$$
$$\boldsymbol{j} \times \boldsymbol{i} = -\boldsymbol{k}, \quad \boldsymbol{k} \times \boldsymbol{j} = -\boldsymbol{i}, \quad \boldsymbol{i} \times \boldsymbol{k} = -\boldsymbol{j}$$

所以

$$\boldsymbol{a} \times \boldsymbol{b} = (a_y b_z - a_z b_y)\boldsymbol{i} + (a_z b_x - a_x b_z)\boldsymbol{j} + (a_x b_y - a_y b_x)\boldsymbol{k}$$

利用三阶行列式，上式可写成

$$\boldsymbol{a} \times \boldsymbol{b} = \begin{vmatrix} \boldsymbol{i} & \boldsymbol{j} & \boldsymbol{k} \\ a_x & a_y & a_z \\ b_x & b_y & b_z \end{vmatrix}$$

$|\boldsymbol{a} \times \boldsymbol{b}|$ 的几何意义：表示以 $\boldsymbol{a}$ 和 $\boldsymbol{b}$ 为邻边的平行四边形的面积.

例 3　求与 $\boldsymbol{a} = 3\boldsymbol{i} - 2\boldsymbol{j} + 4\boldsymbol{k}$，$\boldsymbol{b} = \boldsymbol{i} + \boldsymbol{j} - 2\boldsymbol{k}$ 都垂直的单位向量.

解　因为

$$\boldsymbol{c} = \boldsymbol{a} \times \boldsymbol{b} = \begin{vmatrix} \boldsymbol{i} & \boldsymbol{j} & \boldsymbol{k} \\ a_x & a_y & a_z \\ b_x & b_y & b_z \end{vmatrix} = \begin{vmatrix} \boldsymbol{i} & \boldsymbol{j} & \boldsymbol{k} \\ 3 & -2 & 4 \\ 1 & 1 & -2 \end{vmatrix} = 10\boldsymbol{j} + 5\boldsymbol{k}$$

所以 $|\boldsymbol{c}| = \sqrt{10^2 + 5^2} = 5\sqrt{5}$，因此

$$\boldsymbol{e}_c = \frac{\boldsymbol{c}}{|\boldsymbol{c}|} = \pm \left(\frac{2}{\sqrt{5}}\boldsymbol{j} + \frac{1}{\sqrt{5}}\boldsymbol{k} \right)$$

例 4　在顶点为 $A(1,-1,2)$, $B(5,-6,2)$, $C(1,3,-1)$ 的三角形中，求 AC 边上的高 BD.

解　因为 $\overrightarrow{AC} = (0,4,-3)$, $\overrightarrow{AB} = (4,-5,0)$, 所以三角形 ABC 的面积为

$$S = \frac{1}{2} \left| \overrightarrow{AC} \times \overrightarrow{AB} \right| = \frac{1}{2}\sqrt{15^2 + 12^2 + 16^2} = \frac{25}{2}$$

又因为 $\left| \overrightarrow{AC} \right| = \sqrt{4^2 + (-3)^2} = 5$, $S = \frac{1}{2} \left| \overrightarrow{AC} \right| \left| \overrightarrow{BD} \right|$，所以

$$\frac{25}{2} = \frac{1}{2} \cdot 5 \cdot \left| \overrightarrow{BD} \right|$$

所以 $\left| \overrightarrow{BD} \right| = 5$.

例 5　设向量 $\boldsymbol{m}, \boldsymbol{n}, \boldsymbol{p}$ 两两垂直，且符合右手规则，已知 $|\boldsymbol{m}| = 4, |\boldsymbol{n}| = 2, |\boldsymbol{p}| = 3$，试计算 $(\boldsymbol{m} \times \boldsymbol{n}) \cdot \boldsymbol{p}$.

解　因为

$$|\boldsymbol{m} \times \boldsymbol{n}| = |\boldsymbol{m}||\boldsymbol{n}|\sin(\widehat{\boldsymbol{m}, \boldsymbol{n}}) = 4 \times 2 \times 1 = 8$$

由题意知 $\boldsymbol{m} \times \boldsymbol{n}$ 与 $\boldsymbol{p}$ 同向，所以 $\theta = (\widehat{\boldsymbol{m} \times \boldsymbol{n}, \boldsymbol{p}}) = 0$，则

$$(\boldsymbol{m} \times \boldsymbol{n}) \cdot \boldsymbol{p} = |\boldsymbol{m} \times \boldsymbol{n}| \cdot |\boldsymbol{p}| \cos \theta = 8 \cdot 3 = 24$$

三、向量的混合积

定义 2.1 设已知三个向量 $\boldsymbol{a}, \boldsymbol{b}, \boldsymbol{c}$，数量 $(\boldsymbol{a} \times \boldsymbol{b}) \cdot \boldsymbol{c}$ 称为这三个向量的混合积，记为 $[\boldsymbol{abc}]$.
设 $\boldsymbol{a} = a_x \boldsymbol{i} + a_y \boldsymbol{j} + a_z \boldsymbol{k}$，$\boldsymbol{b} = b_x \boldsymbol{i} + b_y \boldsymbol{j} + b_z \boldsymbol{k}$，$\boldsymbol{c} = c_x \boldsymbol{i} + c_y \boldsymbol{j} + c_z \boldsymbol{k}$，则

$$[\boldsymbol{abc}] = (\boldsymbol{a} \times \boldsymbol{b}) \cdot \boldsymbol{c} = \begin{vmatrix} a_x & a_y & a_z \\ b_x & b_y & b_z \\ c_x & c_y & c_z \end{vmatrix}$$

关于混合积的说明：

（1）向量混合积的几何意义：向量的混合积 $[\boldsymbol{abc}] = (\boldsymbol{a} \times \boldsymbol{b}) \cdot \boldsymbol{c}$ 是这样的一个数，它的绝对值表示以向量 $\boldsymbol{a}, \boldsymbol{b}, \boldsymbol{c}$ 为棱的平行六面体的体积（见图 7.20）.

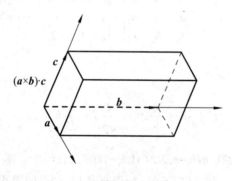

图 7.20

（2）$[\boldsymbol{abc}] = (\boldsymbol{a} \times \boldsymbol{b}) \cdot \boldsymbol{c} = (\boldsymbol{b} \times \boldsymbol{c}) \cdot \boldsymbol{a} = (\boldsymbol{c} \times \boldsymbol{a}) \cdot \boldsymbol{b}$.

（3）三向量 $\boldsymbol{a}, \boldsymbol{b}, \boldsymbol{c}$ 共面 $\Rightarrow [\boldsymbol{abc}] = 0$.

例 6 在空间有四点 $A(1,1,3), B(0,1,1), C(1,0,2), D(4,3,11)$，试证明这四点共面.

证 因为 $\overrightarrow{AB} = (-1,0,-2)$，$\overrightarrow{AC} = (0,-1,-1)$，$\overrightarrow{AD} = (3,2,8)$，且

$$[\overrightarrow{AB}\,\overrightarrow{AC}\,\overrightarrow{AD}] = \begin{vmatrix} -1 & 0 & -2 \\ 0 & -1 & -1 \\ 3 & 2 & 8 \end{vmatrix} = (-1)\begin{vmatrix} -1 & -1 \\ 2 & 8 \end{vmatrix} + (-2)\begin{vmatrix} 0 & -1 \\ 3 & 2 \end{vmatrix} = 0$$

所以向量 $\overrightarrow{AB}$，$\overrightarrow{AC}$，$\overrightarrow{AD}$ 共面，从而 A, B, C, D 四点共面.

1. 已知 a、b 的夹角 $\theta = \dfrac{2\pi}{3}$，且 $|a| = 3$，$|b| = 4$，计算：

（1）$a \cdot b$；　　　　　　（2）$(3a - 2b) \cdot (a + 2b)$.

2. 已知 $a = (4, -2, 4)$，$b = (6, -3, 2)$，计算：

（1）$a \cdot b$；　　　　　　（2）$(2a - 3b) \cdot (a + b)$；

（3）$|a - b|^2$.

3. 已知 $a = 3i + 2j - k$、$b = i - j + 2k$，计算：

（1）$a \times b$；　　　　　　（2）$2a \times 7b$；

（3）$7b \times 2a$；　　　　　　（4）$a \times a$.

4. 已知向量 a 和 b 互相垂直，且 $|a| = 3$，$|b| = 4$，计算：

（1）$|(a + b) \times (a - b)|$；　　（2）$|(3a + b) \times (a - 2b)|$.

5. 设 $a = (2, 1, 2)$，$b = (4, -1, 10)$，$c = b - \lambda a$ 且 $a \perp c$，求 λ.

6. 已知 a，b，c 两两垂直，且 $|a| = 1$，$|b| = 2$，$|c| = 3$。求 $s = a + b + c$ 的模以及 s 与 b 的夹角 θ.

7. 已知三角形的三个顶点 $A(2, -3, 1)$、$B(1, -1, 3)$、$C(1, -2, 0)$，求 $\triangle ABC$ 的面积.

8. 已知 a、b、c 满足 $a \perp b$，a 与 c 的夹角 $\theta = \dfrac{\pi}{3}$，b 与 c 的夹角 $\theta = \dfrac{\pi}{6}$，$|a| = 2$，$|b| = 1$，$|c| = 1$，求 $|a + b + c|$.

9. 已知 $7a - 5b$ 与 $a + 3b$ 垂直，$a - 4b$ 与 $7a - 2b$ 垂直，a、b 均为非零单位向量，求 a 与 b 的夹角 θ.

10. 已知 $\overrightarrow{OA} = 2i - 3j + k$，$\overrightarrow{OB} = j + 3k$，求 $\triangle OAB$ 的面积.

第三节　曲面及其方程

一、曲面方程的概念

在实际生活中，我们经常会遇到各种曲面，如水桶的表面、台灯的罩子面等. 像在平面解析几何中把平面曲线当作动点的轨迹一样，在空间解析几何中任何曲面均可看作点的几何轨迹. 在这样的意义下，如果曲面 S 与三元方程 $F(x, y, z) = 0$ 有下述关系：

（1）曲面 S 上任一点的坐标都满足方程 $F(x, y, z) = 0$；

（2）不在曲面 S 上的点的坐标都不满足方程 $F(x, y, z) = 0$，那么方程 $F(x, y, z) = 0$ 就叫作曲面 S 的方程，而曲面 S 就叫作方程 $F(x, y, z) = 0$ 的图形（见图 7.21）.

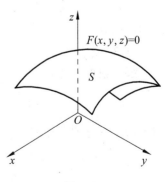

图 7.21

例1 求球心在点 $M_0(x_0, y_0, z_0)$、半径为 R 的球面方程.

解 在球面上任取一点 $M(x, y, z)$，则有

$$\left|\overline{M_0 M}\right| = R$$

由两点间的距离公式，得

$$\sqrt{(x-x_0)^2 + (y-y_0)^2 + (z-z_0)^2} = R$$

即

$$(x-x_0)^2 + (y-y_0)^2 + (z-z_0)^2 = R^2$$

特殊地，球心在原点时的方程为

$$x^2 + y^2 + z^2 = R^2$$

例2 已知 $A(1,2,3), B(2,-1,4)$，求线段 AB 的垂直平分面的方程.

解 设 $M(x, y, z)$ 是所求平面上任一点，根据题意有

$$\left|\overline{AM}\right| = \left|\overline{BM}\right|$$

即

$$\sqrt{(x-1)^2 + (y-2)^2 + (z-3)^2} = \sqrt{(x-2)^2 + (y+1)^2 + (z-4)^2}$$

化简可得所求的方程

$$2x - 6y + 2z - 7 = 0$$

这就是所求平面上的点的坐标所满足的方程，而不在此平面上的点的坐标都不满足这个方程，所以这个方程就是所求平面的方程.

通过上面的例子可知，作为点的几何轨迹的曲面可以用它的点的坐标所满足的方程来表示；反之，关于变量 x, y 和 z 间的方程通常表示一个曲面，因此在空间解析几何中关于曲面的研究，有下列两个基本问题：

（1）已知一曲面作为点的几何轨迹时，建立该曲面的方程；

（2）已知坐标 x, y, z 满足的一个方程时，研究该方程所表示的曲面的形状.

上述例1、例2是从已知曲面建立其方程的例子，下面举一个由已知方程研究它所表示的曲面的例子.

例3 方程 $z = (x-1)^2 + (y-2)^2 - 1$ 的图形是怎样的？

解 根据题意有

$$z \geq -1$$

用平面 $z = c$ 去截图形得圆：

$$(x-1)^2 + (y-2)^2 = 1 + c \quad (c \geq -1)$$

平面 $z=c$ 上下移动时，得到一系列圆，即圆心在点 $(1,2,c)$、半径为 $\sqrt{1+c}$ 的圆，而且半径随 c 的增大而增大. 图形上不封顶，下封底（见图 7.22）.

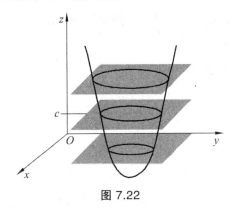

图 7.22

二、旋转曲面

由一条平面曲线 C 绕其平面上的一条直线 L 旋转一周所形成的曲面叫作**旋转曲面**，定直线 L 称为旋转曲面的**轴**，平面曲线 C 称为旋转曲面的**母线**.

设曲线 C 在 yOz 坐标面上，其方程为

$$f(y,z)=0$$

把该曲线绕 z 轴旋转一周，就得到一个以 z 轴为轴的旋转曲面（见图 7.23）. 其方程可以如下求得：

设 $M_1(0,y_1,z_1)$ 为曲线 C 上任一点，则有

$$f(y_1,z_1)=0$$

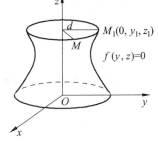

图 7.23

当曲线 C 绕 z 轴旋转时，点 M_1 绕 z 轴转到为一点 $M(x,y,z)$，这时 $z=z_1$ 保持不变，且点 M 到 z 轴的距离为

$$d=\sqrt{x^2+y^2}=|y_1|$$

将 $z_1=z$，$y_1=\pm\sqrt{x^2+y^2}$ 代入曲线方程 $f(y_1,z_1)=0$，有

$$f(\pm\sqrt{x^2+y^2},z)=0$$

这就是所求旋转曲面的方程.

上述推导过程表明：曲线 C 的方程 $f(y,z)=0$ 中将 y 改写为 $\pm\sqrt{x^2+y^2}$，而保持 z 不变，便得曲线 C 绕 z 轴旋转所形成的旋转曲面.

同理，曲线 C 绕 y 轴旋转所形成的旋转曲面的方程为

$$f(y,\pm\sqrt{x^2+z^2})=0$$

一般地，求坐标平面上的曲线绕此坐标平面内的一条坐标轴旋转所形成的旋转曲面的方

程时，只要保持此平面曲线方程中与旋转轴同名的坐标不变，而以另两个坐标平方和的平方根代替该方程中的另一坐标，便得到该旋转曲面的方程.

例 4 将 xOz 坐标面上的椭圆 $\dfrac{x^2}{a^2}+\dfrac{z^2}{c^2}=1$ 分别绕 x 轴和 z 轴旋转一周，求所形成的旋转曲面的方程.

解 绕 x 轴旋转所形成的旋转曲面的方程为

$$\frac{x^2}{a^2}+\frac{y^2+z^2}{c^2}=1$$

绕 z 轴旋转所形成的旋转曲面的方程为

$$\frac{x^2+y^2}{a^2}+\frac{z^2}{c^2}=1$$

这两个旋转曲面都叫作**旋转椭球面**. 当 $a=c$ 时，它们都是球面.

例 5 将 xOz 坐标面上的双曲线 $\dfrac{x^2}{a^2}-\dfrac{z^2}{c^2}=1$ 分别绕 z 轴和 x 轴旋转一周，求所形成的旋转曲面的方程.

解 绕 z 轴旋转所形成的旋转曲面的方程为

$$\frac{x^2+y^2}{a^2}-\frac{z^2}{c^2}=1$$

此旋转曲面称为**旋转单叶双曲面**；绕 x 轴旋转所形成的旋转曲面的方程为

$$\frac{x^2}{a^2}-\frac{y^2+z^2}{c^2}=1$$

该旋转曲面称为**旋转双叶双曲面**.

例 6 将 yOz 坐标面上的抛物线 $y^2=2pz$ 绕 z 轴旋转一周，求所形成的旋转曲面的方程.

解 抛物线 $y^2=2pz$ 绕 z 轴旋转一周所形成的旋转曲面的方程为

$$x^2+y^2=2pz$$

此旋转曲面称为**旋转抛物面**.

例 7 直线 L 绕另一条与 L 相交的直线旋转一周，所得的旋转曲面叫作**圆锥面**. 两直线的交点叫作圆锥面的**顶点**，两直线的夹角 $\alpha\left(0<\alpha<\dfrac{\pi}{2}\right)$ 叫作圆锥面的**半顶角**. 试建立顶点在坐标原点，旋转轴为 z 轴，半顶角为 α 的圆锥面方程（见图 7.24）.

解 在 yOz 坐标面上，直线 L 的方程为

$$z=y\cot\alpha$$

由于直线 L 绕 z 轴旋转一周，所以圆锥面的方程为

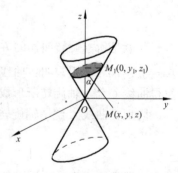

图 7.24

264

$$z = \pm\sqrt{x^2 + y^2}\cot\alpha$$

两边平方得

$$z^2 = (\cot\alpha)^2(x^2 + y^2)$$

三、柱　面

平行于定直线并沿定曲线 C 移动的直线 L 所形成的曲面叫作**柱面**，定曲线 C 叫作**柱面的准线**，动直线 L 叫作**柱面的母线**（见图 7.25）.

下面考虑准线 C 为 xOy 面内的曲线 $F(x,y) = 0$，沿准线 C 作母线平行于 z 轴的柱面.

若 $M(x,y,z)$ 是柱面上任意一点，则过点 $M(x,y,z)$ 的母线与 z 轴平行. 令其与 C 的交点为 N，显然点 N 的坐标是 $(x,y,0)$，并且有

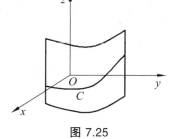

图 7.25

$$F(x,y) = 0$$

这就是柱面上的点 $M(x,y,z)$ 的坐标满足的方程.

由此可得，不含变量 z 的方程 $F(x,y) = 0$ 在空间直角坐标系中表示母线平行于 z 轴的柱面，其准线为 xOy 面内的曲线 $F(x,y) = 0$.

类似地，不含变量 y 的方程 $G(x,z) = 0$ 在空间直角坐标系中表示母线平行于 y 轴的柱面，其准线为 xOy 面内的曲线 $G(x,z) = 0$；不含变量 x 的方程 $H(y,z) = 0$ 在空间直角坐标系中表示母线平行于 x 轴的柱面，其准线为 yOz 面内的曲线 $H(y,z) = 0$.

例如，方程 $y^2 = 2x$ 表示母线平行于 z 轴的柱面，准线是 xOy 面上的抛物线 $y^2 = 2x$，该柱面称为**抛物柱面**［见图 7.26（a）］.

又如，方程 $x - y = 0$ 表示母线平行于 z 轴的柱面，准线是 xOy 面上的直线 $x - y = 0$，所以它是过 z 轴的平面［见图 7.26（b）］.

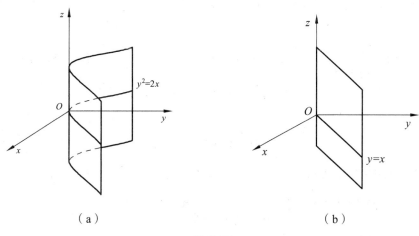

（a）　　　　　　　　　　　　（b）

图 7.26

265

注意：如果限制在 xOy 平面上考虑 $F(x, y) = 0$，它表示一条曲线；但在空间解析几何中，$F(x, y) = 0$ 表示一个母线平行于 z 轴的柱面.

习题 7.3

1. 一动点 P 到定点 $A(-4, 0, 0)$ 的距离是它到点 $B(2, 0, 0)$ 的距离的两倍，求该动点的轨迹方程.

2. 已知椭圆抛物面的顶点在原点，xOy 面和 xOz 面是它的两个对称面，且过点 $(6, 1, 2)$ 与 $\left(1, \dfrac{1}{3}, -1\right)$，求该椭圆抛物面的方程.

3. 求顶点为 $O(0, 0, 0)$，轴与平面 $x + y + z = 0$ 垂直，且经过点 $(3, 2, 1)$ 的圆锥面的方程.

4. 求以 z 轴为母线，直线 $\begin{cases} x = 1 \\ y = 1 \end{cases}$ 为中心轴的圆柱面的方程.

5. 求以 z 轴为母线，经过点 $A(4, 2, 2)$ 及 $B(6, -3, 7)$ 的圆柱面的方程.

第四节　空间曲线及其方程

一、空间曲线的一般方程

空间曲线 C 可看作空间两曲面 $F(x, y, z) = 0$ 和 $G(x, y, z) = 0$ 的交线，则空间曲线 C 的一般方程可表示为

$$\begin{cases} F(x, y, z) = 0 \\ G(x, y, z) = 0 \end{cases} \qquad (1)$$

特点：曲线上的点都满足方程，满足方程的点都在曲线上，不在曲线上的点不能同时满足两个方程（见图 7.27）.

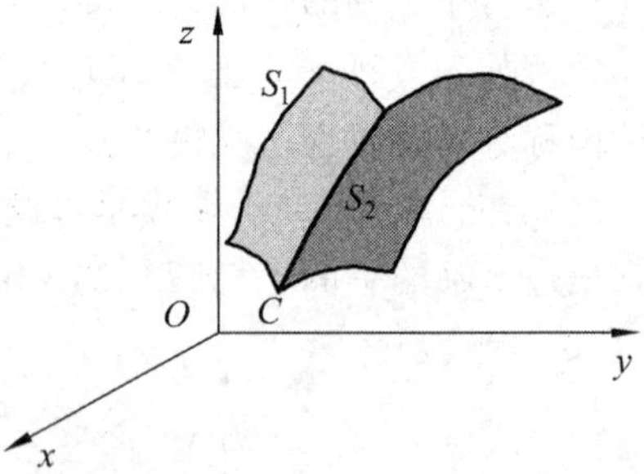

图 7.27

例 1　方程组 $\begin{cases} x^2 + y^2 = 1 \\ 2x + 3y + 3z = 6 \end{cases}$ 表示怎样的曲线？

解　$x^2 + y^2 = 1$ 表示圆柱面，而 $2x + 3y + 3z = 6$ 表示平面，因此

$$\begin{cases} x^2 + y^2 = 1 \\ 2x + 3y + 3z = 6 \end{cases}$$

的交线为椭圆，如图 7.28 所示.

例 2　方程组 $\begin{cases} z = \sqrt{a^2 - x^2 - y^2} \\ \left(x - \dfrac{a}{2}\right)^2 + y^2 = \dfrac{a^2}{4} \end{cases}$ 表示怎样的曲线？

解　$z = \sqrt{a^2 - x^2 - y^2}$ 表示上半球面，而 $\left(x - \dfrac{a}{2}\right)^2 + y^2 = \dfrac{a^2}{4}$ 表示圆柱面，因此

$$\begin{cases} z = \sqrt{a^2 - x^2 - y^2} \\ \left(x - \dfrac{a}{2}\right)^2 + y^2 = \dfrac{a^2}{4} \end{cases}$$

的交线如图 7.29 所示.

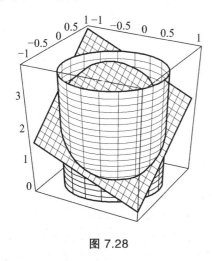

图 7.28

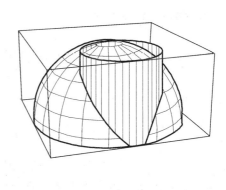

图 7.29

二、空间曲线的参数方程

空间曲线 C 也可以用参数方程来表示，即把曲线 C 上的动点的坐标 x, y, z 分别表示成参数 t 的函数

$$\begin{cases} x = x(t) \\ y = y(t) \\ z = z(t) \end{cases} \qquad (2)$$

当给定 $t = t_0$ 时，就得到对应 C 上的一个点 (x_0, y_0, z_0)，随 t 的变动，就可得到曲线 C 上的全部点，上式方程组叫作**空间曲线的参数方程**.

例 3　如果空间一点 M 在圆柱面 $x^2 + y^2 = a^2$ 上以角速度 ω 绕 z 轴旋转，同时又以线速度 v 沿平行于 z 轴的正方向上升（其中 ω, v 都是常数），那么点 M 构成的图形叫作螺旋线. 试建立其参数方程（见图 7.30）.

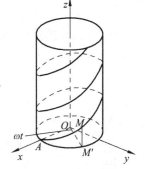

图 7.30

解　取时间 t 为参数，动点从 A 点出发，经过 t 时间运动到 M 点，M 在 xOy 面的投影为 $M'(x, y, 0)$. 由于动点在圆柱面上以角速度 ω 绕 z 轴旋转，所以经过时间 t，$\angle AOM' = \omega t$，从而

$$x = |OM'| \cos \angle AOM' = a \cos \omega t$$

$$y = |OM'|\sin \angle AOM' = a\sin \omega t$$

因此螺旋线的参数方程为

$$\begin{cases} x = a\cos \omega t \\ y = a\cos \omega t \\ z = vt \end{cases}$$

三、空间曲线在坐标面上的投影

设空间曲线的一般方程为

$$\begin{cases} F(x, y, z) = 0 \\ G(x, y, z) = 0 \end{cases} \qquad (3)$$

消去变量 z 后得

$$H(x, y) = 0 \qquad (4)$$

由于方程（4）是由方程（3）消去 z 后所得到的结果，因此当 x, y, z 满足方程（3）时，x, y 必定满足（4）. 这说明曲线 C 上的所有点都在由方程（4）所表示的曲面上.

由上节知道，方程（4）表示一个母线平行于 z 轴的柱面. 又由上面的讨论可知，这柱面必定包含曲线 C，因此把以曲线 C 为准线，母线平行于 z 轴的柱面叫作**曲线 C 关于 xOy 面的投影柱面**. 投影柱面与 xOy 面的交线叫作空间曲线 C 在 xOy 面上的**投影曲线**. 因此，方程（4）所表示的柱面必定包含投影柱面，而方程

$$\begin{cases} H(x, y) = 0 \\ z = 0 \end{cases}$$

所表示的曲线必定包含空间曲线 C 在面 xOy 上的投影.

类似地可定义空间曲线在其他坐标面上的投影.

yOz 面的投影曲线为

$$\begin{cases} R(y, z) = 0 \\ x = 0 \end{cases}$$

zOx 面的投影曲线为

$$\begin{cases} T(x, z) = 0 \\ y = 0 \end{cases}$$

例 4 求抛物面 $y^2 + z^2 = x$ 与平面 $x + 2y - z = 0$ 的截线在三个坐标面上的投影曲线方程（见图 7.31）.

解 截线方程为

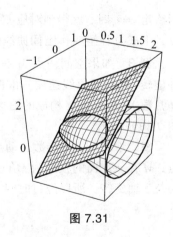

图 7.31

$$\begin{cases} y^2 + z^2 = x \\ x + 2y - z = 0 \end{cases}$$

消去 z 得投影曲线方程

$$\begin{cases} x^2 + 5y^2 + 4xy - x = 0 \\ z = 0 \end{cases}$$

消去 y 得投影曲线方程

$$\begin{cases} x^2 + 5z^2 - 2xz - 4x = 0 \\ y = 0 \end{cases}$$

消去 x 得投影曲线方程

$$\begin{cases} y^2 + z^2 + 2y - z = 0 \\ x = 0 \end{cases}$$

例 5 设一个立体由上半球面 $z = \sqrt{4 - x^2 - y^2}$ 和锥面 $z = \sqrt{3(x^2 + y^2)}$ 所围成，求它在 xOy 面上的投影.

解 半球面和锥面的交线为

$$C: \begin{cases} z = \sqrt{4 - x^2 - y^2} \\ z = \sqrt{3(x^2 + y^2)} \end{cases}$$

消去 z 得投影柱面

$$x^2 + y^2 = 1$$

则交线 C 在 xOy 面上的投影为一个圆：

$$\begin{cases} x^2 + y^2 = 1 \\ z = 0 \end{cases}$$

所以所求立体在 xOy 面上的投影为

$$x^2 + y^2 \leqslant 1$$

 习题 7.4

1. 画出下列曲线的图形.

（1）$\begin{cases} x = 2 \\ y = 1 \end{cases}$；

（2）$\begin{cases} z = \sqrt{a^2 - x^2 - y^2} \\ x = y \end{cases}$；

（3）$\begin{cases} x^2 + z^2 = R^2 \\ x^2 + y^2 = R^2 \end{cases}$.

2. 下列方程组在平面解析几何中及空间解析几何中各表示什么图形.

（1）$\begin{cases} y = 2x + 1 \\ y = 3x - 2 \end{cases}$;

（2）$\begin{cases} \dfrac{x^2}{4} - \dfrac{y^2}{9} = 1 \\ x = 3 \end{cases}$.

3. 分别求母线平行于 x 轴及 y 轴且通过曲线 $\begin{cases} x^2 + 2y^2 + z^2 = 9 \\ x^2 + y^2 - 3z^2 = 0 \end{cases}$ 的柱面方程.

4. 求旋转抛物面 $y^2 + z^2 - 3x = 0$ 与平面 $y + z = 1$ 的交线在 xOy 面上的投影曲线方程.

5. 求抛物面 $z = 2x^2 + y^2 (0 \leqslant z \leqslant 4)$ 在三个坐标面上的投影.

第五节 平面及其方程

在空间解析几何中，平面与直线是最简单的几何图形. 在本节和下一节中，我们将以向量为工具，在空间直角坐标系中讨论平面和曲线的几何特性，并建立其方程.

一、平面的点法式方程

垂直于平面的非零向量叫作该平面的**法向量**. 显然，一个平面的法向量有无穷多个，而平面上的任一向量均与该平面的法向量垂直.

因为过空间一个已知点，可以作且只能作一个平面 Π 垂直于已知直线，所以当平面 Π 上的一点 $M_0(x_0, y_0, z_0)$ 和它的一个法向量 $\boldsymbol{n} = (A, B, C)$ 为已知时，平面 Π 的位置就完全确定了. 下面我们按上述已知条件来建立平面 Π 的方程.

设 $M(x, y, z)$ 是平面 Π 上的任一点（见图 7.32），则 $\boldsymbol{n} \perp \overrightarrow{M_0 M}$，即

$$\boldsymbol{n} \cdot \overrightarrow{M_0 M} = 0$$

由于 $\boldsymbol{n} = (A, B, C)$，$\overrightarrow{M_0 M} = (x - x_0, y - y_0, z - z_0)$，故有

$$A(x - x_0) + B(y - y_0) + C(z - z_0) = 0 \qquad （1）$$

这就是平面 Π 上任一点 $M(x, y, z)$ 的坐标所满足的方程.

如果点 $M(x, y, z)$ 不在平面 Π 上，向量 $\overrightarrow{M_0 M}$ 不垂直于法向量 $\boldsymbol{n}$，从而 $\boldsymbol{n} \cdot \overrightarrow{M_0 M} \neq 0$，即不在平面 Π 上的点 $M(x, y, z)$ 的坐标不满足方程.

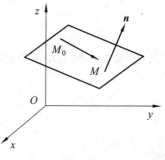

图 7.32

由此可知，平面 Π 上任一点的坐标 x, y, z 都满足方程（1）；不在平面 Π 上的点的坐标都不满足方程（1）. 这样，方程（1）就是**平面 Π 的方程**，而平面 Π 就是**方程（1）的图形**. 由于方程（1）是由平面 Π 上的一点 $M_0(x_0, y_0, z_0)$ 和平面的一个法向量 $\boldsymbol{n} = (A, B, C)$ 来确定的，所以方程（1）称为平面的**点法式方程**.

例 1 求过点 $(2, -3, 1)$ 且以 $\boldsymbol{n} = (1, 4, -2)$ 为法向量的平面方程.

解 由平面的点法式方程，可得到该平面的方程

$$(x-2) + 4(y+3) - 2(z-1) = 0$$

化简得

$$x + 4y - 2z + 12 = 0$$

例 2 求过三点 $A(2, -1, 4)$，$B(-1, 3, -2)$ 和 $C(0, 2, 3)$ 的平面方程.

解 因为 $\overrightarrow{AB} = (-3, 4, -6)$，$\overrightarrow{AC} = (-2, 3, -1)$，则

$$\boldsymbol{n} = \overrightarrow{AB} \times \overrightarrow{AC} = \begin{vmatrix} \boldsymbol{i} & \boldsymbol{j} & \boldsymbol{k} \\ -3 & 4 & -6 \\ 2 & 3 & -1 \end{vmatrix} = 14\boldsymbol{i} + 9\boldsymbol{j} - \boldsymbol{k}$$

则所求的平面方程为

$$14(x-2) + 9(y+1) - (z-4) = 0$$

化简得

$$14x + 9y - z - 15 = 0$$

二、平面的一般方程

在点法式方程（1）中若记 $D = -(Ax_0 + By_0 + Cz_0)$，则方程（1）可化为如下三元一次方程：

$$Ax + By + Cz + D = 0 \qquad\qquad （2）$$

任一平面都可用它上面的一点和它的法向量来确定，所以任一平面都可以用一个三元一次方程来表达.

反之，对给定的三元一次方程（2），我们任取一组满足方程的 x_0, y_0, z_0，即

$$Ax_0 + By_0 + Cz_0 + D = 0 \qquad\qquad （3）$$

将（2）式和（3）式相减，就得到

$$A(x-x_0) + B(y-y_0) + C(z-z_0) = 0 \qquad\qquad （4）$$

把方程（4）与平面的点法式方程（1）比较，可见方程（4）是通过点 $M_0(x_0, y_0, z_0)$，且以 $\boldsymbol{n} = (A, B, C)$ 为法向量的平面方程. 注意到方程（2）与方程（4）同解，故方程（2）可以表示一个以 $\boldsymbol{n} = (A, B, C)$ 为法向量的平面. 我们把方程（2）称为**平面的一般式方程**，其中 x, y, z 的系数是该平面的法向量坐标，即 $\boldsymbol{n} = (A, B, C)$ 是平面的一个法向量.

对于一些特殊的三元一次方程，应该熟悉它们所表示平面图形的特点：

当 $D = 0$ 时，$Ax + By + Cz = 0$ 表示一个通过原点的平面.

当 $A = 0$ 时，方程（2）成为 $By + Cz + D = 0$，法向量 $\boldsymbol{n} = (0, B, C)$ 垂直于 x 轴，方程表示一个平行于 x 轴的平面.

同样，方程 $Ax+Cz+D=0$ 和 $Ax+By+D=0$ 分别表示一个平行于 y 轴和 z 轴的平面.

当 $A=B=0$ 时，方程（2）成为 $Cz+D=0$ 或 $z=-\dfrac{D}{C}$，法向量 $\boldsymbol{n}=(0,0,C)$ 同时垂直于 x 轴和 y 轴. 因此方程表示一个平行于 xOy 面的平面.

同样，方程 $Ax+D=0$ 和 $By+D=0$ 分别表示一个平行于 yOz 面和 xOz 面的平面.

例 3　求经过 $(2,1,1)$ 和 $(1,4,3)$ 两点且平行于 x 轴的平面方程.

解　因为所求平面平行于 x 轴，所以可设它的方程为

$$By+Cz+D=0$$

由题意，将 $(2,1,1)$ 和 $(1,4,3)$ 代入方程，得

$$\begin{cases} B+C+D=0 \\ 4B+3C+D=0 \end{cases}$$

解得 $B=2D$，$C=-3D$，代入所设方程，并消去 D（$D\neq0$）得该平面的方程

$$2y-3z+1=0$$

例 4　已知一个平面通过 x 轴和点 $(4,2,-1)$，求该平面方程.

解　因为通过 x 轴，故必然平行于 x 轴，所以 $A=0$；又因为通过原点，故 $D=0$. 于是可设所求的平面方程为

$$By+Cz=0$$

又由于平面经过点 $(4,2,-1)$，将点坐标代入，得

$$2B-C=0 \Rightarrow C=2B$$

把上式代入所设方程，得

$$By+2Bz=0$$

因 $B\neq0$，所以该平面方程为

$$y+2z=0$$

例 5　设平面与 x,y,z 三轴分别交于 $P(a,0,0)$，$Q(0,b,0)$，$R(0,0,c)$ 三点（其中 $a\neq0$，$b\neq0$，$c\neq0$），求此平面方程.

解　设平面方程为

$$Ax+By+Cz+D=0$$

将三点坐标代入得

$$\begin{cases} aA+D=0 \\ bB+D=0 \\ cC+D=0 \end{cases}$$

即 $A = -\dfrac{D}{a}$，$B = -\dfrac{D}{b}$，$C = -\dfrac{D}{c}$．将 $A = -\dfrac{D}{a}$，$B = -\dfrac{D}{b}$，$C = -\dfrac{D}{c}$ 代入所设方程得

$$\frac{x}{a} + \frac{y}{b} + \frac{z}{c} = 1 \tag{5}$$

方程（5）叫作**平面的截距式方程**.

三、两平面的夹角

两平面法线向量间的夹角（通常指锐角）称为**两平面的夹角**.

设平面 Π_1, Π_2 的方程分别为

$$A_1 x + B_1 y + C_1 z + D_1 = 0, \quad A_2 x + B_2 y + C_2 z + D_2 = 0$$

它们的法向量依次为

$$\boldsymbol{n}_1 = (A_1, B_1, C_1),, \quad \boldsymbol{n}_2 = (A_2, B_2, C_2)$$

那么两个平面的夹角 θ 为 $\widehat{(\boldsymbol{n}_1, \boldsymbol{n}_2)}$ 或 $\pi - \widehat{(\boldsymbol{n}_1, \boldsymbol{n}_2)}$ 两者中的锐角（见图 7.33），因此

$$\cos\theta = \left| \cos\widehat{(\boldsymbol{n}_1, \boldsymbol{n}_2)} \right|$$

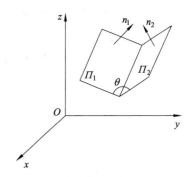

由两个向量夹角余弦的坐标表达式可知，平面 Π_1, Π_2 的夹角满足

图 7.33

$$\cos\theta = \frac{|A_1 A_2 + B_1 B_2 + C_1 C_2|}{\sqrt{A_1^2 + B_1^2 + C_1^2} \cdot \sqrt{A_2^2 + B_2^2 + C_2^2}} \tag{6}$$

从两个向量垂直、平行的充分必要条件可得结论：

（1）$\Pi_1 \perp \Pi_2 \Leftrightarrow A_1 A_2 + B_1 B_2 + C_1 C_2 = 0$；

（2）$\Pi_1 \ /\!/ \ \Pi_2 \Leftrightarrow \dfrac{A_1}{A_2} = \dfrac{B_1}{B_2} = \dfrac{C_1}{C_2}$．

例 6 求两平面 $x - y + 2z - 6 = 0$ 和 $2x + y + z - 5 = 0$ 的夹角.

解 由公式（6）得

$$\cos\theta = \frac{|1 \times 2 + (-1) \times 1 + 2 \times 1|}{\sqrt{1^2 + (-1)^2 + 2^2} \cdot \sqrt{2^2 + 1^2 + 1^2}} = \frac{1}{2}$$

因此，所求夹角 $\theta = \dfrac{\pi}{3}$．

例 7 设点 $P_0(x_0, y_0, z_0)$ 是平面 $Ax + By + Cz + D = 0$ 外一点，求 P_0 到平面的距离.

解 $\forall P_1(x_1, y_1, z_1) \in \Pi$ 有

$$d = \left| \text{Prj}_n \overrightarrow{P_1 P_0} \right| = \frac{\left| \overrightarrow{P_1 P_0} \cdot \boldsymbol{n} \right|}{|\boldsymbol{n}|}$$

又 $\text{Prj}_n \overrightarrow{P_1 P_0} = \overrightarrow{P_1 P_0} \cdot \boldsymbol{e}_n$ ，而

$$\overrightarrow{P_1 P_0} = (x_0 - x_1, y_0 - y_1, z_0 - z_1)$$

$$\boldsymbol{e}_n = \left(\frac{A}{\sqrt{A^2 + B^2 + C^2}}, \frac{B}{\sqrt{A^2 + B^2 + C^2}}, \frac{C}{\sqrt{A^2 + B^2 + C^2}} \right)$$

所以

$$\text{Prj}_n \overrightarrow{P_1 P_0} = \overrightarrow{P_1 P_0} \cdot \boldsymbol{e}_n = \frac{A(x_0 - x_1)}{\sqrt{A^2 + B^2 + C^2}} + \frac{B(y_0 - y_1)}{\sqrt{A^2 + B^2 + C^2}} + \frac{C(z_0 - z_1)}{\sqrt{A^2 + B^2 + C^2}}$$

$$= \frac{Ax_0 + By_0 + Cz_0 - (Ax_1 + By_1 + Cz_1)}{\sqrt{A^2 + B^2 + C^2}}$$

因为 $Ax_1 + By_1 + Cz_1 + D = 0$ （$P_1 \in \Pi$），所以点到平面的距离公式为

$$d = \frac{\left| Ax_0 + By_0 + Cz_0 + D \right|}{\sqrt{A^2 + B^2 + C^2}}$$

 习题 7.5

1. 求经过点 $A(3, 2, 1)$ 和 $B(-1, 2, -3)$ 且与坐标平面 xOz 垂直的平面方程.

2. 求过三个已知点 $A(2, 3, 0)$ ， $B(-2, -3, 4)$ 和 $C(0, 6, 0)$ 所确定的平面方程.

3. 设平面过原点 O 及点 $A(6, -3, 2)$ ，且与平面 $4x - y + 2z = 0$ 垂直，求此平面的方程.

4. 求通过 z 轴和点 $(-3, 1, -2)$ 的平面方程.

5. 已知平面 $\alpha : mx + 7y - 6z - 24 = 0$ 与平面 $\beta : 2x - 3my + 11z - 19 = 0$ 垂直，求 m 的值.

6. 求经过点 $A(1, -1, 2)$ 和 $B(-1, 0, 3)$ 且平行于 z 轴的平面方程.

7. 已知点 A 在 z 轴上，且到平面 $\alpha : 4x - 2y - 7z + 14 = 0$ 的距离为 7，求点 A 的坐标.

8. 已知点 A 在 z 轴上，且到点 $B(0, -2, 1)$ 与到平面 $\alpha : 6x - 2y + 3z = 9$ 的距离相等，求点 A 的坐标.

9. 求两平面 $x + y + z + 1 = 0$ 与 $x + 2y - z + 4 = 0$ 夹角的余弦值.

10. 平面 Π_1 过 Ox 轴，且与平面 $\Pi_2 : x - y = 0$ 的夹角为 $\frac{\pi}{3}$，求平面 Π_1 的方程.

第六节　空间直线及其方程

一、空间直线的一般方程

如果两平面不平行，则必然会相交于一条直线，因此，空间任一直线 L 可以看成两个平面的交线（见图 7.34）. 设平面 Π_1, Π_2 的方程分别为

$$A_1x + B_1y + C_1z + D_1 = 0, \quad A_2x + B_2y + C_2z + D_2 = 0$$

则直线 L 上任一点的坐标应满足方程组：

$$\begin{cases} A_1x + B_1y + C_1z + D_1 = 0 \\ A_2x + B_2y + C_2z + D_2 = 0 \end{cases} \qquad （1）$$

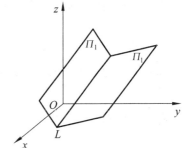

图 7.34

反之，如果点 M 不在空间直线 L 上，那么它就不可能同时在平面 Π_1 和 Π_2 上，进而它的坐标就不满足方程组（1）. 因此直线 L 可由方程组（1）表示，方程组（1）称为空间直线的**一般式方程**.

通过空间一直线 L 的平面有无限多个，只要在这无限多个平面中任意选取两个，把它们的方程联立起来，所得的方程组就表示空间直线 L.

二、空间直线的对称式方程与参数方程

如果一个非零向量平行于一条已知直线，这个向量就叫作这条直线的**方向向量**.

设 $M_0(x_0, y_0, z_0)$ 为直线 L 上的一已知点，$s = (m, n, p)$ 为直线的一个方向向量，则直线 L 的位置就完全确定了. 下面我们来建立这条直线的方程.

设点 $M(x, y, z)$ 是直线上 L 的任一点，则向量 $\overline{M_0M} = (x - x_0, y - y_0, z - z_0)$ 与直线 L 的方向向量 $s = (m, n, p)$ 平行（见图 7.35），于是有

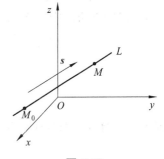

图 7.35

$$\frac{x - x_0}{m} = \frac{y - y_0}{n} = \frac{z - z_0}{p} \qquad （2）$$

反过来，若点 $M(x, y, z)$ 不在直线 L 上，则向量 $\overline{M_0M}$ 与方向向量 s 不平行，因此点 $M(x, y, z)$ 的坐标不满足方程（2），所以方程（2）就是直线的方程. 我们把方程（2）称为**空间直线的对称式或点向式方程**.

直线的任一方向向量 s 的坐标 m, n, p 叫作这条直线的一组**方向数**，而向量 s 的方向余弦叫作该曲线的**方向余弦**.

在直线的对称式方程（2）中，令 $\dfrac{x - x_0}{m} = \dfrac{y - y_0}{n} = \dfrac{z - z_0}{p} = t$，则有

$$\begin{cases} x = x_0 + mt \\ y = y_0 + nt \\ z = z_0 + pt \end{cases} \qquad (3)$$

方程组（3）叫作**直线的参数式方程**.

例 1 求经过点 $P_1(1,-2,1)$ 与 $P_2(0,1,0)$ 的直线方程.

解 向量 $\overrightarrow{P_1P_2}$ 与直线平行，因此可以将它视为直线的方向向量，即

$$\overrightarrow{P_1P_2} = (-1,3,-1)$$

又因为点 $P_1(1,-2,1)$ 在直线上，故所求直线的对称式方程为

$$\frac{x-1}{-1} = \frac{y-(-2)}{3} = \frac{z-1}{-1}$$

即

$$\frac{x-1}{-1} = \frac{y+2}{3} = \frac{z-1}{-1}$$

例 2 将直线 $\begin{cases} x-2y+3z-4=0 \\ 3x+2y-5z-4=0 \end{cases}$ 化为对称式方程和参数方程.

解 先求过直线的一个点. 设 $z_0 = 0$，代入直线方程得

$$\begin{cases} x-2y-4=0 \\ 3x+2y-4=0 \end{cases}$$

解得 $x_0 = 2, y_0 = -1$，即 $(2,-1,0)$ 是所给直线上的点.

再求平行于直线的方向向量. 因为两平面的交线与这两个平面的法向量都垂直，所以两个平面的法向量的向量积可为该交线的方向向量，即

$$s = n_1 \times n_2 = \begin{vmatrix} i & j & k \\ 1 & -2 & 3 \\ 3 & 2 & -5 \end{vmatrix} = 2(2i + 7j + 4k)$$

因此，所给直线的对称式方程为

$$\frac{x-2}{2} = \frac{y+1}{7} = \frac{z}{4}$$

令 $\dfrac{x-2}{2} = \dfrac{y+1}{7} = \dfrac{z}{4} = t$，则直线的参数方程为

$$\begin{cases} x = 2 + 2t \\ y = -1 + 7t \\ z = 4t \end{cases}$$

三、两直线的夹角

两直线方向向量的夹角称为**两直线的夹角**（通常为锐角）.

如果直线 L_1 与 L_2 的方向向量分别为 $s_1 = (m_1, n_1, p_1)$ 与 $s_2 = (m_2, n_2, p_2)$ ，由于 L_1 与 L_2 的夹角 φ 是 s_1 与 s_2 的夹角，并且不取钝角，故有

$$\cos\varphi = \frac{|s_1 \cdot s_2|}{|s_1||s_2|}$$

因此

$$\cos\varphi = \frac{|m_1 m_2 + n_1 n_2 + p_1 p_2|}{\sqrt{m_1^2 + n_1^2 + p_1^2}\sqrt{m_2^2 + n_2^2 + p_2^2}} \tag{4}$$

这就是直线 L_1 与 L_2 的夹角公式.

由公式（4）可推出：直线互相垂直的充要条件是

$$m_1 m_2 + n_1 n_2 + p_1 p_2 = 0$$

直线互相平行的充要条件是

$$\frac{m_1}{m_2} = \frac{n_1}{n_2} = \frac{p_1}{p_2}$$

例 3 求直线 $L_1 : \dfrac{x-1}{1} = \dfrac{y}{-4} = \dfrac{z+3}{1}$ 和 $L_2 : \dfrac{x}{2} = \dfrac{y+2}{-2} = \dfrac{z}{-1}$ 的夹角.

解 两直线的方向向量分别为

$$s_1 = (1, -4, 1), \quad s_2 = (2, -2, -1)$$

则两直线夹角的余弦为

$$\cos\varphi = \frac{|1 \times 2 + (-4) \times (-2) + 1 \times (-1)|}{\sqrt{1^2 + (-4)^2 + 1^2}\sqrt{2^2 + (-2)^2 + (-1)^2}} = \frac{1}{\sqrt{2}}$$

所以 $\varphi = \dfrac{\pi}{4}$.

四、直线与平面的夹角

直线与它在平面上的投影直线的夹角 $\phi\left(0 \leqslant \phi \leqslant \dfrac{\pi}{2}\right)$ 称为**直线与平面的夹角**.

设直线 L 的方向向量为 $s = (m, n, p)$ ，平面 Π 的法向量为 $n = (A, B, C)$ ，直线与平面的法向

量的夹角为 $\varphi\left(0\leqslant\varphi\leqslant\dfrac{\pi}{2}\right)$（见图 7.36），那么

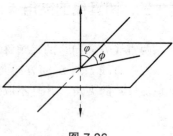

图 7.36

$$\phi=\frac{\pi}{2}-\varphi$$

由于 $\cos\varphi=\dfrac{|Am+Bn+Cp|}{\sqrt{m^2+n^2+p^2}\sqrt{A^2+B^2+C^2}}$ ，所以

$$\sin\phi=\sin\left(\frac{\pi}{2}-\varphi\right)=\cos\varphi=\frac{|Am+Bn+Cp|}{\sqrt{m^2+n^2+p^2}\sqrt{A^2+B^2+C^2}} \tag{5}$$

这就是直线与平面的夹角公式.

由公式（5）可以推出：直线与平面垂直的充分必要条件是

$$\frac{A}{m}=\frac{B}{n}=\frac{C}{p}$$

直线与平面平行的充分必要条件是

$$Am+Bn+Cp=0$$

例 4 设直线 $L:\dfrac{x-1}{2}=\dfrac{y}{-1}=\dfrac{z+1}{2}$ ，平面 $\varPi:x-y+2z=3$ ，求直线与平面的夹角.

解 平面的法向量为

$$\boldsymbol{n}=(1,-1,2)$$

直线的方向向量为

$$\boldsymbol{s}=(2,-1,2)$$

所以

$$\sin\phi=\frac{|Am+Bn+Cp|}{\sqrt{A^2+B^2+C^2}\cdot\sqrt{m^2+n^2+p^2}}=\frac{|1\times2+(-1)\times(-1)+2\times2|}{\sqrt{6}\cdot\sqrt{9}}=\frac{7}{3\sqrt{6}}$$

所以直线与平面的夹角 $\phi=\arcsin\dfrac{7}{3\sqrt{6}}$.

习题 7.6

1. 求过点 $P(1,-2,0)$ ，且与直线 $\dfrac{x-1}{1}=\dfrac{y-1}{1}=\dfrac{z-1}{0}$ 和 $\dfrac{x}{1}=\dfrac{y}{-1}=\dfrac{z+1}{0}$ 都平行的平面方程.

2. 求过点 $A(4,-1,3)$ 且平行于直线 $\dfrac{x-3}{2}=\dfrac{y}{1}=\dfrac{z-1}{5}$ 的直线的点法式方程与参数方程.

3. 求过点 $A(0,0,0)$ 且与直线 $\dfrac{x-3}{2}=\dfrac{y+4}{1}=\dfrac{z-4}{1}$ 平行的平面方程.

4. 求点 $P(1,-1,0)$ 到直线 $\dfrac{x-2}{1}=\dfrac{y}{-1}=\dfrac{z+1}{0}$ 的距离.

5. 已知直线 L_1 过点 $A(3,-2,6)$，并与直线 L_2：$\begin{cases} x-3y+3=0 \\ 3x+y+6z=-1 \end{cases}$ 平行，求直线 L_1 的方程.

6. 平面 $x+y+z+1=0$ 上的直线 l 通过直线 l_1：$\begin{cases} x+2z=0 \\ y+z+1=0 \end{cases}$ 与此平面的交点，且与 l_1 垂直，求 l 的方程.

7. 求过点 $(-3,2,5)$ 且与两平面 $x-4z=3$ 和 $3x-y+z=1$ 都平行的直线方程.

8. 一平面经过直线（即直线在平面上）l：$\dfrac{x+5}{3}=\dfrac{y-2}{1}=\dfrac{z}{4}$，且垂直于平面 $x+y-z+15=0$，求该平面的方程.

9. 求过点 $A(3,1,0)$ 且与平面 $3x-2y+z=2$ 的法向量平行的直线 L 的点法式方程、参数方程、一般方程.

10. 证明：L_1：$\begin{cases} x+2y-z=7 \\ -2x+y+z=-1 \end{cases}$，$L_2$：$\begin{cases} 3x+6y+3z=8 \\ 2x-y-z=0 \end{cases}$ 互相平行.

复习题七

一、选择题.

1. 若 $\boldsymbol{a},\boldsymbol{b}$ 为共线的单位向量，则它们的数量积 $\boldsymbol{a}\cdot\boldsymbol{b}=$ （　　　）.

（A）1　　　　　（B）-1　　　　　（C）0　　　　　（D）$\cos(u,b)$

2. 设两平面分别为 $x-y+2z-6=0$ 与 $2x+y+z-5=0$，则它们的夹角为（　　　）.

（A）$\dfrac{\pi}{6}$　　　　（B）$\dfrac{\pi}{4}$　　　　（C）$\dfrac{\pi}{3}$　　　　（D）$\dfrac{\pi}{2}$

3. 设两平面分别为 $\dfrac{x-1}{1}=\dfrac{y}{-4}=\dfrac{z+3}{1}$ 与 $\dfrac{x}{2}=\dfrac{y+2}{-2}=\dfrac{z}{-1}$，则它们的夹角为（　　　）.

（A）$\dfrac{\pi}{6}$　　　　（B）$\dfrac{\pi}{4}$　　　　（C）$\dfrac{\pi}{3}$　　　　（D）$\dfrac{\pi}{2}$

4. 设向量 $\boldsymbol{Q}$ 与三轴正向的夹角依次为 α,β,γ，当 $\cos\gamma=1$ 时，有（　　　）.

（A）$\boldsymbol{Q}$ 垂直于 xOy 面　　　　　　（B）$\boldsymbol{Q}$ 垂直于 yOz 面

（C）$\boldsymbol{Q}$ 垂直于 zOx 面　　　　　　（D）$\boldsymbol{Q}$ 平行于 xOy 面

5. $(\boldsymbol{\alpha}\pm\boldsymbol{\beta})^2=$ （　　　）.

（A）$\alpha^2\pm\beta^2$　　　　　　　　　（B）$\alpha^2\pm2\alpha\beta+\beta^2$

（C）$\alpha^2\pm\alpha\beta+\beta^2$　　　　　　　（D）$\alpha^2\pm\alpha\beta+2\beta^2$

6. 设平面方程为 $Bx+Cz+D=0$ ，且 $B,C,D\neq 0$ ，则平面（   ）.

（A）平行于 x 轴   （B）平行于 y 轴

（C）经过 y 轴   （D）垂直于 y 轴

7. 设直线方程为 $\begin{cases} A_1x+B_1y+C_1z+D_1=0 \\ B_2y+D_2=0 \end{cases}$ ，且 $A_1,B_1,C_1,D_1,B_2,D_2\neq 0$ ，则直线（   ）.

（A）过原点   （B）平行于 x 轴

（C）平行于 y 轴   （D）平行于 x 轴

8. 曲面 $z^2+xy-yz-5x=0$ 与直线 $\dfrac{x}{-1}=\dfrac{y-5}{3}=\dfrac{z-10}{7}$ 的交点是（   ）.

（A）$(1,2,3),(2,-1,-4)$ （B）$(1,2,3)$

（C）$(2,3,4)$ （D）$(2,-1,-4)$

9. 已知球面经过点 $(0,-3,1)$ ，且与 xOy 面交成圆周 $\begin{cases} x^2+y^2=16 \\ z=0 \end{cases}$ ，则此球面的方程是（   ）.

（A）$x^2+y^2+z^2+6z+16=0$ （B）$x^2+y^2+z^2-16z=0$

（C）$x^2+y^2+z^2-6z+16=0$ （D）$x^2+y^2+z^2+6z-16=0$

10. 下列方程中所示曲面为双叶旋转双曲面的是（   ）.

（A）$x^2+y^2+z^2=1$ （B）$x^2+y^2=4z$

（C）$x^2-\dfrac{y^2}{4}+z^2=1$ （D）$\dfrac{x^2+y^2}{9}-\dfrac{z^2}{16}=-1$

二、已知向量 $\boldsymbol{a},\boldsymbol{b}$ 的夹角等于 $\dfrac{\pi}{3}$ ，且 $|\boldsymbol{a}|=2$，$|\boldsymbol{b}|=5$ ，求 $(\boldsymbol{a}-2\boldsymbol{b})\cdot(\boldsymbol{a}+3\boldsymbol{b})$.

三、求向量 $\boldsymbol{a}=(4,-3,4)$ 在向量 $\boldsymbol{b}=(2,2,1)$ 上的投影.

四、设平行四边形的两边为向量 $\boldsymbol{a}=(1,-3,1)$，$\boldsymbol{b}=(2,-1,3)$ ，求其面积.

五、已知 $\boldsymbol{a},\boldsymbol{b}$ 为两非零不共线向量，求证：$(\boldsymbol{a}-\boldsymbol{b})\times(\boldsymbol{a}+\boldsymbol{b})=2(\boldsymbol{a}+\boldsymbol{b})$.

六、一动点与点 $M(1,0,0)$ 的距离是它到平面 $x=4$ 的距离的一半，试求该动点的轨迹曲面与 yOz 面的交线方程.

七、求直线 $L:\begin{cases} x=3-t \\ y=-1+2t \\ z=5+8t \end{cases}$ 在三个坐标面上及平面 $\pi:x-y+3z+8=0$ 上的投影方程.

八、求通过直线 $\dfrac{x-1}{2}=\dfrac{y+2}{-3}=\dfrac{z-2}{2}$ 且垂直平面 $3x+2y-z-5=0$ 的平面方程.

九、求经过点 $(-1,-4,3)$ ，并与下面两直线：

$$L_1:\begin{cases} 2x-4y+z=1 \\ x+3y=-5 \end{cases}, \qquad L_2:\begin{cases} x=2+4t \\ y=-1-t \\ z=-3+2t \end{cases}$$

都垂直的直线方程.

十、求通过三平面：$2x+y-z-2=0$，$x-3y+z+1=0$ 和 $x+y+z-3=0$ 的交点，且平行于平面 $x+y+2z=0$ 的平面方程.

十一、在平面 $x+y+z+1=0$ 内求作一直线，使它通过直线 $\begin{cases} y+z+1=0 \\ x+2z=0 \end{cases}$ 与平面的交点，且与已知直线垂直.

十二、判断下列两直线 $L_1: \dfrac{x+1}{1}=\dfrac{y}{1}=\dfrac{z-1}{2}$，$L_2: \dfrac{x}{1}=\dfrac{y+1}{3}=\dfrac{z-2}{4}$ 是否在同一平面上. 在同一平面上求交点，不在同一平面上求两直线间的距离.

第八章

多元函数微分法及其应用

此前，我们所讨论的函数都是只有一个自变量的函数，这种函数称为一元函数. 但自然科学以及工程技术中的很多实际问题所涉及的因素往往是多方面的，反映到数学上，就是一个变量依赖于多个变量的情形. 这就提出了多元函数以及多元函数的微分与积分的问题.

在这一章，我们将在以前学习过的一元函数微分学的基础上，讨论多元函数的微分法及其应用. 它们既有很多类似之处，又有不少的差别. 下面的讨论将以二元函数为主，这是因为从一元函数到二元函数会产生新的问题，而从二元函数到二元以上的多元函数，有关概念、理论和方法大多可以类推.

第一节　多元函数的基本概念

一、平面点集 *n 维空间

因为我们要着重讨论二元函数，而二元函数的定义域是坐标平面上的点集，所以首先要引入有关平面点集的一些基本概念，然后引入 n 维空间.

1. 平面点集

坐标平面上具有某种性质 P 的点的集合称为**平面点集**，记作

$$E = \{(x, y) | (x, y) \text{ 具有性质 } P\}$$

例如，平面上到原点的距离小于 1 的点的集合是

$$E_1 = \{(x, y) | x^2 + y^2 < 1\}$$

坐标平面上所有点的集合记为 R^2，即

$$R^2 = \{(x, y) | -\infty < x < +\infty, -\infty < y < +\infty\}$$

现在引入 R^2 中邻域的概念.

设 $P_0(x_0, y_0)$ 是 xOy 平面上的一个点，δ 是某一正数，与点 $P_0(x_0, y_0)$ 的距离小于 δ 的点 $P(x, y)$ 的全体，称为**点 P_0 的 δ 邻域**，记为 $U(P_0, \delta)$，即

$$U(P_0, \delta) = \{P \mid |PP_0| < \delta\} = \{(x, y) \mid \sqrt{(x - x_0)^2 + (y - y_0)^2} < \delta\}$$

在几何上，点 P_0 的 δ 邻域就是以点 P_0 为圆心、δ 为半径的圆的内部（见图 8.1）.

图 8.1

点 P_0 的去心 δ 邻域，记作 $\mathring{U}(P_0, \delta)$，即

$$\mathring{U}(P_0, \delta) = \{P \mid 0 < |PP_0| < \delta\}$$

如果不需要强调邻域的半径，可用 $U(P)$ 表示点 P_0 的某个邻域，点 P_0 的去心 δ 邻域记作 $\mathring{U}(P_0)$.

设 E 为平面点集，P 为平面上的点，下面利用邻域来描述点和点集的关系.

（1）内点：如果存在点 P 的某个邻域 $U(P)$，使得

$$U(P) \subset E$$

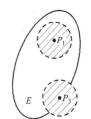

图 8.2

则称 P 为 E 的**内点**（如图 8.2 中，P_1 为 E 的内点）；

（2）外点：如果存在点 P 的某个邻域 $U(P)$，使得

$$U(P) \bigcap E = \varnothing$$

则称 P 为 E 的**外点**（如图 8.2 中，P_2 为 E 的外点）；

（3）边界点：如果点 P 的任一邻域内既含有属于 E 的点，又含有不属于 E 的点，则称 P 为 E 的**边界点**（如图 8.2 中，P_3 为 E 的边界点）.

E 的边界点的全体，称为 E 的**边界**，记作 ∂E.

（4）聚点：设 E 是平面上的一个点集，P 是平面上的一个点，如果点 P 的任何一个邻域内总有无限多个点属于点集 E，则称 P 为 E 的**聚点**.

由聚点的定义可知：内点一定是聚点；边界点可能是聚点；点集 E 的聚点可以属于 E，也可以不属于 E.

例如．集合 $\{(x, y) \mid 0 < x^2 + y^2 < 1\}$ 中，$(0, 0)$ 既是边界点，也是聚点，但不属于集合；

集合 $\{(x, y) \mid x^2 + y^2 = 1\}$ 中，边界上的点都是聚点，也都属于集合.

根据点集所属点的特征，下面来定义一些重要的平面点集.

开集：如果点集 E 的点都是 E 的内点，则称 E 为**开集**.

闭集：如果点集 E 的边界 $\partial E \subset E$，则称 E 为**闭集**.

连通集：如果点集 E 内任何两点，都可用折线联结起来，且该折线上的点都属于 E，则称 E 为**连通集**.

区域（或开区域）：连通的开集称为**区域或开区域**.

例如，$\{(x, y) \mid 1 < x^2 + y^2 < 4\}$.

闭区域：开区域连同它的边界一起所构成的点集称为**闭区域**.

例如，$\{(x, y) \mid 1 \leqslant x^2 + y^2 \leqslant 4\}$.

有界区域：对于区域 D，如果存在正数 R_0，使得 D 内任何点到原点的距离都小于 R_0，则称此区域为**有界区域**，否则称为**无界区域**.

例如，$\{(x, y) \mid 1 \leqslant x^2 + y^2 \leqslant 4\}$ 是有界闭区域；$\{(x, y) \mid x + y > 0\}$ 是无界开区域.

2. *n 维空间

设 n 为取定的一个自然数，称 n 元数组 $(x_1, x_2, \cdots, x_n)$ 的全体为 **n 维空间**. 而每个 n 元数组 $(x_1, x_2, \cdots, x_n)$ 称为 n 维空间中的一个点，数 x_i 称为该点的第 i 个坐标.

说明：

（1）n 维空间的记号为 $\mathbf{R}^n$.

（2）n 维空间中两点间的距离公式. 设有两点 $P(x_1, x_2, \cdots, x_n)$，$Q(y_1, y_2, \cdots, y_n)$，则两点间的距离公式为

$$|PQ| = \sqrt{(y_1 - x_1)^2 + (y_2 - x_2)^2 + \cdots + (y_n - x_n)^2}$$

特殊地，当 $n = 1, 2, 3$ 时，便为数轴、平面、空间两点间的距离公式.

（3）n 维空间中邻域、区域等的概念.

邻域：$U(P_0, \delta) = \{P \mid |PP_0| < \delta, P \in \mathbf{R}^n\}$.

内点、边界点、区域、聚点等概念也可定义.

二、多元函数概念

无论在理论上还是在实践中，许多量的变化、计算与测定并不是由一个因素决定的，而常常受到多个因素的影响. 如下例：

例 1 圆柱体的体积 V 和它的底半径 r、高 h 之间具有关系：

$$V = \pi r^2 h$$

例 2 将一笔本金 R（常数）存入银行，所获得的利息 L 与年利率 r、存款年限 t 有关系：

$$L = R(1+r)^t - R$$

当在点集 $\{(r, t) \mid r > 0, t \in \mathbf{N}^+\}$ 内取定一对值 (r, t) 时，L 的对应值随之确定.

对上面两个不同性质的问题，若去掉变量所代表的具体意义，仅从数量对应关系来考虑，它们具有共同的属性，我们可从中抽象出二元函数的定义.

定义 1.1 设 D 为平面上的一个非空点集，若对 D 中的任一点 (x, y)，变量 z 按照某种法则 f 总有唯一确定的值与之对应，则称 z 是变量 x, y 的**二元函数**，记为

$$z = f(x, y), \quad (x, y) \in D$$

其中 x, y 称为**自变量**，z 称为因变量，D 称为该函数的**定义域**.

设 $(x_0, y_0) \in D$，与 (x_0, y_0) 对应的因变量的值 z_0 称为函数 $z = f(x, y)$ 在点 (x_0, y_0) 处的**函数值**，记作 $z\big|_{\substack{x=x_0 \\ y=y_0}}$ 或 $f(x_0, y_0)$，即

$$z\big|_{\substack{x=x_0 \\ y=y_0}} = f(x_0, y_0) = z_0$$

函数值的集合 $\{z|z=f(x,y),(x,y)\in D\}$ 称为函数 $z=f(x,y)$ 的**值域**.

关于多元函数的定义域，与一元函数类似，我们做如下约定：在一般地讨论用算式表达的
二元函数时，就以使这个算式有意义的实数对 (x,y) 所构成的
集合，并称其为**自然定义域**.

例如，函数 $z=\ln(x+y)$ 的定义域为 $\{(x,y)|x+y>0\}$
（见图 8.3）.

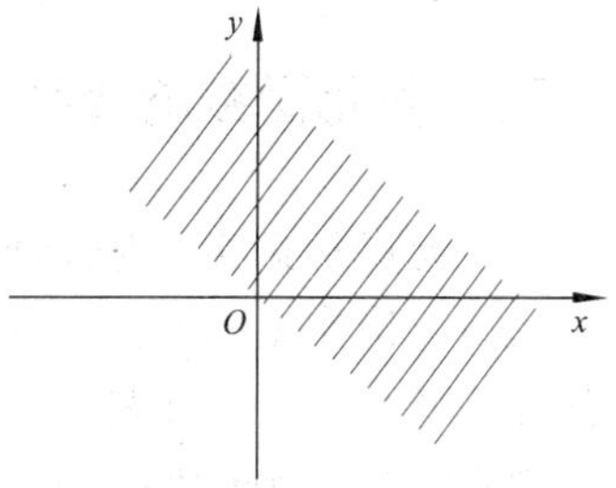

类似地，可定义三元及三元以上的函数. $n\geq 2$ 时的 n
元函数统称为**多元函数**.

例 3 求函数 $f(x,y)=\dfrac{\arcsin(3-x^2-y^2)}{\sqrt{x-y^2}}$ 的定义域.

解 要使表达式有意义，必须满足

$$\begin{cases} \left|3-x^2-y^2\right| \leq 1 \\ x-y^2 > 0 \end{cases}$$

故所求函数的定义域为

$$D=\{(x,y)\,|\,2\leq x^2+y^2\leq 4,\ x>y^2\}$$

如图 8.4 所示.

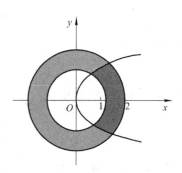

图 8.3

图 8.4

二元函数的几何意义：设函数 $z=f(x,y)$ 的定义域为 D，
对于任意取定的 $P(x,y)\in D$，对应的函数值为 $z=f(x,y)$，这样，以 x 为横坐标、y 为纵坐标、
z 为竖坐标就能在空间确定一点 $M(x,y,z)$，当 x 取遍 D 上一切点时，得到一个空间点集

$$\{(x,y,z)\,|\,z=f(x,y),(x,y)\in D\}$$

这个点集称为二元函数的图形. 它通常是一张曲面（见图 8.5），该曲面在 xOy 面上的投影即
为函数 $z=f(x,y)$ 的定义域 D.

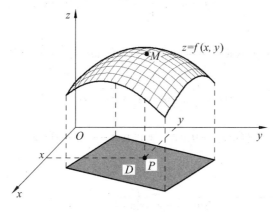

图 8.5

例如，二元函数 $z=x+y$ 的图形是一张平面；二元函数 $z=\sqrt{a^2-x^2-y^2}$ 的图形是上半球面.

三、多元函数的极限

与一元函数的极限概念类似，对于二元函数 $z=f(x,y)$，如果当点 $P(x,y)$ 无限趋近于点 $P_0(x_0,y_0)$（记作 $x\to x_0$，$y\to y_0$ 或 $P(x,y)\to P_0(x_0,y_0)$）时，对应的函数值 $f(x,y)$ 无限趋近于常数 A（用 $f(x,y)\to A$ 表示），那么 A 就叫作 $f(x,y)$ 当 $x\to x_0,y\to y_0$ 时的极限.

定义 1.2 设函数 $z=f(x,y)$ 的定义域为 D，$P_0(x_0,y_0)$ 是其聚点，如果存在常数 A，对于任意给定的正数 ε，总存在正数 δ，使得对于适合不等式

$$0<|PP_0|=\sqrt{(x-x_0)^2+(y-y_0)^2}<\delta$$

的一切点，都有

$$|f(x,y)-A|<\varepsilon$$

成立，则称 A 为函数 $z=f(x,y)$ 当 $x\to x_0,y\to y_0$ 时的**极限**，记为

$$\lim_{\substack{x\to x_0\\y\to y_0}}f(x,y)=A\quad\text{或}\quad\lim_{(x,y)\to(x_0,y_0)}f(x,y)=A$$

（或 $f(x,y)\to A(\rho\to 0)$，这里 $\rho=|PP_0|$）.

说明：

（1）定义中 $P\to P_0$ 的方式是任意的.

（2）二元函数的极限也叫二重极限 $\lim\limits_{\substack{x\to x_0\\y\to y_0}}f(x,y)$.

（3）二元函数的极限运算法则与一元函数类似.

例 4 证明 $\lim\limits_{\substack{x\to 0\\y\to 0}}(x^2+y^2)\sin\dfrac{1}{x^2+y^2}=0$.

证明 这里函数 $f(x,y)=(x^2+y^2)\sin\dfrac{1}{x^2+y^2}$ 的定义域为 $\{(x,y)|(x,y)\neq(0,0)\}$，因为

$$\left|(x^2+y^2)\sin\frac{1}{x^2+y^2}-0\right|=\left|x^2+y^2\right|\cdot\left|\sin\frac{1}{x^2+y^2}\right|\leqslant x^2+y^2$$

可见，$\forall\varepsilon>0$，$\exists\delta=\sqrt{\varepsilon}$，则当 $0<\sqrt{(x-0)^2+(y-0)^2}<\sigma$，总有

$$|f(x,y)-0|=\left|(x^2+y^2)\sin\frac{1}{x^2+y^2}-0\right|<\varepsilon$$

成立，所以

$$\lim_{\substack{x\to 0\\y\to 0}}(x^2+y^2)\sin\frac{1}{x^2+y^2}=0$$

必须注意，所谓二元函数的极限存在，是指 $P(x,y)$ 以任何方式趋于 $P_0(x_0,y_0)$ 时，二元

函数 $f(x,y)$ 都无限趋于同一个常数 A. 因此, 如果 $P(x,y)$ 以不同方式趋于 $P_0(x_0,y_0)$ 时, 对应的函数值 $f(x,y)$ 趋于不同的常数, 或者 $P(x,y)$ 以某一种特殊方式趋于 $P_0(x_0,y_0)$ 时, 对应的函数值 $f(x,y)$ 不趋于确定的常数, 那么就可以断定该函数 $f(x,y)$ 当 $(x,y) \to (x_0,y_0)$ 时的极限不存在.

例 5 讨论函数:

$$f(x,y) = \begin{cases} \dfrac{xy}{x^2+y^2}, & x^2+y^2 \neq 0 \\ 0, & x^2+y^2 = 0 \end{cases}$$

在点 $(0,0)$ 的极限.

解 因为当点 $P(x,y)$ 沿直线 $y = kx$ 趋于点 $(0,0)$ 时,

$$\lim_{\substack{x \to 0 \\ y \to 0}} \frac{xy}{x^2+y^2} = \lim_{\substack{x \to 0 \\ y = kx}} \frac{kx^2}{x^2+k^2x^2} = \frac{k}{1+k^2}$$

其值随 k 的不同而变化, 故函数在点 $(0,0)$ 处极限不存在.

以上关于二元函数的极限概念, 可相应地推广到 n 元函数 $u = f(x_1,x_2,\cdots,x_n)$ 上去.

一元函数的极限性质及极限运算法则, 都可以"平行"地推广到多元函数上来.

例 6 求 $\displaystyle\lim_{(x,y) \to (0,1)} \frac{\sin(xy)}{x}$.

解 由积的极限运算法则有

$$\lim_{(x,y) \to (0,1)} \frac{\sin(xy)}{x} = \lim_{(x,y) \to (0,1)} \left[\frac{\sin(xy)}{xy} \cdot y \right] = \lim_{xy \to 0} \frac{\sin(xy)}{xy} \cdot \lim_{y \to 1} y = 1 \cdot 1 = 1$$

四、多元函数的连续性

与一元函数的连续性类似, 可以定义二元函数的连续性.

定义 1.3 设二元函数 $f(P) = f(x,y)$ 的定义域为点集 D, $P_0(x_0,y_0)$ 是其聚点且 $P_0 \in D$, 如果

$$\lim_{P \to P_0} f(P) = f(P_0)$$

则称 n 元函数 $f(x,y)$ 在点 P_0 处**连续**.

若 $f(x,y)$ 在 D 内的每一点都连续, 则称函数 $f(x,y)$ 在 D 上连续. 此时, 我们说 $f(x,y)$ 是 D 上的连续函数.

例 7 讨论函数

$$f(x,y) = \begin{cases} \dfrac{x^3+y^3}{x^2+y^2}, & (x,y) \neq (0,0) \\ 0, & (x,y) = (0,0) \end{cases}$$

在点 $(0,0)$ 处的连续性.

解 取 $x = \rho\cos\theta$，$y = \rho\sin\theta$，则

$$\left| f(x,y) - f(0,0) \right| = \left| \rho(\sin^3\theta + \cos^3\theta) \right| < 2\rho$$

那么 $\forall \varepsilon > 0$，$\exists \delta = \dfrac{\varepsilon}{2}$，当 $0 < \sqrt{(x-0)^2 + (y-0)^2} < \delta$ 时，有

$$\left| f(x,y) - f(0,0) \right| < 2\rho < \varepsilon$$

成立，即

$$\lim_{(x,y)\to(0,0)} f(x,y) = f(0,0)$$

故函数在点 $(0,0)$ 处连续.

定义 1.4 设 P_0 是函数 $f(P)$ 的定义域的聚点，如果 $f(P)$ 在点 P_0 处不连续，则称 P_0 是函数 $f(P)$ 的**间断点**.

例如，前面所讨论过的函数

$$f(x,y) = \begin{cases} \dfrac{xy}{x^2 + y^2}, & x^2 + y^2 \neq 0 \\ 0, & x^2 + y^2 = 0 \end{cases}$$

当 $(x,y) \to (0,0)$ 时的极限不存在，所以点 $(0,0)$ 是该函数的一个间断点.

与一元函数一样，二元连续函数的和、差、积、商（除去分母为零的点）与复合仍为二元连续函数.

由多元多项式及基本初等函数经过有限次的四则运算和复合步骤所构成的可用一个式子所表示的多元函数叫**多元初等函数**.

一切多元初等函数在其定义区域内是连续的. 定义区域是指包含在定义域内的区域或闭区域.

例 8 求 $\lim\limits_{\substack{x\to 0 \\ y\to 0}} \dfrac{\sqrt{xy+1} - 1}{xy}$.

解 原式 $= \lim\limits_{\substack{x\to 0 \\ y\to 0}} \dfrac{xy + 1 - 1}{xy(\sqrt{xy+1} + 1)} = \lim\limits_{\substack{x\to 0 \\ y\to 0}} \dfrac{1}{\sqrt{xy+1} + 1} = \dfrac{1}{2}$.

闭区间上的一元连续函数有许多很好的性质，这些性质可推广到多元函数，并且证明方法也与一元函数类似.

性质 1（有界性与最大值和最小值定理） 在有界闭区域 D 上的多元连续函数，必定在 D 上有界，且能取得它的最大值和最小值.

性质 2（介值定理） 在有界闭区域 D 上的多元连续函数必取得介于最大值和最小值之间的任何值.

*性质 3（一致连续性定理） 在有界闭区域 D 上的多元连续函数必定在 D 上一致连续.

1. 已知 $f(x,y) = x^y + 2xy$，试求 $f(2,-1)$ 和 $f(u+2v, uv)$.

2. 求下列函数的定义域，并作出定义域所表示的图形.

（1）$z = \lg(x+y)$；

（2）$z = \sqrt{1-x^2-y^2}$.

3. 求下列极限：

（1）$\lim\limits_{\substack{x\to 1\\y\to 0}} \dfrac{\sin(xy^2)}{y^2}$；

（2）$\lim\limits_{\substack{x\to 0\\y\to 0}}(1-2xy)^{\frac{1}{xy}}$；

（3）$\lim\limits_{\substack{x\to 3\\y\to 1}} \dfrac{xy-3}{\sqrt{xy+1}-2}$；

（4）$\lim\limits_{\substack{x\to 1\\y\to 0}} \dfrac{xy-1}{x^2+y^2}$.

4. 证明 $\lim\limits_{\substack{x\to 0\\y\to 0}} \dfrac{x^2y^2}{x^2y^2+(x-y)^2}$ 不存在.

5. 设 $f(x+y, x-y) = xy + y^2$，求 $f(x,y)$.

6. 指出下列函数在何处间断：

（1）$z = \dfrac{1}{x^2+y^2}$；

（2）$z = \dfrac{x\ln y}{y-x^2}$.

第二节 偏导数

一、偏导数的定义及其计算法

在研究一元函数时，一元函数的导数定义为函数增量与自变量增量的比值的极限，它刻画了函数对于自变量的变化率. 对于多元函数，同样需要讨论它的变化率. 实际中，人们往往要研究其他变量固定保持不变的情形下，考虑函数对某个自变量的变化率，这种变化率就是多元函数的偏导数. 以二元函数 $z = f(x,y)$ 为例，如果只有自变量 x 变化，而自变量 y 固定（ $y=y_0$ 看作常数），则函数 $z = f(x, y_0)$ 就是 x 的一元函数，该函数 $z = f(x,y)$ 对 x 的变化率（即导数）就称为函数 $z = f(x,y)$ 对 x 的偏导数. 即有如下的定义：

定义 2.1 设函数 $z = f(x,y)$ 在点 (x_0, y_0) 的某一邻域内有定义，当 y 固定在 y_0 而 x 在 x_0 处有增量 Δx 时，相应地函数有增量 $f(x_0+\Delta x, y_0) - f(x_0, y_0)$，如果

$$\lim_{\Delta x\to 0} \frac{f(x_0+\Delta x, y_0) - f(x_0, y_0)}{\Delta x}.$$

存在，则称此极限为函数 $z = f(x,y)$ 在点 (x_0, y_0) 处对 x 的**偏导数**，记为

$$\left.\frac{\partial z}{\partial x}\right|_{\substack{x=x_0\\y=y_0}}, \quad \left.\frac{\partial f}{\partial x}\right|_{\substack{x=x_0\\y=y_0}}, \quad \left.z_x\right|_{\substack{x=x_0\\y=y_0}} \quad \text{或} \quad f_x(x_0, y_0)$$

同理可定义函数 $z = f(x, y)$ 在点 (x_0, y_0) 处对 y 的偏导数，即

$$\lim_{\Delta y \to 0} \frac{f(x_0, y_0 + \Delta y) - f(x_0, y_0)}{\Delta y}$$

记为

$$\left.\frac{\partial z}{\partial y}\right|_{\substack{x=x_0 \\ y=y_0}}, \quad \left.\frac{\partial f}{\partial y}\right|_{\substack{x=x_0 \\ y=y_0}}, \quad z_y \Big|_{\substack{x=x_0 \\ y=y_0}} \quad \text{或} \quad f_y(x_0, y_0)$$

如果函数 $z = f(x, y)$ 在区域 D 内任一点 (x, y) 处对 x 的偏导数都存在，那么这个偏导数就是 x, y 的函数，它就称为函数 $z = f(x, y)$ **对自变量 x 的偏导数**，记作

$$\frac{\partial z}{\partial x}, \quad \frac{\partial f}{\partial x}, \quad z_x \quad \text{或} \quad f_x(x, y)$$

同理可以定义函数 $z = f(x, y)$ **对自变量 y 的偏导数**，记作

$$\frac{\partial z}{\partial y}, \quad \frac{\partial f}{\partial y}, \quad z_y \quad \text{或} \quad f_y(x, y)$$

偏导数的概念可以推广到二元以上的函数. 例如，三元函数 $u = f(x, y, z)$ 在点 (x, y, z) 处的偏导数定义为

$$f_x(x, y, z) = \lim_{\Delta x \to 0} \frac{f(x + \Delta x, y, z) - f(x, y, z)}{\Delta x}$$

$$f_y(x, y, z) = \lim_{\Delta y \to 0} \frac{f(x, y + \Delta y, z) - f(x, y, z)}{\Delta y}$$

$$f_z(x, y, z) = \lim_{\Delta z \to 0} \frac{f(x, y, z + \Delta z) - f(x, y, z)}{\Delta z}$$

由偏导数的定义可知，求多元函数对某一自变量的偏导数，只需把其他的自变量看作常数，而把函数当成该自变量的一元函数求导便可. 所以，一元函数的导数公式和运算法则对多元函数的偏导数仍然适用.

例 1 求 $z = x^2 + 3xy + y^2$ 在点 $(1, 2)$ 处的偏导数.

解 把 y 看作常量，得

$$\frac{\partial z}{\partial x} = 2x + 3y$$

把 x 看作常量，得

$$\frac{\partial z}{\partial y} = 3x + 2y$$

将点 $(1, 2)$ 代入得

$$\frac{\partial z}{\partial x}\bigg|_{\substack{x=1\\y=2}} = 2\times1+3\times2=8$$

$$\frac{\partial z}{\partial y}\bigg|_{\substack{x=1\\y=2}} = 3\times1+2\times2=7$$

例 2 设 $z = x^y \ (x>0, x\neq1)$，求证：$\dfrac{x}{y}\cdot\dfrac{\partial z}{\partial x}+\dfrac{1}{\ln x}\cdot\dfrac{\partial z}{\partial y}=2z$.

证明 因为

$$\frac{\partial z}{\partial x}=yx^{y-1}, \qquad \frac{\partial z}{\partial y}=x^y\ln x$$

所以

$$\frac{x}{y}\cdot\frac{\partial z}{\partial x}+\frac{1}{\ln x}\cdot\frac{\partial z}{\partial y}=\frac{x}{y}yx^{y-1}+\frac{1}{\ln x}x^y\ln x=x^y+x^y=2z$$

原结论成立.

例 3 设 $z = \arcsin\dfrac{x}{\sqrt{x^2+y^2}}$，求 $\dfrac{\partial z}{\partial x}$，$\dfrac{\partial z}{\partial y}$.

解

$$\frac{\partial z}{\partial x}=\frac{1}{\sqrt{1-\dfrac{x^2}{x^2+y^2}}}\cdot\left(\frac{x}{\sqrt{x^2+y^2}}\right)'_x=\frac{\sqrt{x^2+y^2}}{|y|}\cdot\frac{y^2}{\sqrt{(x^2+y^2)^3}}=\frac{|y|}{x^2+y^2}$$

因为

$$\frac{\partial z}{\partial y}=\frac{1}{\sqrt{1-\dfrac{x^2}{x^2+y^2}}}\cdot\left(\frac{x}{\sqrt{x^2+y^2}}\right)'_y=\frac{\sqrt{x^2+y^2}}{|y|}\cdot\frac{(-xy)}{\sqrt{(x^2+y^2)^3}}=-\frac{x}{x^2+y^2}\operatorname{sgn}\frac{1}{y} \quad (y\neq0)$$

所以 $\dfrac{\partial z}{\partial y}$ 不存在.

例 4 已知理想气体的状态方程为 $pV=RT$ （R 为常数），求证：$\dfrac{\partial p}{\partial V}\cdot\dfrac{\partial V}{\partial T}\cdot\dfrac{\partial T}{\partial p}=-1$.

证明 因为 $pV=RT$，则

$$p=\frac{RT}{V}\Rightarrow\frac{\partial p}{\partial V}=-\frac{RT}{V^2}, \qquad V=\frac{RT}{p}\Rightarrow\frac{\partial V}{\partial T}=\frac{R}{p}, \qquad T=\frac{pV}{R}\Rightarrow\frac{\partial T}{\partial p}=\frac{V}{R}$$

所以

$$\frac{\partial p}{\partial V}\cdot\frac{\partial V}{\partial T}\cdot\frac{\partial T}{\partial p}=-\frac{RT}{V^2}\cdot\frac{R}{p}\cdot\frac{V}{R}=-\frac{RT}{pV}=-1$$

例 5 设

$$f(x,y) = \begin{cases} \dfrac{xy}{x^2+y^2}, & x^2+y^2 \neq 0 \\ 0, & x^2+y^2 = 0 \end{cases}$$

求 $f(x,y)$ 的偏导数.

解 当 $(x,y) \neq (0,0)$ 时,

$$f_x(x,y) = \frac{y(x^2+y^2) - 2x \cdot xy}{(x^2+y^2)^2} = \frac{y(y^2-x^2)}{(x^2+y^2)^2}$$

$$f_y(x,y) = \frac{x(x^2+y^2) - 2y \cdot xy}{(x^2+y^2)^2} = \frac{x(x^2-y^2)}{(x^2+y^2)^2}$$

当 $(x,y) = (0,0)$,由定义可知

$$f_x(0,0) = \lim_{\Delta x \to 0} \frac{f(\Delta x,0) - f(0,0)}{\Delta x} = \lim_{\Delta x \to 0} \frac{0}{\Delta x} = 0$$

$$f_y(0,0) = \lim_{\Delta y \to 0} \frac{f(0,\Delta y) - f(0,0)}{\Delta y} = \lim_{\Delta y \to 0} \frac{0}{\Delta y} = 0$$

所以

$$f_x(x,y) = \begin{cases} \dfrac{y(y^2-x^2)}{(x^2+y^2)^2}, & (x,y) \neq (0,0) \\ 0, & (x,y) = (0,0) \end{cases}$$

$$f_y(x,y) = \begin{cases} \dfrac{x(x^2-y^2)}{(x^2+y^2)^2}, & (x,y) \neq (0,0) \\ 0, & (x,y) = (0,0) \end{cases}$$

在一元函数中,函数在某点可导必在该点连续. 但对于多元函数,即使各偏导数在某点存在,也不能保证函数在该点连续. 例如,函数

$$f(x,y) = \begin{cases} \dfrac{xy}{x^2+y^2}, & x^2+y^2 \neq 0 \\ 0, & x^2+y^2 = 0 \end{cases}$$

依定义知,在点 $(0,0)$ 处 $f_x(0,0) = f_y(0,0) = 0$,即 $f(x,y)$ 在点 $(0,0)$ 处的偏导数存在,但由上节的例 5 及函数连续定义知, $f(x,y)$ 在点 $(0,0)$ 处不连续.

在一元函数中,导数 $\dfrac{\mathrm{d}y}{\mathrm{d}x}$ 是函数 $y = f(x)$ 的微分 $\mathrm{d}y$ 与自变量的微分 $\mathrm{d}x$ 之商. 但对于多元函数,偏导数记号 $\dfrac{\partial z}{\partial x}, \dfrac{\partial z}{\partial y}$ 是一个整体记号,不能看作是分子与分母之商,单独的记号 $\partial z, \partial x, \partial y$ 没有任何意义.

二元函数 $z = f(x,y)$ 在点 (x_0,y_0) 处的偏导数有如下的几何意义:

设 $M_0(x_0, y_0, f(x_0, y_0))$ 为曲面 $z = f(x, y)$ 上一点，如图 8.6 所示，过 M_0 作平面 $y = y_0$，截此平面得一曲线．此曲线在平面 $y = y_0$ 上的方程为 $z = f(x, y_0)$，则导数 $f_x(x_0, y_0)$ 就是该曲线在点 M_0 处的切线 $M_0 T_x$ 对 x 轴的斜率．同样偏导数 $f_y(x_0, y_0)$ 的几何意义是曲面被平面 $x = x_0$ 所截得的曲线在点 M_0 处的切线 $M_0 T_y$ 对 y 轴的斜率．

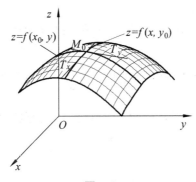

图 8.6

二、高阶偏导数

设函数 $z = f(x, y)$ 在区域 D 内具有偏导数

$$\frac{\partial z}{\partial x} = f_x(x, y), \qquad \frac{\partial z}{\partial y} = f_y(x, y)$$

那么在 D 内 $f_x(x, y)$，$f_y(x, y)$ 都是 x, y 的函数．如果这两个函数的偏导数也存在，则称它们是函数 $z = f(x, y)$ 的二阶偏导数．按照对变量求导次序的不同有下列四个二阶偏导数：

$$\frac{\partial}{\partial x}\left(\frac{\partial z}{\partial x}\right) = \frac{\partial^2 z}{\partial x^2} = f_{xx}(x, y), \qquad \frac{\partial}{\partial y}\left(\frac{\partial z}{\partial y}\right) = \frac{\partial^2 z}{\partial y^2} = f_{yy}(x, y)$$

$$\frac{\partial}{\partial y}\left(\frac{\partial z}{\partial x}\right) = \frac{\partial^2 z}{\partial x \partial y} = f_{xy}(x, y), \qquad \frac{\partial}{\partial x}\left(\frac{\partial z}{\partial y}\right) = \frac{\partial^2 z}{\partial y \partial x} = f_{yx}(x, y)$$

其中第三、第四个偏导数称为混合偏导数．

同样可得三阶、四阶以及 n 阶偏导数．二阶及二阶以上的偏导数统称为**高阶偏导数**．

例 6 设 $z = x^3 y^2 - 3xy^3 - xy + 1$，求 $\dfrac{\partial^2 z}{\partial x^2}, \dfrac{\partial^2 z}{\partial y \partial x}, \dfrac{\partial^2 z}{\partial x \partial y}, \dfrac{\partial^2 z}{\partial y^2}$ 及 $\dfrac{\partial^3 z}{\partial x^3}$．

解

$$\frac{\partial z}{\partial x} = 3x^2 y^2 - 3y^3 - y, \qquad \frac{\partial z}{\partial y} = 2x^3 y - 9xy^2 - x$$

$$\frac{\partial^2 z}{\partial x^2} = 6xy^2, \qquad \frac{\partial^3 z}{\partial x^3} = 6y^2, \qquad \frac{\partial^2 z}{\partial y^2} = 2x^3 - 18xy$$

$$\frac{\partial^2 z}{\partial x \partial y} = 6x^2 y - 9y^2 - 1, \qquad \frac{\partial^2 z}{\partial y \partial x} = 6x^2 y - 9y^2 - 1$$

例 7 设 $u = e^{ax}\cos by$，求二阶偏导数.

解

$$\frac{\partial u}{\partial x} = ae^{ax}\cos by, \qquad \frac{\partial u}{\partial y} = -be^{ax}\sin by$$

$$\frac{\partial^2 u}{\partial x^2} = a^2 e^{ax}\cos by, \qquad \frac{\partial^2 u}{\partial y^2} = -b^2 e^{ax}\cos by$$

$$\frac{\partial^2 u}{\partial x \partial y} = -abe^{ax}\sin by, \qquad \frac{\partial^2 u}{\partial y \partial x} = -abe^{ax}\sin by$$

通过上面的例题，我们很自然地想到一个问题：混合偏导数都相等吗？

例 8 设

$$f(x,y) = \begin{cases} \dfrac{x^3 y}{x^2 + y^2}, & x^2 + y^2 \neq 0 \\ 0, & x^2 + y^2 = 0 \end{cases}$$

求 $f(x,y)$ 的二阶混合偏导数.

解 当 $(x,y) \neq (0,0)$ 时，

$$f_x(x,y) = \frac{3x^2 y(x^2 + y^2) - 2x \cdot x^3 y}{(x^2 + y^2)^2} = \frac{3x^2 y}{x^2 + y^2} - \frac{2x^4 y}{(x^2 + y^2)^2}$$

$$f_y(x,y) = \frac{x^3}{x^2 + y^2} - \frac{2x^3 y^2}{(x^2 + y^2)^2}$$

当 $(x,y) = (0,0)$ 时，由定义可知：

$$f_x(0,0) = \lim_{\Delta x \to 0} \frac{f(\Delta x, 0) - f(0,0)}{\Delta x} = \lim_{\Delta x \to 0} \frac{0}{\Delta x} = 0$$

$$f_y(0,0) = \lim_{\Delta y \to 0} \frac{f(0, \Delta y) - f(0,0)}{\Delta y} = \lim_{\Delta y \to 0} \frac{0}{\Delta y} = 0$$

$$f_{xy}(0,0) = \lim_{\Delta y \to 0} \frac{f_x(0, \Delta y) - f_x(0,0)}{\Delta y} = 0$$

$$f_{yx}(0,0) = \lim_{\Delta x \to 0} \frac{f_y(\Delta x, 0) - f_y(0,0)}{\Delta x} = 1$$

显然 $f_{xy}(0,0) \neq f_{yx}(0,0)$.

由例 8 可知，不是所有的二元函数的混合偏导数都相等. 如果函数对应的混合偏导数相等，那么这些函数应具备怎样的条件？

定理 2.1 如果函数 $z = f(x,y)$ 的两个二阶混合偏导数 $\dfrac{\partial^2 z}{\partial y \partial x}$ 及 $\dfrac{\partial^2 z}{\partial x \partial y}$ 在区域 D 内连续，那么在该区域内这两个二阶混合偏导数必相等.

这个定理说明，二阶混合偏导数在连续条件下与求偏导数的次序无关. 另外，高阶混合偏导数也有相应的结论.

例 9 验证函数 $u(x,y) = \ln\sqrt{x^2+y^2}$ 满足拉普拉斯方程 $\dfrac{\partial^2 u}{\partial x^2} + \dfrac{\partial^2 u}{\partial y^2} = 0$.

解 因为 $\ln\sqrt{x^2+y^2} = \dfrac{1}{2}\ln(x^2+y^2)$，所以

$$\frac{\partial u}{\partial x} = \frac{x}{x^2+y^2}, \qquad \frac{\partial u}{\partial y} = \frac{y}{x^2+y^2}$$

$$\frac{\partial^2 u}{\partial x^2} = \frac{(x^2+y^2) - x \cdot 2x}{(x^2+y^2)^2} = \frac{y^2-x^2}{(x^2+y^2)^2}$$

$$\frac{\partial^2 u}{\partial y^2} = \frac{(x^2+y^2) - y \cdot 2y}{(x^2+y^2)^2} = \frac{x^2-y^2}{(x^2+y^2)^2}$$

因此

$$\frac{\partial^2 u}{\partial x^2} + \frac{\partial^2 u}{\partial y^2} = 0$$

习题 8.2

1. 求下列函数的偏导数.

（1） $z = x^3 \sin y - \ln(1-2x-y^2)$ ； 　　　　（2） $z = \dfrac{y}{x^2+y^2}$ ；

（3） $z = \dfrac{y}{\sqrt{4x-y^2}}$ ； 　　　　（4） $u = y^{\frac{x}{z}}$

2. 计算下列各题.

（1）设 $f(x,y) = \ln\left(1 + \dfrac{y}{2x}\right)$，求 $f_x(1,2)$ 和 $f_y(1,2)$ ；

（2）设 $u = \dfrac{2x-y^3}{z}$，求 $u_y(1,1,1)$ 及 $u_z(1,1,1)$.

3. 求下列函数的 z_{xx}，z_{yy} 和 z_{xy}.

（1） $z = x^y + 2xy$ ； 　　　　（2） $z = \sin(xy)$.

4. 设 $f(x,y,z) = xy^2 + yz^2 + zx^2$，求 $f_{xx}(0,0,1)$，$f_{yz}(0,-1,0)$ 和 $f_{zx}(2,0,1)$.

5. 设 $z = xe^{xy}$，求 $\dfrac{\partial^3 z}{\partial y^2 \partial x}$ 和 $\dfrac{\partial^3 z}{\partial y^3}$.

6. 设 $z = xy^3 + e^{xy}$，求 $\dfrac{\partial^2 z}{\partial x^2}$，$\dfrac{\partial^2 z}{\partial x \partial y}$，$\dfrac{\partial^2 z}{\partial y \partial x}$，$\dfrac{\partial^2 z}{\partial y^2}$ 及 $\dfrac{\partial^3 z}{\partial x^3}$.

7. 验证 $u = z\arctan\dfrac{x}{y}$ 满足 $\dfrac{\partial^2 u}{\partial x^2} + \dfrac{\partial^2 u}{\partial y^2} + \dfrac{\partial^2 u}{\partial z^2} = 0$.

8. 验证 $u = \dfrac{x^2 y^2}{x + y}$ 满足 $x\dfrac{\partial u}{\partial x} + y\dfrac{\partial u}{\partial y} = 3u$.

9. 验证 $z = \mathrm{e}^{-\left(\frac{1}{x} + \frac{1}{y}\right)}$ 满足 $x^2\dfrac{\partial z}{\partial x} + y\dfrac{\partial z}{\partial y} = 2z$.

10. 证明：函数 $z = \sqrt{x^2 + y^2}$ 在点 $(0,0)$ 处连续，但 $z_x(0,0)$ 及 $z_y(0,0)$ 不存在.

第三节　全微分

偏导数是多元函数只对一个自变量的变化率，在这个过程中只有一个自变量在变化，而其他自变量固定. 然而在实际问题中，往往需要研究多元函数中所有自变量都变化时，函数值的变化情况. 为此我们引入多元函数的全微分概念.

一、全微分的定义

在定义二元函数 $z = f(x, y)$ 的偏导数时，对其中某个自变量的偏导数，表示为当另一个自变量固定时，函数相对于该自变量的变化率. 由一元函数微分学中增量与微分的关系可知

$$f(x + \Delta x, y) - f(x, y) \approx f_x(x, y)\Delta x$$
$$f(x, y + \Delta y) - f(x, y) \approx f_y(x, y)\Delta y$$

上面两式的左端分别称为二元函数对 x 和对 y 的**偏增量**，而右端分别称为二元函数对 x 和对 y 的**偏微分**.

对于二元函数 $z = f(x, y)$，设 f 在点 $P(x, y)$ 的某邻域内有定义，并设 $P'(x + \Delta x, y + \Delta y)$ 为该邻域内的任意一点，我们称

$$f(x + \Delta x, y + \Delta y) - f(x, y)$$

为函数 f 在点 P 对应于自变量增量 $\Delta x, \Delta y$ 的**全增量**，记为 Δz，即

$$\Delta z = f(x + \Delta x, y + \Delta y) - f(x, y) \tag{1}$$

一般来说，函数的全增量 Δz 并不等于相应的两个偏增量之和. Δz 的计算较为复杂，如同一元函数一样，我们也希望能用一个关于 Δx，Δy 的线性函数来近似表示全增量 Δz. 为此引入如下定义.

定义 3.1　设函数 $z = f(x, y)$ 在点 (x, y) 的某邻域内有定义，如果函数在点 (x, y) 的全增量

$$\Delta z = f(x + \Delta x, y + \Delta y) - f(x, y)$$

可以表示为

$$\Delta z = A\Delta x + B\Delta y + o(\rho) \tag{2}$$

其中 A, B 不依赖于 $\Delta x, \Delta y$ 而仅与 x, y 有关，$\rho = \sqrt{(\Delta x)^2 + (\Delta y)^2}$，则称函数 $z = f(x, y)$ 在点 (x, y) **可微分**，$A\Delta x + B\Delta y$ 称为函数 $z = f(x, y)$ 在点 (x, y) 的**全微分**，记为 $\mathrm{d}z$，即

$$\mathrm{d}z = A\Delta x + B\Delta y$$

函数若在某区域 D 内各点处处可微分，则称该函数在 D 内可微分.

如果函数 $z = f(x, y)$ 在点 (x, y) 可微分，则函数在该点必连续.

根据全微分的定义，有

$$\Delta z = A\Delta x + B\Delta y + o(\rho)$$

而 $\lim\limits_{\rho \to 0} \Delta z = 0$，从而

$$\lim_{\substack{\Delta x \to 0 \\ \Delta y \to 0}} f(x + \Delta x, y + \Delta y) = \lim_{\rho \to 0}[f(x, y) + \Delta z] = f(x, y)$$

故函数 $z = f(x, y)$ 在点 (x, y) 处连续.

定理 3.1（必要条件） 如果函数 $z = f(x, y)$ 在点 (x, y) 可微分，则该函数在点 (x, y) 的偏导数 $\dfrac{\partial z}{\partial x}, \dfrac{\partial z}{\partial y}$ 必存在，且函数 $z = f(x, y)$ 在点 (x, y) 的全微分为

$$\mathrm{d}z = \frac{\partial z}{\partial x}\Delta x + \frac{\partial z}{\partial y}\Delta y \tag{3}$$

证明 如果函数 $z = f(x, y)$ 在点 $P(x, y)$ 可微分，对于任意一点 $P'(x + \Delta x, y + \Delta y) \in P$ 的某个邻域，（2）式总成立；且当 $\Delta y = 0$ 时（2）式仍成立，此时 $\rho = |\Delta x|$，所以（2）式成为

$$f(x + \Delta x, y) - f(x, y) = A \cdot \Delta x + o(|\Delta x|)$$

上式两端分别除以 Δx，再取 $\Delta x \to 0$ 的极限，得

$$\lim_{\Delta x \to 0} \frac{f(x + \Delta x, y) - f(x, y)}{\Delta x} = A = \frac{\partial z}{\partial x}$$

同理可得 $$B = \frac{\partial z}{\partial y}$$

一元函数在某点的导数存在是微分存在的充分必要条件，但对于多元函数则不然. 例如，函数

$$f(x, y) = \begin{cases} \dfrac{xy}{\sqrt{x^2 + y^2}}, & x^2 + y^2 \neq 0 \\ 0, & x^2 + y^2 = 0 \end{cases}$$

在点 $(0,0)$ 处有 $f_x(0,0) = f_y(0,0) = 0$ ，则

$$\Delta z - [f_x(0,0) \cdot \Delta x + f_y(0,0) \cdot \Delta y] = \frac{\Delta x \cdot \Delta y}{\sqrt{(\Delta x)^2 + (\Delta y)^2}}$$

如果考虑点 $P'(\Delta x, \Delta y)$ 沿着直线 $y = x$ 趋近于点 $(0,0)$ ，则

$$\frac{\dfrac{\Delta x \cdot \Delta y}{\sqrt{(\Delta x)^2 + (\Delta y)^2}}}{\rho} = \frac{\Delta x \cdot \Delta x}{(\Delta x)^2 + (\Delta x)^2} = \frac{1}{2}$$

这说明它不能随着 $\rho \to 0$ 而趋于 0. 当 $\rho \to 0$ 时，

$$\Delta z - [f_x(0,0) \cdot \Delta x + f_y(0,0) \cdot \Delta y] \neq o(\rho)$$

因此函数在点 $(0,0)$ 处的全微分不存在，即函数在点 $(0,0)$ 处是不可微分的.

在一元函数中，可导与可微是等价的. 但对于多元函数，有所不同.从上面的讨论可知：可微必偏导数存在，然而偏导数存在未必可微. 那么需要再满足什么条件才能保证函数可微呢？

定理 3.2（充分条件）   如果函数 $z = f(x,y)$ 的偏导数 $\dfrac{\partial z}{\partial x}, \dfrac{\partial z}{\partial y}$ 在点 (x,y) 连续，则该函数在点 (x,y) 处可微分.

证明   由已知函数的偏导数在点 (x,y) 连续，有

$$\Delta z = f(x + \Delta x, y + \Delta y) - f(x, y)$$
$$= [f(x + \Delta x, y + \Delta y) - f(x, y + \Delta y)] + [f(x, y + \Delta y) - f(x, y)]$$

在第一个方括号内，应用拉格朗日中值定理得

$$f(x + \Delta x, y + \Delta y) - f(x, y + \Delta y) = f_x(x + \theta_1 \Delta x, y + \Delta y)\Delta x \quad (0 < \theta_1 < 1)$$
$$= f_x(x, y)\Delta x + \varepsilon_1 \Delta x \quad （依偏导数的连续性） \qquad （4）$$

其中 ε_1 为 $\Delta x, \Delta y$ 的函数，且当 $\Delta x \to 0, \Delta y \to 0$ 时，$\varepsilon_1 \to 0$.

同理在第二个方括号内，应用拉格朗日中值定理

$$f(x, y + \Delta y) - f(x, y) = f_y(x, y)\Delta y + \varepsilon_2 \Delta y \qquad （5）$$

其中 ε_2 为 Δy 的函数，当 $\Delta y \to 0$ 时，$\varepsilon_2 \to 0$.

由（4）、（5）两式，可得

$$\Delta z = f_x(x, y)\Delta x + f_y(x, y)\Delta y + \varepsilon_1 \Delta x + \varepsilon_2 \Delta y \qquad （6）$$

其中

$$\left| \frac{\varepsilon_1 \Delta x + \varepsilon_2 \Delta y}{\rho} \right| \leqslant |\varepsilon_1| + |\varepsilon_2| \xrightarrow{\rho \to 0} 0$$

故函数 $z = f(x,y)$ 在点 (x,y) 处可微.

习惯上，记全微分为

$$dz = \frac{\partial z}{\partial x}dx + \frac{\partial z}{\partial y}dy$$

通常我们把二元函数的全微分等于它的两个偏微分之和这件事称为二元函数的微分符合叠加原理.

叠加原理也适用于二元以上函数的情况. 全微分的定义可推广到三元及三元以上函数, 如三元函数 $u = f(x, y, z)$ 可微分, 则它的全微分为

$$du = \frac{\partial u}{\partial x}dx + \frac{\partial u}{\partial y}dy + \frac{\partial u}{\partial z}dz$$

例 1 计算函数 $z = e^{xy}$ 在点 $(2, 1)$ 处的全微分.

解 因为 $\frac{\partial z}{\partial x} = ye^{xy}, \frac{\partial z}{\partial y} = xe^{xy}$, 所以

$$\frac{\partial z}{\partial x}\bigg|_{(2,1)} = e^2, \qquad \frac{\partial z}{\partial y}\bigg|_{(2,1)} = 2e^2$$

则全微分为

$$dz = e^2 dx + 2e^2 dy$$

例 2 求函数 $z = y\cos(x - 2y)$, 当 $x = \frac{\pi}{4}, y = \pi, dx = \frac{\pi}{4}, dy = \pi$ 时的全微分.

解 因为

$$\frac{\partial z}{\partial x} = -y\sin(x - 2y), \qquad \frac{\partial z}{\partial y} = \cos(x - 2y) + 2y\sin(x - 2y)$$

所以

$$dz\big|_{\left(\frac{\pi}{4}, \pi\right)} = \frac{\partial z}{\partial x}\bigg|_{\left(\frac{\pi}{4}, \pi\right)} dx + \frac{\partial z}{\partial y}\bigg|_{\left(\frac{\pi}{4}, \pi\right)} dy = \frac{\sqrt{2}}{8}\pi(4 - 7\pi)$$

例 3 计算函数 $u = x + \sin\frac{y}{2} + e^{yz}$ 的全微分.

解 因为

$$\frac{\partial u}{\partial x} = 1, \qquad \frac{\partial u}{\partial y} = \frac{1}{2}\cos\frac{y}{2} + ze^{yz}, \qquad \frac{\partial u}{\partial z} = ye^{yz}$$

则所求全微分为

$$du = dx + \left(\frac{1}{2}\cos\frac{y}{2} + ze^{yz}\right)dy + ye^{yz}dz$$

例 4 试证函数

$$f(x,y) = \begin{cases} xy\sin\dfrac{1}{\sqrt{x^2+y^2}}, & (x,y) \neq (0,0) \\ 0, & (x,y) = (0,0) \end{cases}$$

在点 $(0,0)$ 连续且偏导数存在，但偏导数在点 $(0,0)$ 不连续，而 $f(x,y)$ 在点 $(0,0)$ 可微.

思路：按有关定义讨论；对于偏导数需分 $(x,y) \neq (0,0)$，$(x,y) = (0,0)$ 讨论.

证明 令 $x = \rho\cos\theta$，$y = \rho\sin\theta$，则

$$\lim_{(x,y)\to(0,0)} xy\sin\frac{1}{\sqrt{x^2+y^2}} = \lim_{\rho\to 0}\rho^2\sin\theta\cos\theta\cdot\sin\frac{1}{\rho} = 0 = f(0,0)$$

故函数在点 $(0,0)$ 连续，且

$$f_x(0,0) = \lim_{\Delta x\to 0}\frac{f(\Delta x,0)-f(0,0)}{\Delta x} = \lim_{\Delta x\to 0}\frac{0-0}{\Delta x} = 0$$

同理 $$f_y(0,0) = 0$$

因为当 $(x,y) \neq (0,0)$ 时，

$$f_x(x,y) = y\sin\frac{1}{\sqrt{x^2+y^2}} - \frac{x^2 y}{\sqrt{(x^2+y^2)^3}}\cos\frac{1}{\sqrt{x^2+y^2}}$$

当点 $P(x,y)$ 沿直线 $y = x$ 趋于 $(0,0)$ 时，

$$\lim_{(x,x)\to(0,0)} f_x(x,y) = \lim_{x\to 0}\left(x\sin\frac{1}{\sqrt{2}\,|x|} - \frac{x^3}{2\sqrt{2}\,|x|^3}\cos\frac{1}{\sqrt{2}\,|x|} \right)$$

所以极限不存在，故 $f_x(x,y)$ 在点 $(0,0)$ 不连续.

同理可证 $f_y(x,y)$ 在点 $(0,0)$ 不连续.

因为

$$\Delta f = f(\Delta x,\Delta y)-f(0,0) = \Delta x\cdot\Delta y\cdot\sin\frac{1}{\sqrt{(\Delta x)^2+(\Delta y)^2}}$$

$$= o(\sqrt{(\Delta x)^2+(\Delta y)^2})$$

故 f 在点 $(0,0)$ 可微，且 $\mathrm{d}f\big|_{(0,0)} = 0$.

二、全微分在近似计算中的应用

由全微分定义可知，当 $z = f(x,y)$ 可微分且 $|\Delta x|$ 及 $|\Delta y|$ 很小时，有二元函数的函数值增量的近似计算公式

$$\Delta z \approx \mathrm{d}z = f_x(x,y)\Delta x + f_y(x,y)\Delta y \tag{7}$$

又因为 $\Delta z = f(x+\Delta x, y+\Delta y) - f(x,y)$，则有二元函数的函数值近似计算公式

$$f(x+\Delta x, y+\Delta y) \approx f(x,y) + f_x(x,y)\Delta x + f_y(x,y)\Delta y \tag{8}$$

下面利用上面的式子来介绍全微分的两种应用.

1. 近似计算函数值及函数值的增量

例 5 计算 $\ln\left(\sqrt[3]{1.03} + \sqrt[4]{0.98} - 1\right)$ 的近似值.

解 设函数 $f(x,y) = \ln\left(\sqrt[3]{x} + \sqrt[4]{y} - 1\right)$，令 $x=1, y=1, \Delta x = 0.03, \Delta y = -0.02$，于是

$$f(1,1) = 0, \qquad f_x(1,1) = \frac{1}{3}, \qquad f_y(1,1) = \frac{1}{4}$$

由式（8）得

$$\ln\left(\sqrt[3]{1.03} + \sqrt[4]{0.98} - 1\right) \approx 0 + \frac{1}{3}\times 0.03 - \frac{1}{4}\times 0.02 = 0.005$$

例 6 有一圆柱形容器，受压后发生形变，它的半径由 15 cm 增大到 15.05 cm，高度却由 80 cm 减少到 79.8 cm，求该容器体积变化的近似值.

解 设容器的半径、高和体积依次为 r, h 和 V，则有

$$V = \pi r^2 h$$

由式（7）得

$$\Delta V \approx V_r \Delta r + V_h \Delta h = 2\pi r h \Delta r + \pi r^2 \Delta h$$

把 $r=15$，$h=80$，$\Delta r = 0.05$，$\Delta h = -0.2$ 代入得

$$\Delta V \approx 2\pi \times 15 \times 80 \times 0.05 + \pi \times 15^2 \times(-0.2) = 75\pi \ (\mathrm{cm}^3)$$

即此容器在受压后体积约增加了 75π cm³.

2. 误差估计

对于可微分的二元函数 $z = f(x,y)$，设自变量 x, y 的绝对误差分别为 δ_x, δ_y，即

$$|\Delta x| \le \delta_x, \qquad |\Delta y| \le \delta_y$$

则由式（7）得 z 的误差

$$|\Delta z| \approx |\mathrm{d}z| = \left|f_x(x,y)\Delta x + f_y(x,y)\Delta y\right|$$

$$\leqslant \left|f_x(x,y)\right|\left|\Delta x\right| + \left|f_y(x,y)\right|\left|\Delta y\right| \leqslant \left|f_x(x,y)\right|\delta_x + \left|f_y(x,y)\right|\delta_y$$

从而可取 $\left|f_x(x,y)\right|\delta_x + \left|f_y(x,y)\right|\delta_y$ 为函数值 z 的绝对误差（记为 δ_z），即

$$\delta_z = \left|f_x(x,y)\right|\delta_x + \left|f_y(x,y)\right|\delta_y \tag{9}$$

由式（9）得函数值 z 的相对误差

$$\frac{\delta_z}{|z|} = \left|\frac{f_x(x,y)}{z}\right|\delta_x + \left|\frac{f_y(x,y)}{z}\right|\delta_y \tag{10}$$

 习题 8.3

1. 求下列函数的全微分.

（1） $z = \ln\dfrac{x-y}{x+y}$ ；

（2） $u = \cos(xyz)$ ；

（3） $z = e^{x^2+y^2}$ ；

（4） $z = \dfrac{y}{\sqrt{x^2+y^2}}$ ；

（5） $u = x^{yz}$

（6） $u = x^{\frac{y}{z}}$

2. 计算下列函数在给定点处的全微分.

（1） $z = \dfrac{2x-y}{x+2y}$ ，在点 $(3,1)$ ；

（2） $u = z(2x-y^3)$ ，在点 $(1,-1,2)$.

3. 求函数 $\dfrac{y}{x}$ 当 $x=2, y=1, \Delta x=0.1, \Delta y=-0.2$ 时的全增量和全微分.

4. 设有一无盖圆柱形容器，容器的底和壁的厚度均为 0.1 cm，内高为 20 cm，内半径为 4 cm，求该容器外壳体积的近似值（精确到 0.1 cm）.

5. 计算下列各式的近似值（结果保留两位小数）.

（1） $\sqrt{1.02^3 + 1.97^3}$ ；

（2） $\sin 31° \tan 44°$.

6. 设有一直角三角形，测得两直角边的长分别为 $7 \pm 0.1\,\text{cm}$ 和 $24 \pm 0.1\,\text{cm}$ ，试求由上述二值计算斜边长度时的绝对误差和相对误差.

第四节　多元复合函数的求导法则

在一元复合函数的求导中，链式法则起了非常重要的作用. 现在我们要将一元复合函数的链式求导法则推广到多元函数中，它在多元复合函数的求导中同样起着重要作用. 下面按照多元复合函数不同的复合情形，分三种情形进行讨论.

1. 一元函数与多元函数复合的情形

定理 4.1 如果函数 $u = \phi(t)$ 及 $v = \varphi(t)$ 都在点 t 可导，函数 $z = f(u, v)$ 在对应点 (u, v) 具有连续偏导数，则复合函数 $z = f[\phi(t), \varphi(t)]$ 在对应点 t 可导，且其导数可用下列公式计算：

$$\frac{\mathrm{d}z}{\mathrm{d}t} = \frac{\partial z}{\partial u} \cdot \frac{\mathrm{d}u}{\mathrm{d}t} + \frac{\partial z}{\partial v} \cdot \frac{\mathrm{d}v}{\mathrm{d}t} \tag{1}$$

证明 设 t 获得增量 Δt，则

$$\Delta u = \phi(t + \Delta t) - \phi(t), \qquad \Delta v = \varphi(t + \Delta t) - \varphi(t)$$

由于函数 $z = f(u, v)$ 在点 (u, v) 有连续偏导数，则函数的全增量可表示为

$$\Delta z = \frac{\partial z}{\partial u} \Delta u + \frac{\partial z}{\partial v} \Delta v + \varepsilon_1 \Delta u + \varepsilon_2 \Delta v$$

当 $\Delta u \to 0$，$\Delta v \to 0$ 时，$\varepsilon_1 \to 0$，$\varepsilon_2 \to 0$. 将上式两边分别除以 Δt，得

$$\frac{\Delta z}{\Delta t} = \frac{\partial z}{\partial u} \cdot \frac{\Delta u}{\Delta t} + \frac{\partial z}{\partial v} \cdot \frac{\Delta v}{\Delta t} + \varepsilon_1 \frac{\Delta u}{\Delta t} + \varepsilon_2 \frac{\Delta v}{\Delta t}$$

因为当 $\Delta t \to 0$ 时，$\Delta u \to 0, \Delta v \to 0, \dfrac{\Delta u}{\Delta t} \to \dfrac{\mathrm{d}u}{\mathrm{d}t}, \dfrac{\Delta v}{\Delta t} \to \dfrac{\mathrm{d}v}{\mathrm{d}t}$，所以

$$\frac{\mathrm{d}z}{\mathrm{d}t} = \lim_{\Delta t \to 0} \frac{\Delta z}{\Delta t} = \frac{\partial z}{\partial u} \cdot \frac{\mathrm{d}u}{\mathrm{d}t} + \frac{\partial z}{\partial v} \cdot \frac{\mathrm{d}v}{\mathrm{d}t}$$

上面定理的结论可推广到中间变量多于两个的情况. 例如，设由 $z = f(u, v, w)$，$u = \phi(t)$，$v = \varphi(t)$，$w = \omega(t)$ 复合而得复合函数 $z = f[\phi(t), \varphi(t), \omega(t)]$，则在与定理相类似的条件下，该复合函数在点 t 可导，且导数公式为

$$\frac{\mathrm{d}z}{\mathrm{d}t} = \frac{\partial z}{\partial u} \cdot \frac{\mathrm{d}u}{\mathrm{d}t} + \frac{\partial z}{\partial v} \cdot \frac{\mathrm{d}v}{\mathrm{d}t} + \frac{\partial z}{\partial \omega} \cdot \frac{\mathrm{d}\omega}{\mathrm{d}t} \tag{2}$$

以上公式中的导数 $\dfrac{\mathrm{d}z}{\mathrm{d}t}$ 称为全导数.

上述定理还可推广到中间变量不是一元函数而是多元函数的情况.

例 1 设 $z = uv$，而 $u = \mathrm{e}^x$，$v = \sin x$，求 $\dfrac{\mathrm{d}z}{\mathrm{d}x}$.

解 $\dfrac{\mathrm{d}z}{\mathrm{d}x} = \dfrac{\partial z}{\partial u} \cdot \dfrac{\mathrm{d}u}{\mathrm{d}x} + \dfrac{\partial z}{\partial v} \cdot \dfrac{\mathrm{d}v}{\mathrm{d}x}$

$\dfrac{\partial z}{\partial u} = v, \dfrac{\mathrm{d}u}{\mathrm{d}x} = \mathrm{e}^x, \dfrac{\partial z}{\partial v} = u, \dfrac{\mathrm{d}u}{\mathrm{d}x} = \cos x,$

$\dfrac{\mathrm{d}z}{\mathrm{d}x} = v\mathrm{e}^x + u\cos x = \mathrm{e}^x \sin x + \mathrm{e}^x \cos x$

2. 多元函数与多元函数复合的情形

定理 4.2　如果 $u = \phi(x, y)$ 及 $v = \varphi(x, y)$ 都在点 (x, y) 具有对 x 和 y 的偏导数，且函数 $z = f(u, v)$ 在对应点 (u, v) 具有连续偏导数，则复合函数 $z = f[\phi(x, y), \varphi(x, y)]$ 在对应点 (x, y) 的两个偏导数存在，且可用下列公式计算

$$\frac{\partial z}{\partial x} = \frac{\partial z}{\partial u} \cdot \frac{\partial u}{\partial x} + \frac{\partial z}{\partial v} \cdot \frac{\partial v}{\partial x} \tag{3}$$

$$\frac{\partial z}{\partial y} = \frac{\partial z}{\partial u} \cdot \frac{\partial u}{\partial y} + \frac{\partial z}{\partial v} \cdot \frac{\partial v}{\partial y} \tag{4}$$

类似地再推广，设 $u = \phi(x, y), v = \varphi(x, y), w = \omega(x, y)$ 都在点 (x, y) 具有对 x 和 y 的偏导数，复合函数 $z = f[\phi(x, y), \varphi(x, y), \omega(x, y)]$ 在对应点 (x, y) 的两个偏导数存在，且可用下列公式计算

$$\frac{\partial z}{\partial x} = \frac{\partial z}{\partial u} \cdot \frac{\partial u}{\partial x} + \frac{\partial z}{\partial v} \cdot \frac{\partial v}{\partial x} + \frac{\partial z}{\partial \omega} \cdot \frac{\partial \omega}{\partial x} \tag{5}$$

$$\frac{\partial z}{\partial y} = \frac{\partial z}{\partial u} \cdot \frac{\partial u}{\partial y} + \frac{\partial z}{\partial v} \cdot \frac{\partial v}{\partial y} + \frac{\partial z}{\partial \omega} \cdot \frac{\partial \omega}{\partial y} \tag{6}$$

3. 其他情形

定理 4.3　如果 $u = \phi(x, y)$ 在点 (x, y) 具有对 x 和 y 的偏导数，函数 $v = \varphi(y)$ 在点 y 可导，函数 $z = f(u, v)$ 在对应点 (u, v) 具有连续偏导数，则复合函数 $z = f[\phi(x, y), \varphi(y)]$ 在对应点 (x, y) 的两个偏导数都存在，且有

$$\frac{\partial z}{\partial x} = \frac{\partial z}{\partial u} \cdot \frac{\partial u}{\partial x} \tag{7}$$

$$\frac{\partial z}{\partial y} = \frac{\partial z}{\partial u} \cdot \frac{\partial u}{\partial y} + \frac{\partial z}{\partial v} \cdot \frac{\mathrm{d} v}{\mathrm{d} y} \tag{8}$$

上述情形是情形 2 的特例，其中因为 $v = \varphi(y)$ 只是关于 y 的一元函数而与自变量 x 无关，所以 $\dfrac{\partial v}{\partial x} = 0$；而在 $v = \varphi(y)$ 对 y 求导时，由于是一元函数，故导数形式写成 $\dfrac{\mathrm{d} v}{\mathrm{d} y}$ 而不是 $\dfrac{\partial v}{\partial y}$.

在情形 3 中还会遇到这样的情形：复合函数的某些中间变量本身又是复合函数的自变量. 例如

$$z = f(u, x, y)$$

这时可看作情形 2 的特殊情形：$z = f(u, v, w)$，这里 $u = \phi(x, y), v = x, w = y$，因此由式（5）、（6）得

$$\frac{\partial z}{\partial x} = \frac{\partial f}{\partial u} \cdot \frac{\partial u}{\partial x} + \frac{\partial f}{\partial x},$$

$$\frac{\partial z}{\partial y} = \frac{\partial f}{\partial u} \cdot \frac{\partial u}{\partial y} + \frac{\partial f}{\partial y}$$

注意：这里 $\frac{\partial z}{\partial x}$ 与 $\frac{\partial f}{\partial x}$ 是不同的，$\frac{\partial z}{\partial x}$ 是把复合函数 $z = f[\phi(x, y), x, y]$ 中的 y 看作常量而对 x 的

偏导数，$\frac{\partial f}{\partial x}$ 是把 $f(u, x, y)$ 中的 u 及 y 看作常量而对 x 的偏导数. $\frac{\partial z}{\partial y}$ 与 $\frac{\partial f}{\partial y}$ 也有类似的区别.

例 2　设 $z = \mathrm{e}^u \sin v$，而 $u = xy, v = x + y$，求 $\frac{\partial z}{\partial x}$ 和 $\frac{\partial z}{\partial y}$.

解　$\dfrac{\partial z}{\partial x} = \dfrac{\partial z}{\partial u} \cdot \dfrac{\partial u}{\partial x} + \dfrac{\partial z}{\partial v} \cdot \dfrac{\partial v}{\partial x} = \mathrm{e}^u \sin v \cdot y + \mathrm{e}^u \cos v \cdot 1$

$\qquad = \mathrm{e}^u (y \sin v + \cos v) = \mathrm{e}^{xy}[y \sin(x + y) + \cos(x + y)].$

$\qquad \dfrac{\partial z}{\partial y} = \dfrac{\partial z}{\partial u} \cdot \dfrac{\partial u}{\partial y} + \dfrac{\partial z}{\partial v} \cdot \dfrac{\partial v}{\partial y} = \mathrm{e}^u \sin v \cdot x + \mathrm{e}^u \cos v \cdot 1$

$\qquad = \mathrm{e}^u (x \sin v + \cos v) = \mathrm{e}^{xy}[x \sin(x + y) + \cos(x + y)].$

例 3　设 $z = uv + \sin t$，而 $u = \mathrm{e}^t, v = \cos t$，求全导数 $\dfrac{\mathrm{d}z}{\mathrm{d}t}$.

解　$\dfrac{\mathrm{d}z}{\mathrm{d}t} = \dfrac{\partial z}{\partial u} \cdot \dfrac{\mathrm{d}u}{\mathrm{d}t} + \dfrac{\partial z}{\partial v} \cdot \dfrac{\mathrm{d}v}{\mathrm{d}t} + \dfrac{\partial z}{\partial t} = v\mathrm{e}^t - u \sin t + \cos t$

$\qquad = \mathrm{e}^t \cos t - \mathrm{e}^t \sin t + \cos t = \mathrm{e}^t (\cos t - \sin t) + \cos t.$

例 4　设 $w = f(x + y + z, xyz)$，f 具有二阶连续偏导数，求 $\dfrac{\partial w}{\partial x}$ 和 $\dfrac{\partial^2 w}{\partial x \partial z}$.

解　令 $u = x + y + z, v = xyz$，记

$$f_1' = \frac{\partial f(u, v)}{\partial u}, \qquad f_{12}'' = \frac{\partial^2 f(u, v)}{\partial u \partial v}$$

其中下标 1 表示对第一个变量 u 求偏导数，下标 2 表示对第二个变量 v 求偏导数.

同理有 f_2', f_{11}'', f_{22}''，因此

$$\frac{\partial w}{\partial x} = \frac{\partial f}{\partial u} \cdot \frac{\partial u}{\partial x} + \frac{\partial f}{\partial v} \cdot \frac{\partial v}{\partial x} = f_1' + yzf_2'$$

$$\frac{\partial^2 w}{\partial x \partial z} = \frac{\partial}{\partial z}(f_1' + yzf_2') = \frac{\partial f_1'}{\partial z} + yf_2' + yz\frac{\partial f_2'}{\partial z}$$

又

$$\frac{\partial f_1'}{\partial z} = \frac{\partial f_1'}{\partial u} \cdot \frac{\partial u}{\partial z} + \frac{\partial f_1'}{\partial v} \cdot \frac{\partial v}{\partial z} = f_{11}'' + xyf_{12}''$$

$$\frac{\partial f_2'}{\partial z} = \frac{\partial f_2'}{\partial u} \cdot \frac{\partial u}{\partial z} + \frac{\partial f_2'}{\partial v} \cdot \frac{\partial v}{\partial z} = f_{21}'' + xyf_{22}''$$

则

$$\frac{\partial^2 w}{\partial x \partial z} = f_{11}'' + xyf_{12}'' + yf_2' + yz(f_{21}'' + xyf_{22}'')$$

$$= f_{11}'' + y(x+z)f_{12}'' + xy^2 zf_{22}'' + yf_2'$$

下面介绍全微分形式的不变性.

设函数 $z = f(u,v)$ 具有连续偏导数，则有全微分

$$dz = \frac{\partial z}{\partial u} du + \frac{\partial z}{\partial v} dv$$

若当 $u = \phi(x,y), v = \varphi(x,y)$ 时，有

$$dz = \frac{\partial z}{\partial x} dx + \frac{\partial z}{\partial y} dy$$

由此可见，无论 z 是自变量 u, v 的函数还是中间变量 u, v 的函数，它的全微分形式是一样的. 这个性质称为**全微分形式不变性**.

$$dz = \frac{\partial z}{\partial x} dx + \frac{\partial z}{\partial y} dy = \left(\frac{\partial z}{\partial u} \cdot \frac{\partial u}{\partial x} + \frac{\partial z}{\partial v} \cdot \frac{\partial v}{\partial x} \right) dx + \left(\frac{\partial z}{\partial u} \cdot \frac{\partial u}{\partial y} + \frac{\partial z}{\partial v} \cdot \frac{\partial v}{\partial y} \right) dy$$

$$= \frac{\partial z}{\partial u} \left(\frac{\partial u}{\partial x} dx + \frac{\partial u}{\partial y} dy \right) + \frac{\partial z}{\partial v} \left(\frac{\partial v}{\partial x} dx + \frac{\partial v}{\partial y} dy \right) = \frac{\partial z}{\partial u} du + \frac{\partial z}{\partial v} dv$$

例 5　已知 $e^{-xz} - 2z + e^z = 0$，求 $\dfrac{\partial z}{\partial x}$ 和 $\dfrac{\partial z}{\partial y}$.

解　因为 $d(e^{-xy} - 2z + e^z) = 0$，所以

$$e^{-xy}d(-xy) - 2dz + e^z dz = 0$$

$$(e^z - 2)dz = e^{-xy}(xdy + ydx)$$

$$dz = \frac{y e^{-xy}}{(e^z - 2)} dx + \frac{x e^{-xy}}{(e^z - 2)} dy$$

因此

$$\frac{\partial z}{\partial x} = \frac{y e^{-xy}}{e^z - 2}, \qquad \frac{\partial z}{\partial y} = \frac{x e^{-xy}}{e^z - 2}$$

 习题 8.4

1. 已知 $z = ue^v + ve^{-u}, u = xy, v = \dfrac{x}{y}$，求 $\dfrac{\partial z}{\partial x}$ 和 $\dfrac{\partial z}{\partial y}$.

2. 设 $z = \mathrm{e}^{u-2v}$ ，而 $v = x^3, u = \sin x$ ，求 $\dfrac{\mathrm{d}z}{\mathrm{d}x}$.

3. 设 $z = \arcsin(u-v)$ ，而 $u = 3x, v = 4x^3$ ，求 $\dfrac{\mathrm{d}z}{\mathrm{d}x}$.

4. 设 $z = x + 4\sqrt{xy} - 3y$ ，而 $x = t^2$ ，$y = \dfrac{1}{t}$ ，求全导数 $\dfrac{\mathrm{d}z}{\mathrm{d}t}$.

5. 设 $z = \dfrac{u^2}{v}$ ，而 $u = y\mathrm{e}^x$ ，$v = x\ln y$ 求 $\dfrac{\partial z}{\partial x}$ ，$\dfrac{\partial z}{\partial y}$.

6. 设 $z = u^v$ ，而 $u = x + 2y$ ，$v = x - y$ 求 $\dfrac{\partial z}{\partial x}$ ，$\dfrac{\partial z}{\partial y}$.

7. 设 $z = f(x^2 - y^2, \mathrm{e}^{xy})$ ，且 f 具有一阶连续偏导数，求 z 的一阶偏导数.

8. 设有一圆柱体，它的底半径以 0.1 cm/s 的速率增大，而高度以 0.2 cm/s 的速率在减少，试求当底半径为 100 cm，高为 120 cm 时，

（1）圆柱体体积的变化率；

（2）圆柱体表面面积的变化率.

9. 设 $z = \arctan(xy)$ ，而 $y = \mathrm{e}^x$ ，求全导数 $\dfrac{\mathrm{d}z}{\mathrm{d}x}$.

10. 设 $z = xy + yf\left(\dfrac{x}{y}\right)$ ，其中 $f(t)$ 为可导函数，证明：$x\dfrac{\partial z}{\partial x} + y\dfrac{\partial z}{\partial y} = xy + z$.

第五节　隐函数的求导公式

在一元函数微分学中，已经介绍了直接从确定隐函数的具体方程

$$F(x, y) = 0$$

出发，应用复合函数求导法求出隐函数导数的方法. 本节介绍隐函数存在定理，并根据多元复合函数求导法则对隐函数求导法则作更一般化的讨论.

一、一个方程的情形

1. $F(x, y) = 0$

定理 5.1（隐函数存在定理） 设函数 $F(x, y)$ 在点 $P(x_0, y_0)$ 的某一邻域内具有连续的偏导数，且 $F(x_0, y_0) = 0, F_y(x_0, y_0) \neq 0$ ，则方程 $F(x, y) = 0$ 在点 $P(x_0, y_0)$ 的某一邻域内恒能唯一确定一个连续且具有连续导数的函数 $y = f(x)$ ，它满足条件 $y_0 = f(x_0)$ ，并有

$$\frac{\mathrm{d}y}{\mathrm{d}x} = -\frac{F_x}{F_y} \tag{1}$$

这个定理的证明从略. 下面仅从方程 $F(x, y) = 0$ 已经确定了具有连续导数的函数 $y = f(x)$ 的假定下，来推导公式（1）.

将 $y = f(x)$ 代入方程 $F(x, y) = 0$ 得恒等式

$$F(x, f(x)) = 0$$

上式两端看成是 x 的一个复合函数，两边取全微分得

$$F_x \mathrm{d}x + F_y \mathrm{d}y = 0$$

由于 F_y 连续以及 $F_y(x_0, y_0) \neq 0$，所以存在点 (x_0, y_0) 的一个邻域，在这个邻域内 $F_y \neq 0$，于是得

$$\frac{\mathrm{d}y}{\mathrm{d}x} = -\frac{F_x}{F_y}$$

如果 $F(x, y)$ 的二阶偏导数也都连续，我们可以把公式（1）的右端看作 x 的复合函数，再一次求导，就可得二阶导数.

例 1　验证方程 $x^2 + y^2 - 1 = 0$ 在点 $(0, 1)$ 的某邻域内能唯一确定一个可导、且 $x = 0$ 时 $y = 1$ 的隐函数 $y = f(x)$，并求该函数的一阶和二阶导数在 $x = 0$ 的值.

解　令 $F(x, y) = x^2 + y^2 - 1$，则

$$F_x = 2x, \quad F_y = 2y; \quad F(0, 1) = 0, \quad F_y(0, 1) = 2 \neq 0$$

依定理知方程 $x^2 + y^2 - 1 = 0$ 在点 $(0, 1)$ 的某邻域内能唯一确定一个可导、且 $x = 0$ 时 $y = 1$ 的函数 $y = f(x)$.

函数的一阶和二阶导数为

$$\frac{\mathrm{d}y}{\mathrm{d}x} = -\frac{F_x}{F_y} = -\frac{x}{y}$$

$$\frac{\mathrm{d}^2 y}{\mathrm{d}x^2} = -\frac{y - xy'}{y^2} = -\frac{y - x\left(-\dfrac{x}{y}\right)}{y^2} = -\frac{1}{y^3}$$

因此 $\left.\dfrac{\mathrm{d}y}{\mathrm{d}x}\right|_{x=0} = 0$，$\left.\dfrac{\mathrm{d}^2 y}{\mathrm{d}x^2}\right|_{x=0} = -1$.

例 2　已知 $\ln\sqrt{x^2 + y^2} = \arctan\dfrac{y}{x}$，求 $\dfrac{\mathrm{d}y}{\mathrm{d}x}$.

解　令 $F(x, y) = \ln\sqrt{x^2 + y^2} - \arctan\dfrac{y}{x}$，则

$$F_x(x, y) = \frac{x + y}{x^2 + y^2}, \quad F_y(x, y) = \frac{y - x}{x^2 + y^2}$$

因此

$$\frac{\mathrm{d}y}{\mathrm{d}x} = -\frac{F_x}{F_y} = -\frac{x + y}{y - x}$$

2. $F(x,y,z)=0$

定理 5.2（隐函数存在定理） 设函数 $F(x,y,z)$ 在点 $P(x_0,y_0,z_0)$ 的某一邻域内有连续的偏导数，且 $F(x_0,y_0,z_0)=0$，$F_z(x_0,y_0,z_0)\neq0$，则方程 $F(x,y,z)=0$ 在点 $P(x_0,y_0,z_0)$ 的某一邻域内恒能唯一确定一个连续且具有连续偏导数的函数 $z=f(x,y)$，它满足条件 $z_0=f(x_0,y_0)$，并有

$$\frac{\partial z}{\partial x}=-\frac{F_x}{F_z},\quad \frac{\partial z}{\partial y}=-\frac{F_y}{F_z} \tag{2}$$

这个定理我们不证，与定理 5.1 类似，仅就公式（2）做如下推导.

由于

$$F(x,y,f(x,y))=0$$

上式两端分别对 x,y 求导，应用复合函数求导法则得

$$F_x+F_z\frac{\partial z}{\partial x}=0,\qquad F_y+F_z\frac{\partial z}{\partial y}=0$$

由于 F_z 连续，且 $F_z(x_0,y_0,z_0)\neq0$，所以存在点 (x_0,y_0,z_0) 的一个邻域，在这个邻域内 $F_z\neq0$，于是得

$$\frac{\partial z}{\partial x}=-\frac{F_x}{F_z},\qquad \frac{\partial z}{\partial y}=-\frac{F_y}{F_z}$$

例3 设方程 $x^2y+\mathrm{e}^z=2z^3$ 确定一个二元隐函数 $z=f(x,y)$，求 $\dfrac{\partial z}{\partial x},\dfrac{\partial z}{\partial y}$.

解 令 $F(x,y,z)=x^2y+\mathrm{e}^z-2z^3$，则

$$F_x=2xy,\qquad F_y=x^2,\qquad F_z=\mathrm{e}^z-6z^2$$

所以

$$\frac{\partial z}{\partial x}=-\frac{F_x}{F_z}=\frac{2xy}{6z^2-\mathrm{e}^z}$$

$$\frac{\partial z}{\partial y}=-\frac{F_y}{F_z}=\frac{x^2}{6z^2-\mathrm{e}^z}$$

例4 设 $z=f(x+y+z,\ xyz)$，求 $\dfrac{\partial z}{\partial x},\dfrac{\partial x}{\partial y},\dfrac{\partial y}{\partial z}$.

思路：把 z 看成 x,y 的函数对 x 求偏导数得 $\dfrac{\partial z}{\partial x}$；

把 x 看成 z,y 的函数对 y 求偏导数得 $\dfrac{\partial x}{\partial y}$；

把 y 看成 x,z 的函数对 z 求偏导数得 $\dfrac{\partial y}{\partial z}$.

解 令 $u=x+y+z,\ v=xyz$，则

$$z = f(u, v)$$

因此把 z 看成 x, y 的函数对 x 求偏导数得

$$\frac{\partial z}{\partial x} = f_u \cdot \left(1 + \frac{\partial z}{\partial x} \right) + f_v \cdot \left(yz + xy \frac{\partial z}{\partial x} \right)$$

整理得

$$\frac{\partial z}{\partial x} = \frac{f_u + yzf_v}{1 - f_u - xyf_v}$$

把 x 看成 z, y 的函数对 y 求偏导数得

$$0 = f_u \cdot \left(\frac{\partial x}{\partial y} + 1 \right) + f_v \cdot \left(xz + yz \frac{\partial x}{\partial y} \right)$$

整理得

$$\frac{\partial x}{\partial y} = -\frac{f_u + xzf_v}{f_u + yzf_v}$$

把 y 看成 x, z 的函数对 z 求偏导数得

$$1 = f_u \cdot \left(\frac{\partial y}{\partial z} + 1 \right) + f_v \cdot \left(xy + xz \frac{\partial y}{\partial z} \right)$$

整理得

$$\frac{\partial y}{\partial z} = \frac{1 - f_u - xyf_v}{f_u + xzf_v}$$

二、方程组的情形

现在讨论由方程组

$$\begin{cases} F(x, y, u, v) = 0 \\ G(x, y, u, v) = 0 \end{cases}$$

确定的隐函数的微分法. 在一定条件下，此方程组可以确定两个二元函数 $u = u(x, y)$, $v = v(x, y)$, 并可由 F, G 求出这两个函数的偏导数.

定理 5.3（隐函数存在定理） 设 $F(x, y, u, v), G(x, y, u, v)$ 在点 $P(x_0, y_0, u_0, v_0)$ 的某一邻域内有对各个变量的连续偏导数，且 $F(x_0, y_0, u_0, v_0) = 0, G(x_0, y_0, u_0, v_0) = 0$ ，而且偏导数所组成的函数行列式（或称雅可比式）

$$J = \frac{\partial(F, G)}{\partial(u, v)} = \begin{vmatrix} \dfrac{\partial F}{\partial u} & \dfrac{\partial F}{\partial v} \\ \dfrac{\partial G}{\partial u} & \dfrac{\partial G}{\partial v} \end{vmatrix}$$

在点 $P(x_0, y_0, u_0, v_0)$ 不等于零，则方程组 $F(x,y,u,v)=0, G(x,y,u,v)=0$，在点 $P(x_0, y_0, u_0, v_0)$ 的某一邻域内恒能唯一确定一组连续且具有连续偏导数的函数 $u=u(x,y), v=v(x,y)$，它们满足条件 $u_0 = u(x_0, y_0), v_0 = v(x_0, y_0)$，并有

$$
\begin{cases}
\dfrac{\partial u}{\partial x} = -\dfrac{1}{J} \cdot \dfrac{\partial(F,G)}{\partial(x,v)} = -\dfrac{\begin{vmatrix} F_x & F_v \\ G_x & G_v \end{vmatrix}}{\begin{vmatrix} F_u & F_v \\ G_u & G_v \end{vmatrix}} \\[3em]
\dfrac{\partial v}{\partial x} = -\dfrac{1}{J} \cdot \dfrac{\partial(F,G)}{\partial(u,x)} = -\dfrac{\begin{vmatrix} F_u & F_x \\ G_u & G_x \end{vmatrix}}{\begin{vmatrix} F_u & F_v \\ G_u & G_v \end{vmatrix}} \\[3em]
\dfrac{\partial u}{\partial y} = -\dfrac{1}{J} \cdot \dfrac{\partial(F,G)}{\partial(y,v)} = -\dfrac{\begin{vmatrix} F_y & F_v \\ G_y & G_v \end{vmatrix}}{\begin{vmatrix} F_u & F_v \\ G_u & G_v \end{vmatrix}} \\[3em]
\dfrac{\partial v}{\partial y} = -\dfrac{1}{J} \cdot \dfrac{\partial(F,G)}{\partial(u,y)} = -\dfrac{\begin{vmatrix} F_u & F_y \\ G_u & G_y \end{vmatrix}}{\begin{vmatrix} F_u & F_v \\ G_u & G_v \end{vmatrix}}
\end{cases}
\tag{3}
$$

这个定理我们不证. 与前两个定理类似，下面仅就公式（3）做如下推导.

由于

$$
\begin{cases}
F(x,y,u(x,y),v(x,y))=0 \\
G(x,y,u(x,y),v(x,y))=0
\end{cases}
$$

将每个等式两边分别对 x 求导，应用复合函数求导法则得

$$
\begin{cases}
F_x + F_u \dfrac{\partial u}{\partial x} + F_v \dfrac{\partial v}{\partial x} = 0 \\
G_x + G_u \dfrac{\partial u}{\partial x} + G_v \dfrac{\partial v}{\partial x} = 0
\end{cases}
$$

这是关于 $\dfrac{\partial u}{\partial x}, \dfrac{\partial v}{\partial x}$ 的线性方程组，由假设可知在点 $P(x_0, y_0, u_0, v_0)$ 的一个邻域内，系数行列式

$$
J = \frac{\partial(F,G)}{\partial(u,v)} = \begin{vmatrix} \dfrac{\partial F}{\partial u} & \dfrac{\partial F}{\partial v} \\[1.5em] \dfrac{\partial G}{\partial u} & \dfrac{\partial G}{\partial v} \end{vmatrix} \neq 0
$$

从而可解出 $\dfrac{\partial u}{\partial x}, \dfrac{\partial v}{\partial x}$，得

$$\frac{\partial u}{\partial x} = -\frac{1}{J} \cdot \frac{\partial(F,G)}{\partial(x,v)}, \qquad \frac{\partial v}{\partial x} = -\frac{1}{J} \cdot \frac{\partial(F,G)}{\partial(u,x)}$$

同理可得

$$\frac{\partial u}{\partial y} = -\frac{1}{J} \cdot \frac{\partial(F,G)}{\partial(y,v)}, \qquad \frac{\partial v}{\partial y} = -\frac{1}{J} \cdot \frac{\partial(F,G)}{\partial(u,y)}$$

例 5 设 $xu - yv = 0$，$yu + xv = 1$，求 $\dfrac{\partial u}{\partial x}, \dfrac{\partial u}{\partial y}, \dfrac{\partial v}{\partial x}$ 和 $\dfrac{\partial v}{\partial y}$.

解 （解法一） 直接代入公式.

（解法二） 运用公式推导的方法，将所给方程的两边对 x 求导并移项得

$$\begin{cases} x\dfrac{\partial u}{\partial x} - y\dfrac{\partial v}{\partial x} = -u \\[2mm] y\dfrac{\partial u}{\partial x} + x\dfrac{\partial v}{\partial x} = -v \end{cases}$$

则

$$J = \begin{vmatrix} x & -y \\ y & x \end{vmatrix} = x^2 + y^2$$

因此在 $J \neq 0$ 的条件下，

$$\frac{\partial u}{\partial x} = \frac{\begin{vmatrix} -u & -y \\ -v & x \end{vmatrix}}{\begin{vmatrix} x & -y \\ y & x \end{vmatrix}} = -\frac{xu + yv}{x^2 + y^2}, \qquad \frac{\partial v}{\partial x} = \frac{\begin{vmatrix} x & -u \\ y & -v \end{vmatrix}}{\begin{vmatrix} x & -y \\ y & x \end{vmatrix}} = \frac{yu - xv}{x^2 + y^2}$$

将所给方程的两边对 y 求导，用同样方法得

$$\frac{\partial u}{\partial y} = \frac{xv - yu}{x^2 + y^2}, \qquad \frac{\partial v}{\partial y} = -\frac{xu + yv}{x^2 + y^2}$$

 习题 8.5

1. 设 $y = y(x)$ 由方程 $\sin y + e^x - xy^2 = 0$ 确定，求 $\dfrac{\mathrm{d}y}{\mathrm{d}x}$.

2. 设 $y = y(x)$ 由方程 $\arctan \dfrac{x+y}{a} - \dfrac{y}{a} = 0$ 确定，求 $\dfrac{\mathrm{d}y}{\mathrm{d}x} \cdot \dfrac{\mathrm{d}y}{\mathrm{d}x} = \dfrac{a^2}{(x+y)^2}$.

3. 求由方程 $x^3+y^3+z^3=2xyz-1$ 所确定的隐函数 $z=f(x,y)$ 的偏导数 $\dfrac{\partial z}{\partial x}$ 和 $\dfrac{\partial z}{\partial y}$.

4. 求由方程 $xy+yz+\mathrm{e}^{xz}=3$ 所确定的隐函数 $z=f(x,y)$ 的偏导数 $\dfrac{\partial z}{\partial x}$ 和 $\dfrac{\partial z}{\partial y}$.

5. 求由方程 $x^2+y^2+z^2-2x+2y-4z-5=0$ 所确定的隐函数 $z=f(x,y)$ 的偏导数 $\dfrac{\partial z}{\partial x}$ 和 $\dfrac{\partial z}{\partial y}$.

6. 求由方程 $z^x-y^z=0$ 所确定的隐函数 $z=f(x,y)$ 的偏导数 $\dfrac{\partial z}{\partial x}$ 和 $\dfrac{\partial z}{\partial y}$.

7. 设函数 $z=z(x,y)$ 由方程 $z^3-3xyz=8$ 确定，求 $\dfrac{\partial^2 z}{\partial x\partial y}\bigg|_{(0,0)}$.

8. 设方程组 $\begin{cases} x+y+z=0 \\ xyz=1 \end{cases}$ 确定了函数 $y=y(x),z=z(x)$，求 $\dfrac{\mathrm{d}y}{\mathrm{d}x}$ 和 $\dfrac{\mathrm{d}z}{\mathrm{d}x}$.

9. 设 $z=u^3+v^3$，而 $u=u(x,y),v=v(x,y)$ 由方程组 $\begin{cases} x=u+v \\ y=u^2+v^2 \end{cases}$ 确定，求 $\dfrac{\partial z}{\partial x},\dfrac{\partial z}{\partial y}$.

10. 设 $z=\arctan\dfrac{u}{v}$，其中 $u=x+y$，$v=x-y$，证明：

$$\frac{\partial z}{\partial x}+\frac{\partial z}{\partial y}=\frac{x-y}{x^2+y^2}$$

第六节　多元函数微分学的几何应用

一、空间曲线的切线与法平面

设空间曲线 Γ 的参数方程为

$$\begin{cases} x=\varphi(t) \\ y=\phi(t) \qquad (\alpha \leqslant t \leqslant \beta) \\ z=\omega(t) \end{cases} \tag{1}$$

式（1）中的三个函数均可导，且三个函数对 t 求导的导函数在 $[\alpha,\beta]$ 上连续，不同时为零. 设曲线上点 $M(x_0,y_0,z_0)$ 对应 $t=t_0$，$M'(x_0+\Delta x,y_0+\Delta y,z_0+\quad \Delta z)$ 对应 $t=t_0+\Delta t$，当动点 M' 沿光滑曲线 Γ 趋于 M 时，割线 MM' 的极限位置 MT 就称为曲线 Γ 在点 M 处的**切线**，切点为 M，如图 8.7 所示. 把过切点 M 且垂直于该点切线 MT 的平面称为曲线 Γ 在点 M 处的**法平面**.

已知直线 MM' 的方向向量 $\overrightarrow{M_0M}=(\Delta x,\Delta y,\Delta z)$，则由空间解析几何可知，割线 MM' 的方程为

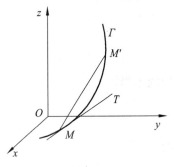

图 8.7

$$\frac{x-x_0}{\Delta x}=\frac{y-y_0}{\Delta y}=\frac{z-z_0}{\Delta z}$$

现在考察割线趋近于其极限位置——切线的过程：

将上式分母同除以 Δt 得

$$\frac{x-x_0}{\dfrac{\Delta x}{\Delta t}}=\frac{y-y_0}{\dfrac{\Delta y}{\Delta t}}=\frac{z-z_0}{\dfrac{\Delta z}{\Delta t}}$$

当 $M'\to M$，即 $\Delta t\to 0$ 时，对上式取极限即得到曲线在点 M 处的切线方程

$$\frac{x-x_0}{\varphi'(t_0)}=\frac{y-y_0}{\phi'(t_0)}=\frac{z-z_0}{\omega'(t_0)} \tag{2}$$

由上式可得切线的方向向量 $\boldsymbol{T}=(\varphi'(t_0),\phi'(t_0),\omega'(t_0))$，把它称为曲线在点 M 处的**切向量**. 通过点 M 且与切线垂直的**法平面方程**为

$$\varphi'(t_0)(x-x_0)+\phi'(t_0)(y-y_0)+\omega'(t_0)(z-z_0)=0 \tag{3}$$

例 1　求曲线

$$\Gamma:\begin{cases}x=\displaystyle\int_0^t \mathrm{e}^u\cos u\,\mathrm{d}u\\ y=2\sin t+\cos t\\ z=1+\mathrm{e}^{3t}\end{cases}$$

在点 $t=0$ 处的切线和法平面方程.

解　当 $t=0$ 时，$x=0,y=1,z=2$，则

$$\begin{cases}x'=\mathrm{e}^t\cos t\\ y'=2\cos t-\sin t\Rightarrow\\ y'=2\cos t-\sin t\end{cases}\begin{cases}x'(0)=1\\ y'(0)=2\\ z'(0)=3\end{cases}$$

则切线方程为

$$\frac{x-0}{1}=\frac{y-1}{2}=\frac{z-2}{3}$$

法线方程为

$$x+2(y-1)+3(z-2)=0$$

即

$$x+2y+3z-8=0$$

现在来讨论空间曲线 Γ 方程的另外两种形式：

（1）空间曲线方程为

$$\begin{cases} y = \varphi(x) \\ z = \phi(x) \end{cases}$$

此时可把方程写成

$$\begin{cases} x = x \\ y = \varphi(x) \\ z = \phi(x) \end{cases}$$

则方程可看作以 x 为参数的直线参数方程，那么在点 $M(x_0, y_0, z_0)$ 处的切线方程为

$$\frac{x - x_0}{1} = \frac{y - y_0}{\varphi'(x_0)} = \frac{z - z_0}{\phi'(x_0)} \tag{4}$$

法平面方程为

$$(x - x_0) + \varphi'(x_0)(y - y_0) + \phi'(x_0)(z - z_0) = 0 \tag{5}$$

（2）空间曲线方程为

$$\begin{cases} F(x, y, z) = 0 \\ G(x, y, z) = 0 \end{cases} \tag{6}$$

假定由式（6）确定的两个一元隐函数为

$$y = y(x), \quad z = z(x)$$

我们取 x 为参数，则曲线的参数方程为

$$x = x, \quad y = y(x), \quad z = z(x)$$

当 $J = \dfrac{\partial(F,G)}{\partial(y,z)} = \begin{vmatrix} F_y & F_z \\ G_y & G_z \end{vmatrix} \neq 0$ 时，由上节可知各函数的导数为

$$\frac{\mathrm{d}y}{\mathrm{d}x} = -\frac{1}{J} \cdot \frac{\partial(F,G)}{\partial(x,z)} = \frac{1}{J} \cdot \frac{\partial(F,G)}{\partial(z,x)}, \quad \frac{\mathrm{d}z}{\mathrm{d}x} = -\frac{1}{J} \cdot \frac{\partial(F,G)}{\partial(y,x)} = \frac{1}{J} \cdot \frac{\partial(F,G)}{\partial(x,y)}$$

进而可得切线的方向向量

$$\boldsymbol{T}_1 = \left(1, \frac{1}{J} \cdot \frac{\partial(F,G)}{\partial(z,x)}, \frac{1}{J} \cdot \frac{\partial(F,G)}{\partial(x,y)} \right)$$

则 $$\boldsymbol{T} = J\boldsymbol{T}_1 = J \cdot \left(1, \frac{1}{J} \cdot \frac{\partial(F,G)}{\partial(z,x)}, \frac{1}{J} \cdot \frac{\partial(F,G)}{\partial(x,y)} \right) = \left(\frac{\partial(F,G)}{\partial(y,z)}, \frac{\partial(F,G)}{\partial(z,x)}, \frac{\partial(F,G)}{\partial(x,y)} \right)$$

也是切线的切向量. 因此切线方程为

$$\frac{x-x_0}{\begin{vmatrix} F_y & F_z \\ G_y & G_z \end{vmatrix}_M} = \frac{y-y_0}{\begin{vmatrix} F_z & F_x \\ G_z & G_x \end{vmatrix}_M} = \frac{z-z_0}{\begin{vmatrix} F_x & F_y \\ G_x & G_y \end{vmatrix}_M} \tag{7}$$

法平面方程为

$$\begin{vmatrix} F_y & F_z \\ G_y & G_z \end{vmatrix}_M (x-x_0) + \begin{vmatrix} F_z & F_x \\ G_z & G_x \end{vmatrix}_M (y-y_0) + \begin{vmatrix} F_x & F_y \\ G_x & G_y \end{vmatrix}_M (z-z_0) = 0 \tag{8}$$

例 2 求曲线 $x^2 + y^2 + z^2 = 6$, $x + y + z = 0$ 在点 $(1,-2,1)$ 处的切线及法平面方程.

解 （解法一） 直接利用公式.

（解法二） 将所给方程的两边对 x 求导并移项，得

$$\begin{cases} y\dfrac{\mathrm{d}y}{\mathrm{d}x} + z\dfrac{\mathrm{d}z}{\mathrm{d}x} = -x \\ \dfrac{\mathrm{d}y}{\mathrm{d}x} + \dfrac{\mathrm{d}z}{\mathrm{d}x} = -1 \end{cases} \Rightarrow \begin{cases} \dfrac{\mathrm{d}y}{\mathrm{d}x} = \dfrac{z-x}{y-z} \\ \dfrac{\mathrm{d}z}{\mathrm{d}x} = \dfrac{x-y}{y-z} \end{cases} \Rightarrow \begin{cases} \dfrac{\mathrm{d}y}{\mathrm{d}x}\Big|_{(1,-2,1)} = 0 \\ \dfrac{\mathrm{d}z}{\mathrm{d}x}\Big|_{(1,-2,1)} = -1 \end{cases}$$

由此得切向量

$$\boldsymbol{T} = (1,0,-1)$$

则所求切线方程为

$$\frac{x-1}{1} = \frac{y+2}{0} = \frac{z-1}{-1}$$

法平面方程为

$$(x-1) + 0\cdot(y+2) - (z-1) = 0$$

即

$$x - z = 0$$

二、曲面的切平面与法线

设曲面 Σ 的方程为

$$F(x,y,z) = 0 \tag{9}$$

点 $M(x_0,y_0,z_0)$ 是曲面 Σ 上一点，函数 $F(x,y,z)$ 在点 M 有连续偏导数且偏导数不同时为零. 在曲面 Σ 上任取一条通过点 M 的曲线

$$\Gamma: \begin{cases} x = \varphi(t) \\ y = \phi(t) \\ z = \omega(t) \end{cases}$$

点 $M(x_0, y_0, z_0)$ 对应的参数为 $t = t_0$ ，且 $\varphi'(t_0), \phi'(t_0), \omega'(t_0)$ 不同时为零. 因为曲线 Γ 在曲面 Σ 上，所以

$$F(\varphi(t), \phi(t), \omega(t)) = 0$$

对上式两边在 $t = t_0$ 处求导，得

$$F_x(x_0, y_0, z_0)\varphi'(t_0) + F_y(x_0, y_0, z_0)\phi'(t_0) + F_z(x_0, y_0, z_0)\omega'(t_0) = 0$$

若记

$$\boldsymbol{n} = (F_x(x_0, y_0, z_0), F_y(x_0, y_0, z_0), F_z(x_0, y_0, z_0)), \qquad \boldsymbol{T} = (\varphi'(t_0), \phi'(t_0), \omega'(t_0))$$

则上式可写成

$$\boldsymbol{n} \cdot \boldsymbol{T} = 0$$

从而 $\boldsymbol{n} \perp \boldsymbol{T}$.

由于曲线是曲面上通过点 M 的任意一条曲线，它们在 M 的切线都与同一向量 $\boldsymbol{n}$ 垂直，故曲面上通过 M 的一切曲线在点 M 的切线都在同一平面上，这个平面称为曲面在点 M 的**切平面**（见图 8.8）. 垂直于曲面上切平面的向量称为曲面的**法向量**. 向量

$$\boldsymbol{n} = (F_x(x_0, y_0, z_0), F_y(x_0, y_0, z_0), F_z(x_0, y_0, z_0)) \tag{10}$$

就是该切平面的一个法向量，故曲面 Σ 在点 $M(x_0, y_0, z_0)$ 处的切平面方程为

$$F_x(x_0, y_0, z_0)(x - x_0) + F_y(x_0, y_0, z_0)(y - y_0) + F_z(x_0, y_0, z_0)(z - z_0) = 0 \tag{11}$$

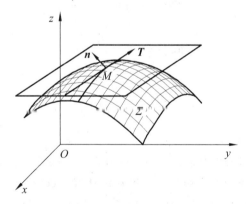

图 8.8

通过点 $M(x_0, y_0, z_0)$ 而垂直于切平面的直线称为曲面在该点的**法线**. 法线的方向向量可取为切平面的法向量，所以曲面 Σ 在点 $M(x_0, y_0, z_0)$ 处的法线方程为

$$\frac{x - x_0}{F_x(x_0, y_0, z_0)} = \frac{y - y_0}{F_y(x_0, y_0, z_0)} = \frac{z - z_0}{F_z(x_0, y_0, z_0)} \tag{12}$$

特殊地：空间曲面 Σ 方程为

$$z = f(x, y) \tag{13}$$

令 $F(x, y, z) = f(x, y) - z$ ，则

$$F_x = f_x, \quad F_y = f_y, \quad F_z = -1$$

于是，曲面 Σ 在点 $M(x_0, y_0, z_0)$ 处的法向量为

$$\boldsymbol{n} = (f_x(x_0, y_0), f_y(x_0, y_0), -1) \tag{14}$$

从而曲面 Σ 在点 $M(x_0, y_0, z_0)$ 处的切平面方程为

$$f_x(x_0, y_0)(x - x_0) + f_y(x_0, y_0)(y - y_0) - (z - z_0) = 0 \tag{15}$$

曲面 Σ 在点 $M(x_0, y_0, z_0)$ 处的法线方程为

$$\frac{x - x_0}{f_x(x_0, y_0)} = \frac{y - y_0}{f_y(x_0, y_0)} = \frac{z - z_0}{-1} \tag{16}$$

全微分的几何意义：

因为曲面 Σ：$z = f(x, y)$ 在点 $M(x_0, y_0, z_0)$ 处的切平面方程为

$$z - z_0 = f_x(x_0, y_0)(x - x_0) + f_y(x_0, y_0)(y - y_0)$$

右端恰好是函数 $z = f(x, y)$ 在点 (x_0, y_0) 的全微分，因此，函数 $z = f(x, y)$ 在点 (x_0, y_0) 处的全微分在几何上表示曲面 $z = f(x, y)$ 在点 (x_0, y_0, z_0) 处的切平面上的点的竖坐标的增量. 所以在点 (x_0, y_0, z_0) 附近，可以用切平面近似代替曲面 Σ.

若 α, β, γ 表示曲面的法向量的方向角，则法向量的**方向余弦**为

$$\cos \alpha = \pm \frac{f_x}{\sqrt{1 + f_x^2 + f_y^2}}$$

$$\cos \beta = \pm \frac{f_y}{\sqrt{1 + f_x^2 + f_y^2}}$$

$$\cos \gamma = \pm \frac{1}{\sqrt{1 + f_x^2 + f_y^2}}$$

其中 $f_x = f_x(x_0, y_0)$，$f_y = f_y(x_0, y_0)$.

若法向量的方向是向上的，即使得它与 z 轴的正向所成的角 γ 是锐角，$\cos \gamma > 0$，这时根号前应取正号. 再如，若法向量指向前方，则 α 是锐角，$\cos \alpha > 0$，这时根号前应取正号.

例3 求旋转抛物面 $z = x^2 + y^2 - 1$ 在点 $(2,1,4)$ 处的切平面及法线方程.

解 令 $f(x, y) = x^2 + y^2 - 1$，则

$$\boldsymbol{n}\big|_{(2,1,4)} = (2x, 2y, -1)\big|_{(2,1,4)} = (4, 2, -1)$$

所以切平面方程为

$$4(x - 2) + 2(y - 1) - (z - 4) = 0 \Rightarrow 4x + 2y - z - 6 = 0$$

法线方程为

$$\frac{x - 2}{4} = \frac{y - 1}{2} = \frac{z - 4}{-1}$$

例 4 求曲面 $z - e^z + 2xy = 3$ 在点 $(1,2,0)$ 处的切平面及法线方程.

解 令 $F(x,y,z) = z - e^z + 2xy - 3$，则

$$F_x\big|_{(1,2,0)} = 2y\big|_{(1,2,0)} = 4, \quad F_y\big|_{(1,2,0)} = 2x\big|_{(1,2,0)} = 2, \quad F_z\big|_{(1,2,0)} = 1 - e^z\big|_{(1,2,0)} = 0$$

则切平面方程

$$4(x-1) + 2(y-2) + 0 \cdot (z-0) = 0 \Rightarrow 2x + y - 4 = 0$$

法线方程为

$$\frac{x-1}{2} = \frac{y-2}{1} = \frac{z-0}{0}$$

例 5 求曲面 $x^2 + 2y^2 + 3z^2 = 21$ 平行于平面 $x + 4y + 6z = 0$ 的切平面方程.

解 设 (x_0, y_0, z_0) 为曲面上的切点，则切平面方程为

$$2x_0(x-x_0) + 4y_0(y-y_0) + 6z_0(z-z_0) = 0$$

依题意，切平面方程平行于已知平面，则

$$\frac{2x_0}{1} = \frac{4y_0}{4} = \frac{6z_0}{6} \Rightarrow 2x_0 = y_0 = z_0$$

因为 (x_0, y_0, z_0) 是曲面上的切点，满足方程

$$x_0 = \pm 1$$

则所求切点为 $(1,2,2),(-1,-2,-2)$. 因此切平面方程（1）为

$$2(x-1) + 8(y-2) + 12(z-2) = 0 \Rightarrow x + 4y + 6z = 21$$

切平面方程（2）为

$$-2(x+1) - 8(y+2) - 12(z+2) = 0 \Rightarrow x + 4y + 6z = -21$$

 习题 8.6

1. 求椭球面 $x^2 + 2y^2 + z^2 = 1$ 上平行于平面 $x - 3y + z + 9 = 0$ 的切平面方程.

2. 求下列空间曲线在指定点处的切线方程和法线方程.

（1）曲线 $x = t^2, y = 1 - t, z = t^3$，点 $(1,2,-1)$；

（2）曲线 $\begin{cases} 2x^2 + 3y^2 + z^2 = 9 \\ 3x^2 + y^2 - z^2 = 0 \end{cases}$，点 $(1,-1,2)$.

3. 求曲面 $e^z + xy = z + 3$ 在点 $(2,1,0)$ 处的切平面方程和法线方程.

4. 在曲面 $z = y + \ln\dfrac{x}{z}$ 上求一点，使该点的切平面平行于平面 $x + y - 2z = 3$.

5. 在曲线 $x = 2t, y = t^2 - 1, z = t^2 - 4t$ 上求一点，使该点的切线平行于平面 $x + 2y - z = 4$.

6. 求曲面 $z = x^2 + y^2$ 在点 $(1, -1, 2)$ 处的指向朝上的法向量的方向余弦.

第七节　方向导数与梯度

一、方向导数

偏导数反映的是函数沿坐标轴方向的变化率，但很多物理现象，需要我们去考虑函数沿任意指定方向的变化率问题. 例如，设 $f(x, y, z)$ 表示某物体内点 (x, y, z) 处的温度，那么研究该物体的热传导问题，就要考虑温度函数沿各方向下降的变化率. 再如，在气象学中，就要确定大气温度、气压沿着某些方向的变化率. 为此，我们需要讨论函数 $z = f(x, y)$ 在点 P 沿某一方向变化率的问题.

设函数 $z = f(x, y)$ 在点 P 的某一邻域 $U(P)$ 内有定义，自点 P 引射线 l. 设 x 轴正向到射线 l 的转角为 α，并设 $P'(x + \Delta x, y + \Delta y)$ 为 l 上另一点且 $P' \in U(P)$（见图 8.9）.

定义 7.1　函数的增量 $f(x + \Delta x, y + \Delta y) - f(x, y)$ 与 PP' 两点间的距离 $\rho = \sqrt{(\Delta x)^2 + (\Delta y)^2}$ 之比值，当 P' 沿着 l 趋于 P 时，如果此比值的极限存在，则称该极限为函数在点 P 沿方向 l 的方向导数. 记为

$$\frac{\partial f}{\partial l} = \lim_{\rho \to 0} \frac{f(x + \Delta x, y + \Delta y) - f(x, y)}{\rho}$$

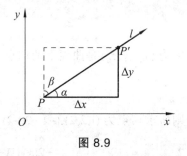

图 8.9

依定义，方向导数 $\dfrac{\partial f}{\partial l}$ 就是函数 $f(x, y)$ 在点 P 处沿 l 的变化率. 若函数 $f(x, y)$ 在点 P 沿着 x 轴正向 $e_l = i = (1, 0)$、y 轴正向 $e_l = j = (0, 1)$ 的方向导数分别为 f_x, f_y；沿着 x 轴负向、y 轴负向的方向导数是 $-f_x, -f_y$.

上式说明，如果函数 $z = f(x, y)$ 对 x 的偏导数 f_x 存在，则 $z = f(x, y)$ 在点 (x, y) 处沿 x 轴方向的方向导数必存在，且等于 f_x；类似地，如果函数 $z = f(x, y)$ 对 y 的偏导数 f_y 存在，则 $z = f(x, y)$ 在点 (x, y) 处沿 y 轴方向的方向导数必存在，且等于 f_y.

但反之，即使函数 $z = f(x, y)$ 在点 (x, y) 处沿 x 轴方向的方向导数存在，也不能得出 $z = f(x, y)$ 在点 (x, y) 处对 x 轴的偏导数存在. 例如，函数 $z = \sqrt{x^2 + y^2}$ 在点 $(0, 0)$ 处沿 $l = i$ 方向的方向导数 $\left.\dfrac{\partial z}{\partial l}\right|_{(0,0)} = 1$，而偏导数不存在.

关于方向导数的存在及计算，我们有下面的定理.

定理 7.1　如果函数 $z = f(x, y)$ 在点 $P(x, y)$ 是可微分的，那么函数在该点沿任意方向 l 的方向导数都存在，且有

$$\frac{\partial f}{\partial l} = \frac{\partial f}{\partial x}\cos\alpha + \frac{\partial f}{\partial y}\cos\beta$$

其中 $\cos\alpha, \cos\beta$ 是方向 l 的方向余弦.

证明 由于函数可微，则增量可表示为

$$f(x+\Delta x, y+\Delta y) - f(x,y) = \frac{\partial f}{\partial x}\Delta x + \frac{\partial f}{\partial y}\Delta y + o(\rho)$$

两边同除以 ρ，得到

$$\frac{f(x+\Delta x, y+\Delta y) - f(x,y)}{\rho} = \frac{\partial f}{\partial x}\cdot\frac{\Delta x}{\rho} + \frac{\partial f}{\partial y}\cdot\frac{\Delta y}{\rho} + \frac{o(\rho)}{\rho}$$

故有方向导数

$$\frac{\partial f}{\partial l} = \lim_{\rho\to 0}\frac{f(x+\Delta x, y+\Delta y) - f(x,y)}{\rho} = \frac{\partial f}{\partial x}\cos\alpha + \frac{\partial f}{\partial y}\cos\beta$$

例 1 求函数 $z = xe^{2y}$ 在点 $P(1,0)$ 处沿从点 $P(1,0)$ 到点 $Q(2,-1)$ 的方向的方向导数.

解 这里方向 l 即为 $\overrightarrow{PQ} = (1,-1)$，故 x 轴到方向 l 的转角 $\alpha = -\frac{\pi}{4}$. 因为

$$\frac{\partial z}{\partial x}\bigg|_{(1,0)} = e^{2y}\bigg|_{(1,0)} = 1, \quad \frac{\partial z}{\partial y}\bigg|_{(1,0)} = 2xe^{2y}\bigg|_{(1,0)} = 2$$

则所求方向导数

$$\frac{\partial z}{\partial l} = \cos\left(-\frac{\pi}{4}\right) + 2\sin\left(-\frac{\pi}{4}\right) = -\frac{\sqrt{2}}{2}$$

例 2 求函数 $f(x,y) = x^2 - xy + y^2$ 在点 $(1,1)$ 处沿与 x 轴方向夹角为 α 的方向射线 l 的方向导数，并问在怎样的方向上此方向导数有·（1）最大值；（2）最小值；（3）等于零？

解 由方向导数的计算公式可知

$$\frac{\partial f}{\partial l}\bigg|_{(1,1)} = f_x(1,1)\cos\alpha + f_y(1,1)\cos\beta = (2x-y)\big|_{(1,1)}\cos\alpha + (2y-x)\big|_{(1,1)}\sin\alpha$$

$$= \cos\alpha + \sin\alpha = \sqrt{2}\sin\left(\alpha + \frac{\pi}{4}\right)$$

所以（1）当 $\alpha = \frac{\pi}{4}$ 时，方向导数达到最大值 $\sqrt{2}$；

（2）当 $\alpha = \frac{5\pi}{4}$ 时，方向导数达到最小值 $-\sqrt{2}$；

（3）当 $\alpha = \frac{3\pi}{4}$ 和 $\alpha = \frac{7\pi}{4}$ 时，方向导数等于 0.

由此可推广得到三元函数方向导数的定义：对于三元函数 $u = f(x,y,z)$，它在空间一点 $P(x,y,z)$ 沿着方向 l 的方向导数可定义为

$$\frac{\partial f}{\partial l} = \lim_{\rho \to 0} \frac{f(x+\Delta x, y+\Delta y, z+\Delta z) - f(x,y,z)}{\rho}$$

其中 $\rho = \sqrt{(\Delta x)^2 + (\Delta y)^2 + (\Delta z)^2}$.

设方向 l 的方向角为 α, β, γ，且

$$\Delta x = \rho \cos\alpha, \qquad \Delta y = \rho \cos\beta, \qquad \Delta z = \rho \cos\gamma$$

则当函数在此点可微时，函数在该点沿任意方向 l 的方向导数都存在，且有

$$\frac{\partial f}{\partial l} = \frac{\partial f}{\partial x}\cos\alpha + \frac{\partial f}{\partial y}\cos\beta + \frac{\partial f}{\partial z}\cos\gamma$$

二、梯 度

方向导数刻画了函数在给定点处沿某一方向上变化率的大小. 当 $\left.\dfrac{\partial f}{\partial l}\right|_{P_0} > 0$ 时，函数在点 P_0 沿 l 方向是递增的；当 $\left.\dfrac{\partial f}{\partial l}\right|_{P_0} < 0$ 时，函数在点 P_0 沿 l 方向是递减的；当 $\left.\dfrac{\partial f}{\partial l}\right|_{P_0} = 0$ 时，函数在点 P_0 沿 l 方向的变化是稳定的. 然而从给定点出发有无穷多个方向，那么函数在给定点处沿哪个方向的变化率最大？最大的变化率又是多少？为解决这一问题，现引入梯度的概念.

定义 7.2 设函数 $z = f(x,y)$ 在平面区域 D 内具有连续偏导数，若对每一点 $P(x,y) \in D$，都可定出一个向量 $\dfrac{\partial f}{\partial x}\boldsymbol{i} + \dfrac{\partial f}{\partial y}\boldsymbol{j}$，则该向量称为函数 $z = f(x,y)$ 在点 $P(x,y)$ 的梯度，记为

$$\mathbf{grad}f(x,y) = \frac{\partial f}{\partial x}\boldsymbol{i} + \frac{\partial f}{\partial y}\boldsymbol{j}$$

例 3 求函数 $f(x,y) = x^3 - xy + y^2 + x$ 在点 $(1,1)$ 处的梯度.

解 因为

$$f_x(1,1) = (3x^2 - y + 1)\big|_{(1,1)} = 3, \qquad f_y(1,1) = (-x + 2y)\big|_{(1,1)} = 1$$

所以

$$\mathbf{grad}f(1,1) = f_x(1,1)\boldsymbol{i} + f_y(1,1)\boldsymbol{j} = 3\boldsymbol{i} + \boldsymbol{j}$$

梯度的性质：

性质 1 设函数 $z = f(x,y)$ 在点 $P(x,y)$ 处具有连续偏导数，则

（1）当 l 与 $\mathbf{grad}f(x,y)$ 同向时，方向导数 $\dfrac{\partial f}{\partial l}$ 最大，且 $\dfrac{\partial f}{\partial l} = \left|\mathbf{grad}f(x,y)\right|$；

（2）当 l 与 $\mathbf{grad}f(x,y)$ 反向时，方向导数 $\dfrac{\partial f}{\partial l}$ 最小，且 $\dfrac{\partial f}{\partial l} = -\left|\mathbf{grad}f(x,y)\right|$；

（3）当 l 与 $\mathbf{grad}f(x,y)$ 垂直时，方向导数 $\dfrac{\partial f}{\partial l} = 0$.

证明 设 $e = \cos\alpha i + \cos\beta j$ 是与 l 同方向的单位向量，则由方向导数的公式可知

$$\frac{\partial f}{\partial l} = \frac{\partial f}{\partial x}\cos\alpha + \frac{\partial f}{\partial y}\cos\beta = \left(\frac{\partial f}{\partial x}, \frac{\partial f}{\partial y}\right) \cdot (\cos\alpha, \cos\beta)$$

$$= \mathbf{grad}f(x, y) \cdot e = |\mathbf{grad}f(x, y)|\cos\theta$$

其中 $\theta = (\widehat{\mathbf{grad}f(x, y), e})$

当 $\cos(\widehat{\mathbf{grad}f(x, y), e}) = 1$，即 l 与 $\mathbf{grad}f(x, y)$ 同向时，$\frac{\partial f}{\partial l}$ 有最大值；当 $\cos(\widehat{\mathbf{grad}f(x, y), e}) = -1$，即 l 与 $\mathbf{grad}f(x, y)$ 反向时，$\frac{\partial f}{\partial l}$ 有最小值；当 $\cos(\widehat{\mathbf{grad}f(x, y), e}) = 0$，即 l 与 $\mathbf{grad}f(x, y)$ 垂直时，$\frac{\partial f}{\partial l} = 0$.

总结：函数在某点的梯度是这样一个向量，它的方向与取得最大方向导数的方向一致，而它的模为方向导数的最大值. 梯度的模为

$$|\mathbf{grad}f(x, y)| = \sqrt{\left(\frac{\partial f}{\partial x}\right)^2 + \left(\frac{\partial f}{\partial y}\right)^2}$$

在几何上 $z = f(x, y)$ 表示一个曲面，该曲面被平面 $z = c$ 所截得的曲线

$$\begin{cases} z = f(x, y) \\ z = c \end{cases}$$

为该曲面在 xOy 面上的投影.

性质 2 设函数 $f(x, y)$ 在点 $P(x, y)$ 处具有不同时为零的连续偏导数，则函数 $f(x, y)$ 在点 $P(x, y)$ 的梯度 $\mathbf{grad}f(x, y)$ 的方向就是等值线 $f(x, y) = c$ 在该点处的法线方向，且从数值较低的等值线指向数值较高的等值线（见图 8.10）.

三元函数 $u = f(x, y, z)$ 在空间区域 G 内具有一阶连续偏导数，则对于每一点 $P(x, y, z) \in G$，都可定义一个向量（梯度）：

$$\mathbf{grad}f(x, y, z) = \frac{\partial f}{\partial x}i + \frac{\partial f}{\partial y}j + \frac{\partial f}{\partial z}k$$

类似于二元函数，此梯度也是一个向量，其方向与取得最大方向导数的方向一致，其模为方向导数的最大值.

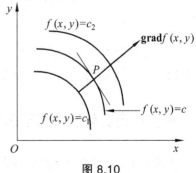

图 8.10

类似地，设曲面 $f(x, y, z) = c$ 为函数 $u = f(x, y, z)$ 的等量面，此函数在点 $P(x, y, z)$ 的梯度的方向与过点 P 的等量面 $f(x, y, z) = c$ 在这点的法线的一个方向相同，且从数值较低的等量面指向数值较高的等量面，而梯度的模等于函数在这个法线方向的方向导数.

例 4 求函数 $u = x^2 + 2y^2 + 3z^2 + 3x - 2y$ 在点 $(1, 1, 2)$ 处的梯度，并问在哪些点梯度为零？

解 由梯度计算公式得

$$\mathbf{grad}f(x,y,z)=\frac{\partial f}{\partial x}\boldsymbol{i}+\frac{\partial f}{\partial y}\boldsymbol{j}+\frac{\partial f}{\partial z}\boldsymbol{k}=(2x+3)\boldsymbol{i}+(4y-2)\boldsymbol{j}+6z\boldsymbol{k}$$

由

$$2x+3=0,\quad 4y-2=0,\quad 6z=0$$

可知 $\mathbf{grad}u(1,1,2)=5\boldsymbol{i}+2\boldsymbol{j}+12\boldsymbol{k}$，在点 $P_0\left(-\dfrac{3}{2},\dfrac{1}{2},0\right)$ 处的梯度为 0.

 习题 8.7

1. 求函数 $u=xy^2+yz^3+3$ 在点 $A(2,-1,1)$ 处的梯度及其在点 A 处沿向量 $\boldsymbol{l}=(1,2,2)$ 的方向导数.

2. 设某金属板上的电压分布为 $V=50-2x^2-4y^2$，求在点 $(1,-2)$ 处：

（1）沿哪个方向电压升高得最快？

（2）沿哪个方向电压下降得最快？

（3）上升或下降的速率各为多少？

3. 设一金属球体内各点处的温度离球心的距离成反比，证明球体内任意（异于球心的）一点处沿着指向球心的方向上升得最快.

4. 求函数 $z=x^2-\ln(xy)+y$ 在点 (x,y) 处的梯度.

5. 求函数 $z=xy^2-y\ln x+2x$ 在点 $P(1,-1)$ 处沿从点 $P(1,-1)$ 到点 $Q(2,-2)$ 方向的方向导数.

6. 求函数 $z=\sqrt{x^2+y^2}$ 在点 $P(3,4)$ 处沿曲线 $\dfrac{x^2}{9}+\dfrac{y^2}{16}=1$ 在该点内法线方向的方向导数.

7. 求 $f(x,y,z)=xy+yz+zx$ 在点 $A(1,1,2)$ 处，沿从点 $A(1,1,2)$ 到点 $B(2,-1,1)$ 方向的方向导数.

第八节　多元函数的极值及其求法

在实际问题中，经常遇到求多元函数的最大值、最小值问题. 与一元函数一样，多元函数的最大值、最小值也与极值有着密切的联系. 因此，下面以二元函数为例，先介绍极值的概念.

一、多元函数的极值及最大值、最小值

定义 8.1　设函数 $z=f(x,y)$ 在点 (x_0,y_0) 的某邻域内有定义，对于该邻域内异于 (x_0,y_0) 的点 (x,y)，若满足不等式

$$f(x,y)<f(x_0,y_0)$$

则称函数在点 (x_0,y_0) 处有**极大值** $f(x_0,y_0)$；若满足不等式

$$f(x,y)>f(x_0,y_0)$$

则称函数在点 (x_0, y_0) 处有极小值 $f(x_0, y_0)$. 极大值、极小值统称为**极值**，使函数取得极值的点称为**极值点**.

例 1 函数 $z = 3x^2 + 4y^2$ 在点 $(0,0)$ 处的函数值等于 0，而在点 $(0,0)$ 的任一去心邻域内的函数值都大于 0，因此，函数 $z = 3x^2 + 4y^2$ 在点 $(0,0)$ 处取得极小值 0. 从几何图形（见图 8.11）上看，点 $(0,0,0)$ 正是抛物面的最低点.

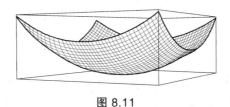

图 8.11

例 2 函数 $z = -\sqrt{x^2 + y^2}$ 在点 $(0,0)$ 处的函数值为 0，而在点 $(0,0)$ 的任一去心邻域内的函数值都小于 0，因此函数 $z = -\sqrt{x^2 + y^2}$ 在点 $(0,0)$ 处取得极大值 0. 事实上，点 $(0,0,0)$ 就是位于 xOy 面下方的圆锥面的顶点，如图 8.12 所示.

例 3 函数 $z = xy$ 在点 $(0,0)$ 处既不取得极大值也不取得极小值，如图 8.13 所示. 因为在点 $(0,0)$ 处的函数值为 0，而在点 $(0,0)$ 的任一去心邻域内总有使函数值为正的点，也总有使函数值为负的点. 从几何上看（见图 8.13），函数 $z = xy$ 的图形是双曲抛物面，在原点的任一邻域内，曲面既有部分在 xOy 坐标面的上方，也有部分在 xOy 坐标面的下方.

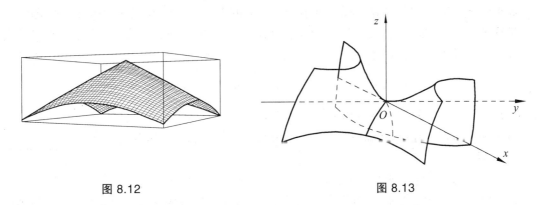

图 8.12   图 8.13

类似于一元函数情形，关于二元函数极值的判定与求法，我们有：

定理 8.1（极值的必要条件） 设函数 $z = f(x, y)$ 在点 (x_0, y_0) 具有偏导数，且在点 (x_0, y_0) 处有极值，则它在该点的偏导数必然为零，即

$$f_x(x_0, y_0) = 0, \quad f_y(x_0, y_0) = 0 \tag{1}$$

证明 不妨设 $z = f(x, y)$ 在点 (x_0, y_0) 处有极大值，则对于 (x_0, y_0) 的某邻域内任意 $(x, y) \neq (x_0, y_0)$ 都有

$$f(x, y) < f(x_0, y_0)$$

故当 $y = y_0$，$x \neq x_0$ 时，也有

$$f(x, y_0) < f(x_0, y_0)$$

这说明一元函数 $f(x, y_0)$ 在点 $x = x_0$ 处有极大值，因而必有

$$f_x(x_0, y_0) = 0$$

类似地可证 $f_y(x_0, y_0) = 0$．

推广 如果三元函数 $u = f(x, y, z)$ 在点 $P(x_0, y_0, z_0)$ 具有偏导数，则它在点 $P(x_0, y_0, z_0)$ 有极值的必要条件是

$$f_x(x_0, y_0, z_0) = 0, \quad f_y(x_0, y_0, z_0) = 0, \quad f_z(x_0, y_0, z_0) = 0$$

仿照一元函数，凡能使一阶偏导数同时为零的点，均称为函数的**驻点**．例如，函数 $z = 3x^2 + 4y^2$ 的驻点为 $(0,0)$．

定理 8.1 表明，在偏导数存在的条件下，函数的极值点一定是函数的驻点．但是，函数的驻点不一定是函数的极值点．例如，点 $(0,0)$ 是函数 $z = xy$ 的驻点，但不是极值点．因此，条件（1）只是函数在点 (x_0, y_0) 取得极值的必要条件，而不是充分条件．

应该指出偏导数不存在的点也可能成为极值点．例如，点 $(0,0)$ 是函数 $z = -\sqrt{x^2 + y^2}$ 的极值点，但该点不是函数的驻点．

由此可见，函数的可能极值点应是驻点或是偏导数不存在的点．

如果偏导数存在，那么如何判定一个驻点是否为极值点呢？下面的定理回答了这个问题．

定理 8.2（充分条件） 设函数 $z = f(x, y)$ 在点 (x_0, y_0) 的某邻域内连续，且有一阶及二阶连续偏导数，又 $f_x(x_0, y_0) = 0$，$f_y(x_0, y_0) = 0$，令

$$f_{xx}(x_0, y_0) = A, \quad f_{xy}(x_0, y_0) = B, \quad f_{yy}(x_0, y_0) = C$$

则 $f(x, y)$ 在点 (x_0, y_0) 处是否取得极值的条件如下：

（1） $AC - B^2 > 0$ 时具有极值：当 $A < 0$ 时有极大值，当 $A > 0$ 时有极小值；

（2） $AC - B^2 < 0$ 时没有极值；

（3） $AC - B^2 = 0$ 时可能有极值，也可能没有极值，还需另作讨论．

根据定理 8.1 与定理 8.2，对于具有二阶连续偏导数的二元函数 $z = f(x, y)$，求其极值的步骤叙述如下：

第一步，解方程组 $\begin{cases} f_x(x, y) = 0 \\ f_y(x, y) = 0 \end{cases}$，求出函数 $f(x, y)$ 的全部驻点；

第二步，对于每一个驻点 (x_0, y_0)，求出二阶偏导数的值 A, B, C；

第三步，定出 $AC - B^2$ 的符号，再根据定理 8.2 判定是否是极值．

例 4 求函数 $f(x, y) = 6y - x^2 - 2y^3$ 的极值．

解 解方程组

$$\begin{cases} f_x = -2x = 0 \\ f_y = 6 - 6y^2 = 0 \end{cases}$$

得驻点 $(0,1),(0,-1)$. 又因为

$$f_{xx}(x,y)=-2, \quad f_{xy}(x,y)=0, \quad f_{yy}(x,y)=-12y$$

故在点 $(0,1)$ 处，$A=-2$，$B=0$，$C=-12$，因为 $AC-B^2=2\times12>0$，$A<0$，所以函数在该点有极大值 $f(0,1)=4$;

在点 $(0,-1)$ 处，$A=-2$，$B=0$，$C=12$，因为 $AC-B^2=-2\times12<0$，所以 $f(0,-1)=-4$ 不是极值.

例5 求由方程 $x^2+y^2+z^2-2x+2y-4z-10=0$ 确定的函数 $z=f(x,y)$ 的极值.

解 将方程两边分别对 x,y 求偏导得

$$\begin{cases} 2x+2z\cdot z'_x-2-4z'_x=0 \\ 2y+2z\cdot z'_y+2-4z'_y=0 \end{cases}$$

由函数取极值的必要条件知，驻点为 $P(1,-1)$. 将上述方程组再分别对 x,y 求偏导数，得

$$A=z''_{xx}\mid_P=\frac{1}{2-z}, \quad B=z''_{xy}\mid_P=0, \quad C=z''_{yy}\mid_P=\frac{1}{2-z}$$

故 $AC-B^2=\frac{1}{(2-z)^2}>0\ (z\ne2)$ ，所以函数在点 P 有极值.

将 $P(1,-1)$ 代入原方程，有 $z_1=-2$，$z_2=6$. 当 $z_1=-2$ 时，$A=\frac{1}{4}>0$ ，所以 $z=f(1,-1)=-2$ 为极小值；当 $z_2=6$ 时，$A=-\frac{1}{4}<0$ ，所以 $z=f(1,-1)=6$ 为极大值.

该曲面方程是一个以 $(1,-1,2)$ 为球心、4 为半径的球面.

二、多元函数的最值

与一元函数相类似，我们可以利用函数的极值来求函数的最大值和最小值.

求最值的一般方法：将函数在闭区域 D 内的所有驻点处的函数值及在 D 的边界上的最大值和最小值相互比较，其中最大者即为最大值，最小者即为最小值.

例6 求二元函数 $z=f(x,y)=x^2y(4-x-y)$ 在直线 $x+y=6$ ，x 轴和 y 轴所围成的闭区域 D 上的最大值与最小值.

解 先求函数在 D 内的驻点（见图 8.14）.

解方程组

$$\begin{cases} f'_x(x,y)=2xy(4-x-y)-x^2y=0 \\ f'_y(x,y)=x^2(4-x-y)-x^2y=0 \end{cases}$$

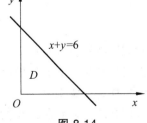

图 8.14

得区域 D 内唯一驻点 $(2,1)$ ，且 $f(2,1)=4$.

再求 $f(x,y)$ 在 D 边界上的最值.

在边界 $x=0$ 和 $y=0$ 上，$f(x,y)=0$;

在边界 $x+y=6$ ，即 $y=6-x$ 上时

$$f(x, y) = x^2(6 - x)(-2)$$

由 $f'_x = 4x(x - 6) + 2x^2 = 0$ 得 $x_1 = 0$，$x_2 = 4$，所以 $y = 6 - x|_{x=4} = 2$。所以 $f(4, 2) = -64$。

比较后可知 $f(2, 1) = 4$ 为最大值，$f(4, 2) = -64$ 为最小值。

例 7 求 $z = \dfrac{x + y}{x^2 + y^2 + 1}$ 的最大值和最小值。

解 由

$$z_x = \frac{(x^2 + y^2 + 1) - 2x(x + y)}{(x^2 + y^2 + 1)^2} = 0, \qquad z_y = \frac{(x^2 + y^2 + 1) - 2y(x + y)}{(x^2 + y^2 + 1)^2} = 0$$

得驻点 $\left(\dfrac{1}{\sqrt{2}}, \dfrac{1}{\sqrt{2}} \right)$ 和 $\left(-\dfrac{1}{\sqrt{2}}, -\dfrac{1}{\sqrt{2}} \right)$。

因为 $\lim\limits_{\substack{x \to \infty \\ y \to \infty}} \dfrac{x + y}{x^2 + y^2 + 1} = 0$，即边界上的值为零，所以

$$z\left(\frac{1}{\sqrt{2}}, \frac{1}{\sqrt{2}} \right) = \frac{1}{\sqrt{2}}, \qquad z\left(-\frac{1}{\sqrt{2}}, -\frac{1}{\sqrt{2}} \right) = -\frac{1}{\sqrt{2}}$$

因此最大值为 $\dfrac{1}{\sqrt{2}}$，最小值为 $-\dfrac{1}{\sqrt{2}}$。

三、条件极值 拉格朗日乘数法

上面在讨论函数极值问题时，函数的自变量只要求在定义域内取值，此外再无其他限制，这种极值称为**无条件极值**。但在某些实际问题中，求函数的极值会遇到对函数的自变量还需要附加约束条件。对自变量附加有约束条件的极值称为**条件极值**。

下面讨论目标函数 $z = f(x, y)$ 在约束条件 $\varphi(x, y) = 0$ 下求极值的方法。

在某些时候，条件极值可化为无条件极值来求解。即只要从约束条件 $\varphi(x, y) = 0$ 中解出 $x = x(y)$ 或 $y = y(x)$，并将它代入目标函数 $z = f(x, y)$ 即可变为一元函数

$$z = f(x, y(x)) \quad \text{或} \quad z = f(x(y), y)$$

此时问题就转化为求相应一元函数的极值问题，亦即无条件极值问题。但在很多情况下，将条件极值转化为无条件极值并不简单。下面我们介绍一种直接求条件极值的方法，这种方法称为**拉格朗日乘数法**。

拉格朗日乘数法：要找函数 $z = f(x, y)$ 在条件 $\varphi(x, y) = 0$ 下的可能极值点，先构造函数

$$L(x, y, \lambda) = f(x, y) + \lambda \varphi(x, y)$$

其中 λ 为某一常数，再由

$$\begin{cases} L_x = f_x(x,y) + \lambda\varphi_x(x,y) = 0 \\ L_y = f_y(x,y) + \lambda\varphi_y(x,y) = 0 \\ L_\lambda = \varphi(x,y) = 0 \end{cases}$$

解出 x, y, λ ，其中 x, y 就是可能的极值点的坐标.

拉格朗日乘数法可推广到自变量多于两个的情况：要找函数 $u = f(x,y,z)$ 在条件

$$\varphi(x,y,z) = 0, \quad \phi(x,y,z) = 0$$

下的极值，先构造函数

$$L(x,y,z) = f(x,y,z) + \lambda_1\varphi(x,y,z) + \lambda_2\phi(x,y,z)$$

其中 λ_1, λ_2 均为常数，可由偏导数为零及条件解出 x, y, z ，即得极值点的坐标.

例 8 将正数 12 分成三个正数 x, y, z 之和，使得 $u = x^3 y^2 z$ 为最大.

解 令 $L(x,y,z) = x^3 y^2 z + \lambda(x+y+z-12)$ ，则

$$\begin{cases} L_x = 3x^2 y^2 z + \lambda = 0 \\ L_y = 2x^3 yz + \lambda = 0 \\ L_z = x^3 y^2 + \lambda = 0 \\ x + y + z = 12 \end{cases}$$

解得唯一驻点 $(6,4,2)$. 故最大值为 $u_{\max} = 6^3 \times 4^2 \times 2 = 6\,912$.

例 9 在第一卦限内作椭球面 $\dfrac{x^2}{a^2} + \dfrac{y^2}{b^2} + \dfrac{z^2}{c^2} = 1$ 的切平面，使切平面与三个坐标面所围成的四面体体积最小，求切点坐标.

解 设 $P(x_0, y_0, z_0)$ 为椭球面上一点，令 $F(x,y,z) = \dfrac{x^2}{a^2} + \dfrac{y^2}{b^2} + \dfrac{z^2}{c^2} - 1$ ，则

$$F_x\big|_P = \frac{2x_0}{a^2}, \quad F_y\big|_P = \frac{2y_0}{b^2}, \quad F_z\big|_P = \frac{2z_0}{c^2}$$

过点 $P(x_0, y_0, z_0)$ 的切平面方程为

$$\frac{x_0}{a^2}(x - x_0) + \frac{y_0}{b^2}(y - y_0) + \frac{z_0}{c^2}(z - z_0) = 0$$

化简为

$$\frac{x \cdot x_0}{a^2} + \frac{y \cdot y_0}{b^2} + \frac{z \cdot z_0}{c^2} = 1$$

该切平面在三个轴上的截距分别为 $x = \dfrac{a^2}{x_0}$ ，$y = \dfrac{b^2}{y_0}$ ，$z = \dfrac{c^2}{z_0}$ ，则所围四面体的体积为

$$V = \frac{1}{6}xyz = \frac{a^2 b^2 c^2}{6 x_0 y_0 z_0}$$

下面在条件 $\dfrac{x_0^2}{a^2}+\dfrac{y_0^2}{b^2}+\dfrac{z_0^2}{c^2}=1$ 下求 V 的最小值. 令 $u=\ln x_0+\ln y_0+\ln z_0$，则

$$L(x_0,y_0,z_0,\lambda)=\ln x_0+\ln y_0+\ln z_0+\lambda\left(\dfrac{x_0^2}{a^2}+\dfrac{y_0^2}{b^2}+\dfrac{z_0^2}{c^2}-1\right)$$

由

$$\begin{cases} L_{x_0}=0, \quad L_{y_0}=0, \quad L_{z_0}=0 \\ \dfrac{x_0^2}{a^2}+\dfrac{y_0^2}{b^2}+\dfrac{y_0^2}{c^2}-1=0 \end{cases}$$

即

$$\begin{cases} \dfrac{1}{x_0}+\dfrac{2\lambda x_0}{a^2}=0 \\ \dfrac{1}{y_0}+\dfrac{2\lambda y_0}{b^2}=0 \\ \dfrac{1}{z_0}+\dfrac{2\lambda z_0}{c^2}=0 \\ \dfrac{x_0^2}{a^2}+\dfrac{y_0^2}{b^2}+\dfrac{z_0^2}{c^2}-1=0 \end{cases}$$

可得 $x_0=\dfrac{a}{\sqrt{3}}$，$y_0=\dfrac{b}{\sqrt{3}}$，$z_0=\dfrac{c}{\sqrt{3}}$. 因此当切点坐标为 $\left(\dfrac{a}{\sqrt{3}},\dfrac{b}{\sqrt{3}},\dfrac{c}{\sqrt{3}}\right)$ 时，四面体的体积最小，即

$$V_{\min}=\dfrac{\sqrt{3}}{2}abc.$$

 习题 8.8

1. 求函数 $z=x^3+y^3-3xy$ 的驻点.

2. 求函数 $f(x,y)=3x^2y+y^3-3x^2-3y^2+2$ 的极值和极值点.

3. 求函数 $z=x^2-xy+y^2-2x+y$ 的极值.

4. 求函数 $z=y^3-x^2+6x+3-12y$ 的极值.

5. 求函数 $z=(6x-x^2)(4y-y^2)$ 的极值.

6. 求函数 $f(x,y)=\mathrm{e}^{-xy}$ 在闭区域 $\{(x,y)\,|\,x^2+4y^2\leqslant1\}$ 上的最值.

7. 在半径为 r 的球内截一长方体，问长、宽、高各为多少时，其体积最大？

8. 用拉格朗日乘数法求下列条件极值的可能极值点：

（1）目标函数 $z=xy$，约束条件 $2x+y=4$；

（2）目标函数 $u=x^2+y^2+z^2$，约束条件 $z=x^2+y^2$，$x+y+z=1$.

第九节　多元函数在经济学上的应用

一、拉格朗日乘数与影子价格

在进行某项生产活动的过程中，若投入的生产要素为 $x_1, x_2, \cdots, x_n$，产量为 $u = f(x_1, x_2, \cdots, x_n)$，则在资源总量为 a，即满足 $\varphi(x_1, x_2, \cdots, x_n) = a$ 的限制下，要求最大的产量，可以运用条件极值的方法，通过构造拉格朗日函数

$$F(x_1, x_2, \cdots, x_n, \lambda) = f(x_1, x_2, \cdots, x_n) + \lambda[\varphi(x_1, x_2, \cdots, x_n) - a]$$

来求解.这里的资源总量 a 是一个常量.

可以转换角度来思考另一个问题：若资源总量 a 是一个变量,那么 a 的变化将会对产量 $u = f(x_1, x_2, \cdots, x_n)$ 产生什么样的影响呢？

为讨论简单起见，不妨设产量为二元函数 $u = f(x, y)$，其中 x, y 为两个生产要素,约束条件为 $\varphi(x, y) = a$（这里的 a 是一个参变量），则求最大产出的拉格朗日函数为

$$F(x, y, \lambda) = f(x, y) + \lambda[\varphi(x, y) - a]$$

产量最大化的必要条件为

$$\begin{cases} F_x' = f_x'(x, y) - \lambda\varphi_x'(x, y) = 0 \\ F_y' = f_y'(x, y) - \lambda\varphi_y'(x, y) = 0 \\ F_\lambda' = \varphi(x, y) - a = 0 \end{cases}$$

假设该问题存在最优解 $x_0 = x_0(a), y_0 = y_0(a), \lambda_0 = \lambda_0(a)$，它们均为 a 的函数，且满足

$$\begin{cases} f_x'(x_0, y_0) = \lambda_0\varphi_x'(x_0, y_0) \\ f_y'(x_0, y_0) = \lambda_0\varphi_y'(x_0, y_0) \\ \varphi(x_0, y_0) = a \end{cases}$$

则最优值 $u_0 = f(x_0, y_0)$ 显然也是 a 的函数，于是,要讨论 a 的变化对 u_0 的影响，只需要求 u_0 相对于 a 的边际函数

$$\frac{\mathrm{d}u_0}{\mathrm{d}a} = f_x'(x_0, y_0)\frac{\mathrm{d}x_0}{\mathrm{d}a} + f_y'(x_0, y_0)\frac{\mathrm{d}y_0}{\mathrm{d}a}$$

$$= \lambda_0\varphi_x'(x_0, y_0)\frac{\mathrm{d}x_0}{\mathrm{d}a} + \lambda_0\varphi_y'(x_0, y_0)\frac{\mathrm{d}y_0}{\mathrm{d}a}$$

$$= \lambda_0\left[\varphi_x'(x_0, y_0)\frac{\mathrm{d}x_0}{\mathrm{d}a} + \varphi_y'(x_0, y_0)\frac{\mathrm{d}y_0}{\mathrm{d}a}\right]$$

注意到对恒等式 $\varphi(x_0, y_0) = a$ 两边关于 a 求导，可得

$$\varphi_x'(x_0, y_0)\frac{\mathrm{d}x_0}{\mathrm{d}a} + \varphi_y'(x_0, y_0)\frac{\mathrm{d}y_0}{\mathrm{d}a} = 1$$

代入上，即得

$$\frac{\mathrm{d}u_0}{\mathrm{d}a} = \lambda_0$$

这个结果表明，产量最大化时的拉格朗日乘数 λ_0，正是资源总量 a 对最优目标函数值的边际贡献。即若这时资源总量 a 再增加一个单位，产量将随之增加 λ_0 个单位。换句话说，此时的资源投入若再增加一个单位，将能够带来 λ_0 个单位的追加效益。不难看出，拉格朗日乘数是有着非常明确的经济意义的。在经济学上，把 λ_0 称为产量最大化时资源的影子价格。

影子价格又称会计价格、最优计划价格。假设某种资源的市场价格为 p，若将一个单位的这种资源投入到某项生产活动中可以产生 P 单位的效益，则数量 P 就反映了这种资源在该项生产活动中的"价值"。在经济学上，就把数量 P 称为这种资源在该项生产活动中的影子价格。显然，影子价格不同于市场价格，且对于同一种资源来说，在不同的企业、不同的时期，其影子价格也是不同的。

从影子价格的经济学意义可以看出，影子价格实际上是资源投入某项生产活动的潜在达标效益，它反映了产品的供求状况和资源的稀缺程度。而且资源的数量、产品的价格都影响影子价格的大小，一般来说，资源越丰富，其影子价格就越低，反之亦然。正因为如此，企业的管理者在进行科学决策的时候，影子价格是必须要参考的主要依据之一。

二、税收问题

某城市受地理限制呈直角三角形分布，斜边临一条河。由于交通关系，城市发展不太均衡，这一点可从税收状况反映出来。若以两直角边为坐标轴建立直角坐标系，则位于 x 轴和 y 轴的城市长度各为 16 km 和 12 km（见图 8.15），且税收情况与地理位置的关系大体为

$$T(x, y) = 20x + 10y \quad（万元/km^2）$$

求该市总的税收收入。

由题意该城市分布阴影部分所示，其中积分区域 D 由 x 轴、y 轴及直线 $\frac{x}{16} + \frac{y}{12} = 1$ 围成，可表示为

$$D = \left\{ (x, y) \mid 0 \leqslant y \leqslant 12 - \frac{3x}{4}, 0 \leqslant x \leqslant 16 \right\}$$

于是所求总税收收入为

$$L = \iint_D T(x, y)\mathrm{d}\sigma = \int_0^{16} \mathrm{d}x \int_0^{12 - \frac{3x}{4}} (20x + 10y)\mathrm{d}y$$

$$= \int_0^{16} \left(720 + 150x - \frac{195x^2}{16} \right)\mathrm{d}x = 14\ 080$$

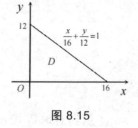

图 8.15

故该市总的税收收入为 14 080 万元。

1. 设某工厂生产甲、乙两种产品，产量分别为 Q_1 和 Q_2（单位：千件），利润函数为

$$L(Q_1, Q_2) = 6Q_1 - Q_1^2 + 16Q_2 - 4Q_2^2 - 2 \text{（单位：万元）}$$

已知生产这两种产品时，每千件产品均需要消耗某种原料 $2000kg$，现有该原料 $12000kg$，问两种产品各生产多少千件时，总利润最大？最大利润为多少？

2. 某养殖场饲养两种鱼，若甲种放养 x（单位：万尾），乙种鱼放养 y（单位：万尾），收获时两种鱼的收获量分别为

$$(2 - \alpha x - \beta y)x \text{ 和 } (4 - \beta x - 2\alpha y)y，\quad \alpha > \beta > 0$$

求使产鱼量最大时，甲、乙两种鱼的放养数.

3. 某地区生产出口服装和家用电器，由以往的经验得知，欲使这两类产品的产量分别增加 Q_1 单位和 Q_2 单位，需要分别增加 $\sqrt{Q_1}$ 和 $\sqrt{Q_2}$ 单位的投资，这时出口的销售总收入将增加 $R = 3Q_1 + 4Q_2$ 单位. 现该地区用 K 单位的资金投给服装工业和家用电器工业，问如何分配这 K 单位资金，才能使出口总收入增加最大？最大增量为多少？

4. 设生产某种产品必须投入两种要素，x_1 和 x_2 分别为两种要素的投入量，Q 为产出量；若产量函数为 $Q = 2x_1^{\alpha} x_2^{\beta}$，其中 α, β 为正常数，且 $\alpha + \beta = 1$. 假设两种要素的价格分别为 p_1 和 p_2，求当产出量为 12 时，两要素各投入多少可以使得投入总费用最小？

复习题八

一、选择题.

1. 二元函数 $z = \sqrt{\ln \dfrac{4}{x^2 + y^2}} + \arcsin \dfrac{1}{x^2 + y^2}$ 的定义域是（　　　）.

（A）$1 \leqslant x^2 + y^2 \leqslant 4$　　　　（B）$1 < x^2 + y^2 \leqslant 4$

（C）$1 \leqslant x^2 + y^2 < 4$　　　　（D）$1 < x^2 + y^2 < 4$

2. 设 $f\left(xy, \dfrac{x}{y}\right) = (x + y)^2$，则 $f(x, y) = $（　　　）.

（A）$x^2\left(y + \dfrac{1}{y}\right)^2$　　　　（B）$\dfrac{x}{y}(1 + y)^2$

（C）$y^2\left(x + \dfrac{1}{x}\right)^2$　　　　（D）$\dfrac{y}{x}(1 + y)^2$

3. $\lim\limits_{\substack{x \to 0 \\ y \to 0}} (x^2 + y^2)^{x^2 y^2} = $（　　　）.

（A）0　　　（B）1　　　（C）2　　　（D）e

4. 函数 $f(x,y)$ 在点 (x_0,y_0) 处连续，且两个偏导数 $f_x(x_0,y_0),f_y(x_0,y_0)$ 存在是 $f(x,y)$ 在该点可微的（　　　）.

（A）充分条件，但不是必要条件　　（B）必要条件，但不是充分条件

（C）充分必要条件　　　　　　　　（D）既不是充分条件，也不是必要条件

5. 设 $f(x,y)=\begin{cases}(x^2+y^2)\sin\dfrac{1}{x^2+y^2}, & x^2+y^2\neq0\\[2mm] 0, & x^2+y^2=0\end{cases}$，则在原点 $(0,0)$ 处 $f(x,y)$（　　　）.

（A）偏导数不存在　　　　　　　　（B）不可微

（C）偏导数存在且连续　　　　　　（D）可微

6. 设 $z=f(x,v),v=v(x,y)$，其中 f,v 具有二阶连续偏导数，则 $\dfrac{\partial^2 z}{\partial y^2}=$（　　　）.

（A）$\dfrac{\partial^2 f}{\partial v\partial y}\cdot\dfrac{\partial v}{\partial y}+\dfrac{\partial f}{\partial v}\cdot\dfrac{\partial^2 v}{\partial y^2}$　　　　　　（B）$\dfrac{\partial f}{\partial v}\cdot\dfrac{\partial^2 v}{\partial y^2}$

（C）$\dfrac{\partial^2 f}{\partial v^2}\left(\dfrac{\partial v}{\partial y}\right)^2+\dfrac{\partial f}{\partial v}\cdot\dfrac{\partial^2 v}{\partial y^2}$　　　　（D）$\dfrac{\partial^2 f}{\partial v^2}\cdot\dfrac{\partial v}{\partial y}+\dfrac{\partial f}{\partial v}\cdot\dfrac{\partial^2 v}{\partial y^2}$

7. 曲面 $xyz=a^3(a>0)$ 的切平面与三个坐标面所围成的四面体的体积 $V=$（　　　）.

（A）$\dfrac{3}{2}a^3$　　　　（B）$3a^3$　　　　（C）$\dfrac{9}{2}a^3$　　　　（D）$6a^3$

8. 二元函数 $z=3(x+y)-x^3-y^3$ 的极值点是（　　　）.

（A）$(1,2)$　　　　（B）$(1,-2)$　　　　（C）$(-1,2)$　　　　（D）$(-1,-1)$

9. 函数 $u=\sin x\sin y\sin z$ 满足 $x+y+z=\dfrac{\pi}{2}(x>0,y>0,z>0)$ 的条件极值是（　　　）.

（A）1　　　　（B）0　　　　（C）$\dfrac{1}{6}$　　　　（D）$\dfrac{1}{8}$

10. 设函数 $u=u(x,y),v=v(x,y)$ 在点 (x,y) 的某邻域内可微分，那么在点 (x,y) 处有 $\mathbf{grad}(uv)=$（　　　）.

（A）$\mathbf{grad}u\cdot\mathbf{grad}v$　　　　　　（B）$u\cdot\mathbf{grad}v+v\cdot\mathbf{grad}u$

（C）$u\cdot\mathbf{grad}v$　　　　　　　　　　（D）$v\cdot\mathbf{grad}u$

二、讨论函数 $z=\dfrac{x+y}{x^3+y^3}$ 的连续性，并指出其间断点的类型.

三、求下列函数的一阶偏导数.

1. $z=x^{\ln y}$；

2. $u=f(x,xy,xyz),z=\phi(x,y)$；

3. $f(x,y)=\begin{cases}\dfrac{x^2 y}{x^2+y^2}, & x^2+y^2\neq0\\[2mm] 0, & x^2+y^2=0\end{cases}$.

四、设 $u=f(x,z)$，而 $z(x,y)$ 是由方程 $z=x+y\phi(z)$ 所确定的函数，求 $\mathrm{d}u$.

五、设 $z = (u, x, y), u = xe^y$，其中 f 具有连续的二阶偏导数，求 $\dfrac{\partial^2 z}{\partial x \partial y}$.

六、设 $x = e^u \cos v, y = e^u \sin v, z = uv$，试求 $\dfrac{\partial z}{\partial x}$ 和 $\dfrac{\partial z}{\partial y}$.

七、设 x 轴正向到方向 l 的转角为 ϕ，求函数 $f(x, y) = x^2 - xy + y^2$ 在点 $(1,1)$ 沿方向 l 的方向导数，并分别确定转角 ϕ，使该导数有：（1）最大值；（2）最小值；（3）等于零．

八、求平面 $\dfrac{x}{3} + \dfrac{y}{4} + \dfrac{z}{5} = 1$ 和柱面 $x^2 + y^2 = 1$ 的交线上与 xOy 平面距离最短的点.

九、在第一卦限内作椭球面 $\dfrac{x^2}{a^2} + \dfrac{y^2}{b^2} + \dfrac{z^2}{c^2} = 1$ 的切平面，使该切平面与三坐标面所围成四面体的体积最小，求这切平面的切点，并求此最小体积.

第九章

重积分

在一元积分学中，定积分定义为某种确定形式（函数值与小区间长度之积）的和的极限，这种和的极限自然可以推广到定义在平面区域、空间区域、曲线及曲面上多元函数的情形，这就引出了重积分、曲线积分及曲面积分的概念. 本章讨论二重积分与三重积分的概念、性质、计算方法及其应用.

第一节　二重积分的概念与性质

一、二重积分的概念

1. 曲顶柱体的体积

所谓曲顶柱体，是指这样一类柱体，它的底是 xOy 面上的有界闭区域 D，它的侧面是以 D 的边界曲线为准线而母线平行于 z 轴的柱面，它的顶是曲面 $z = f(x,y)$，这里 $f(x,y) \geqslant 0$ 且在 D 上连续（见图 9.1）. 现在我们来计算曲顶柱体的体积.

我们知道，高不变的平顶柱体的体积为

体积 = 高 × 底面积

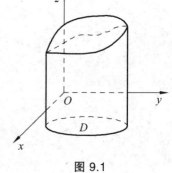

图 9.1

但对曲顶柱体，当点 (x,y) 在闭区域 D 上变动时，高 $f(x,y)$ 是个变量，所以其体积不能用平顶柱体的体积来计算. 联想到曲边梯形的面积问题，而曲顶柱体又类似于曲边梯形，顶部曲面也与曲边梯形的曲边特点相同，因此可以想到可以用同样的方法来解决这类问题.

第一步，分割. 用任意曲线网把闭区域 D 分割成 n 个小区域

$$\Delta\sigma_1, \quad \Delta\sigma_2, \quad \cdots, \quad \Delta\sigma_n$$

分别以这些小闭区域的边界曲线为准线，作母线平行于 z 轴的柱面，这些柱面把原来的曲顶柱体分为 n 个小曲顶柱体.

第二步，取近似. 由于 $f(x,y)$ 连续，因此对同一个小闭区域来说，$f(x,y)$ 变化很小. 在

每个小闭区域（其面积记作 $\Delta\sigma_i$）上任取一点 (ξ_i,η_i)，这时小曲顶柱体可近似看作以 $f(\xi_i,\eta_i)$ 为高而底为 $\Delta\sigma_i$ 的平顶柱体（见图 9.2）．其体积 ΔV_i 的近似值为

$$\Delta V_i \approx f(\xi_i,\eta_i)\Delta\sigma_i \quad (i=1,2,\cdots,n)$$

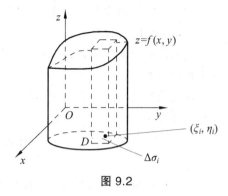

图 9.2

第三步，求和．这 n 个小平顶柱体体积之和可以认为是整个曲顶柱体体积的近似值，即

$$V = \sum_{i=1}^{n}\Delta V_i \approx \sum_{i=1}^{n}f(\xi_i,\eta_i)\Delta\sigma_i$$

第四步，取极限．当对闭区域 D 的分割无限变细，即当各个小闭区域的直径（小区域中任意两点间的最大距离）中的最大值 λ 趋于零时，前述和式的极限就是所求曲顶柱体的体积，即

$$V = \lim_{\lambda\to 0}\sum_{i=1}^{n}f(\xi_i,\eta_i)\Delta\sigma_i$$

2. 求平面薄片的质量

设有一平面薄片，占有 xOy 面上的闭区域 D，在点 (x,y) 处的面密度为 $\rho(x,y)$，假定 $\rho(x,y)$ 在 D 上连续，平面薄片的质量为多少？

将薄片分割成若干小块，取典型小块，将其近似看作均匀薄片，所有小块质量之和近似等于薄片总质量（见图 9.3），即

$$M = \lim_{\lambda\to 0}\sum_{i=1}^{n}\rho(\xi_i,\eta_i)\Delta\sigma_i$$

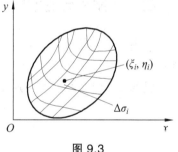

图 9.3

3. 二重积分的概念

定义 1.1　设 $f(x,y)$ 是有界闭区域 D 上的有界函数，将闭区域 D 任意分成 n 个小闭区域 $\Delta\sigma_1,\Delta\sigma_2,\cdots,\Delta\sigma_n$，其中 $\Delta\sigma_i$ 表示第 i 个小闭区域，也表示它的面积，在每个 $\Delta\sigma_i$ 上任取一点 (ξ_i,η_i)，作乘积 $f(\xi_i,\eta_i)\Delta\sigma_i$ $(i=1,2,\cdots,n)$，并作和 $\sum_{i=1}^{n}f(\xi_i,\eta_i)\Delta\sigma_i$，如果各小闭区域的直径中的最大值 λ 趋近于零时，这和式的极限存在，则称此极限为函数 $f(x,y)$ 在闭区域 D 上的二重积分，记为 $\iint\limits_{D}f(x,y)\mathrm{d}\sigma$，即

$$\iint\limits_{D}f(x,y)\mathrm{d}\sigma = \lim_{\lambda\to 0}\sum_{i=1}^{n}f(\xi_i,\eta_i)\Delta\sigma_i \tag{1}$$

其中 $f(x,y)$ 称为**被积函数**，$f(x,y)\mathrm{d}\sigma$ 称为**被积表达式**，$\mathrm{d}\sigma$ 称为**面积微元**，x,y 称为**积分变量**，D 称为**积分区域**，$\sum_{i=1}^{n}f(\xi_i,\eta_i)\Delta\sigma_i$ 称为**积分和**．

对二重积分定义的**说明**：

（1）在二重积分的定义中，对闭区域的划分是任意的.

（2）当 $f(x,y)$ 在闭区域上连续时，定义中和式的极限必存在，即二重积分必存在.

二重积分的几何意义：

当被积函数大于零时，二重积分是柱体的体积. 当被积函数小于零时，二重积分是柱体的体积的负值.

在直角坐标系下用平行于坐标轴的直线网来划分区域 D，则面积元素 $d\sigma$ 为 $dxdy$，故二重积分可写为

$$\iint\limits_{D} f(x,y)d\sigma = \iint\limits_{D} f(x,y)dxdy$$

由二重积分的定义可知，曲顶柱体的体积是函数 $f(x,y)$ 在底 D 上的二重积分

$$V = \iint\limits_{D} f(x,y)d\sigma$$

平面薄片的质量是它的面密度 $\rho(x,y)$ 在薄片所占闭区域 D 上的二重积分

$$M = \iint\limits_{D} \rho(x,y)d\sigma$$

二、二重积分的性质

假设以下所出现的被积函数都是可积的，由二重积分的定义可知，它与定积分有类似的性质.

性质 1 设 k 为常数，则

$$\iint\limits_{D} kf(x,y)d\sigma = k\iint\limits_{D} f(x,y)d\sigma$$

性质 2 函数和（或差）的二重积分等于各个函数二重积分的和（或差），即

$$\iint\limits_{D}[f(x,y)\pm g(x,y)]d\sigma = \iint\limits_{D} f(x,y)d\sigma \pm \iint\limits_{D} g(x,y)d\sigma$$

性质 3（积分区域可加性） 如果闭区域 D 被有限条曲线分为有限个部分闭区域，则在 D 上的二重积分等于在各部分闭区域上的二重积分的和.

例如，D 分为两个闭区域 D_1 与 D_2 时有

$$\iint\limits_{D} f(x,y)d\sigma = \iint\limits_{D_1} f(x,y)d\sigma + \iint\limits_{D_2} f(x,y)d\sigma$$

此性质表明二重积分对于积分区域具有可加性.

性质 4 如果在 D 上，$f(x,y)=1$，σ 为 D 的面积，则

$$\sigma = \iint\limits_{D} 1 \cdot d\sigma = \iint\limits_{D} d\sigma$$

此性质的几何意义：高为 1 的平顶柱体的体积在数值上等于柱体的底面面积.

性质 5　如果在 D 上，$f(x,y) \leqslant \varphi(x,y)$，则有不等式

$$\iint_D f(x,y)\mathrm{d}\sigma \leqslant \iint_D \varphi(x,y)\mathrm{d}\sigma$$

特殊地，由于

$$-\left|f(x,y)\right| \leqslant f(x,y) \leqslant \left|f(x,y)\right|$$

因此，有不等式

$$\left|\iint_D f(x,y)\mathrm{d}\sigma\right| \leqslant \iint_D \left|f(x,y)\right|\mathrm{d}\sigma$$

性质 6　设 M,m 分别是 $f(x,y)$ 在闭区域 D 上的最大值和最小值，σ 是 D 的面积，则有

$$m\sigma \leqslant \iint_D f(x,y)\mathrm{d}\sigma \leqslant M\sigma$$

应用上述不等式可以对二重积分估值. 因为 $m \leqslant f(x,y) \leqslant M$，所以由性质 5 有

$$\iint_D m\mathrm{d}\sigma \leqslant \iint_D f(x,y)\mathrm{d}\sigma \leqslant \iint_D M\mathrm{d}\sigma$$

再应用性质 1 和性质 4，便是此估值不等式.

性质 7（二重积分中值定理）　设函数 $f(x,y)$ 在闭区域 D 上连续，σ 是 D 的面积，则在 D 上至少存在一点 (ξ,η)，使得下式成立：

$$\iint_D f(x,y)\mathrm{d}\sigma = f(\xi,\eta)\cdot\sigma$$

证明　因 $f(x,y)$ 在闭区域 D 上连续，故 $f(x,y)$ 必取得最小值 m 和最大值 M. 显然 $\sigma \neq 0$，所以把性质 6 中不等式各除以 σ，有

$$m \leqslant \frac{1}{\sigma}\iint_D f(x,y)\mathrm{d}\sigma \leqslant M$$

这表明，$\dfrac{1}{\sigma}\iint_D f(x,y)\mathrm{d}\sigma$ 是介于函数 $f(x,y)$ 的最大值 M 和最小值 m 之间的确定的数值. 根据闭区域上连续函数的介值定理，在 D 上至少存在一点 (ξ,η)，使得函数在该点的值与这个确定的数值相等，即

$$\frac{1}{\sigma}\iint_D f(x,y)\mathrm{d}\sigma = f(\xi,\eta)$$

上式两端各乘以 σ，就得所要证明的公式.

这性质表明，当曲顶的竖坐标连续变化时，曲顶柱体的体积等于以某一竖坐标为高的同底平顶柱体的体积.　$f(\xi,\eta)$ 称为连续函数 $f(x,y)$ 在 D 上的平均值.

例 1 估计二重积分 $\iint\limits_{D}(x+y)\mathrm{d}\sigma$ 的值，其中 D 是以 $A(1,0)$，$B(1,1)$，$C(2,0)$ 为顶点的三角形闭区域.

解 因为对任意点 $(x,y)\in D$，有 $1\leqslant x+y\leqslant 2$，且 D 的面积 $\sigma=\dfrac{1}{2}$，所以

$$\frac{1}{2}\leqslant\iint\limits_{D}(x+y)\mathrm{d}\sigma\leqslant 1$$

 习题 9.1

1. 设 xOy 平面上的一块平面薄片 D，薄片上分布有密度为 $u(x,y)$ 的电荷，且 $u(x,y)$ 在 D 上连续，请给出薄片上电荷 Q 的二重积分表达式.

2. 由平面 $\dfrac{x}{2}+\dfrac{4y}{3}+z=1$，$x=0$，$y=0$，$z=0$ 围成的四面体的体积为 V，试用二重积分表示 V.

3. 由二重积分的几何意义计算 $\iint\limits_{D}\sqrt{R^2-x^2-y^2}\mathrm{d}\sigma$，$D:x^2+y^2\leqslant R^2$.

4. 用估值不等式估计下列二重积分的值.

（1）$\iint\limits_{x^2+y^2\leqslant 1}(x^2+4y^2+1)\mathrm{d}x\mathrm{d}y$；

（2）$\iint\limits_{\substack{0\leqslant x\leqslant 1\\0\leqslant y\leqslant 1}}xy(x^2+y^2)\mathrm{d}\sigma$；

（3）估计积分 $\iint\limits_{D}(x^2+2y^2-x^2y^2)\mathrm{d}\sigma$ 的值，其中 D 为半圆区域 $x^2+y^2\leqslant 4$，$y\geqslant 0$.

5. $D=\{(x,y)\mid 4\leqslant x^2+y^2\leqslant 16\}$，求 $\iint\limits_{D}2\mathrm{d}\sigma$.

6. 根据二重积分的性质，比较每小题中两个积分的大小：

（1）$I_1=\iint\limits_{D}\ln(x+y)\mathrm{d}\sigma$ 与 $I_2=\iint\limits_{D}[\ln(x+y)]^2\mathrm{d}\sigma$，其中 D 是三角形区域，三顶点为 $(1,0)$，$(1,1)$，$(2,0)$；

（2）$I_1=\iint\limits_{D}(x+y+1)^2\mathrm{d}\sigma$ 与 $I_2=\iint\limits_{D}(x+y+1)^3\mathrm{d}\sigma$，其中 D 是由 x 轴与直线 $x+y=0,x=-1$ 围成的区域.

7. 设 $D_1=\{(x,y)\mid 0\leqslant x\leqslant 1,0\leqslant y\leqslant 1-x\}$，$D_2=\{(x,y)\mid(x-2)^2+(y-1)^2\leqslant 2\}$，$I_1=\iint\limits_{D_1}(x+y)^2\mathrm{d}\sigma$，$I_2=\iint\limits_{D_1}(x+y)^3\mathrm{d}\sigma$，$I_3=\iint\limits_{D_2}(x+y)^2\mathrm{d}\sigma$，$I_4=\iint\limits_{D_2}(x+y)^3\mathrm{d}\sigma$，试按从大到小的顺序排列出 I_1,I_2,I_3,I_4.

第二节 二重积分的计算法

按定义计算二重积分，一般都很复杂，只是对少数特别简单的被积函数和积分区域才能奏效. 因此本节讨论二重积分的计算方法，其基本思想是把二重积分化为两次积分来计算.

一、利用直角坐标计算二重积分

根据重积分的几何意义：当 $f(x,y)$ 在有界闭区域 D 上连续且 $f(x,y) \geqslant 0$ 时，二重积分 $\iint\limits_D (x,y)\mathrm{d}\sigma$ 的值就是以 D 为底、曲面 $z = f(x,y)$ 为顶的曲顶柱体的体积，即

$$V = \iint\limits_D (x,y)\mathrm{d}\sigma$$

我们来阐明怎样把二重积分化为两次定积分.

1. X 型区域

设积分区域 D 可以用不等式

$$\varphi_1(x) \leqslant y \leqslant \varphi_2(x), \quad a \leqslant x \leqslant b$$

来表示（见图 9.4），其中函数 $\varphi_1(x)$，$\varphi_2(x)$ 在区间 $[a,b]$ 上连续. 以后我们将这种积分区域称为 **X 型区域**. X 型区域的特点是：穿过区域内部且垂直于 x 轴的直线与区域边界相交不多于两个交点.

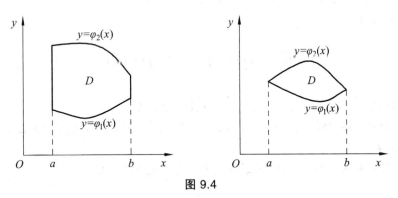

图 9.4

关于曲顶柱体的体积我们可应用"平行截面面积为已知的立体的体积"的计算方法求得：先求截面面积. 在区间 $[a,b]$ 上任取一点 x_0，过点 $(x_0,0,0)$ 作垂直于 x 轴的平面，此平面截曲顶柱体得一个曲边梯形（见图 9.5），其截面面积 $A(x_0)$ 为

$$A(x_0) = \int_{\varphi_1(x_0)}^{\varphi_2(x_0)} f(x_0,y)\mathrm{d}y$$

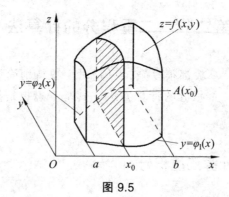

图 9.5

一般地，过区间 $[a, b]$ 上任一点 x 且垂直于 x 轴的平面截曲顶柱体所得截面的面积为

$$A(x) = \int_{\varphi_1(x)}^{\varphi_2(x)} f(x, y) \mathrm{d}y$$

于是曲顶柱体的体积为

$$V = \int_a^b A(x) \mathrm{d}x = \int_a^b \left[\int_{\varphi_1(x)}^{\varphi_2(x)} f(x, y) \mathrm{d}y \right] \mathrm{d}x$$

从而得到等式

$$\iint_D f(x, y) \mathrm{d}\sigma = \int_a^b \left[\int_{\varphi_1(x)}^{\varphi_2(x)} f(x, y) \mathrm{d}y \right] \mathrm{d}x \qquad (1)$$

式（1）把 $f(x, y)$ 在 D 上的二重积分化为先对 y、后对 x 的二次积分. 也就是说，先把 x 看作常数，把 $f(x, y)$ 只看作 y 的函数，并对 y 计算从 $\varphi_1(x)$ 到 $\varphi_2(x)$ 的定积分，然后把所得的结果（不含 y，只含 x 的函数）再对 x 计算从 a 到 b 的定积分.

式（1）也可写成

$$\iint_D f(x, y) \mathrm{d}\sigma = \int_a^b \mathrm{d}x \int_{\varphi_1(x)}^{\varphi_2(x)} f(x, y) \mathrm{d}y \qquad (1')$$

这就是把二重积分化为先对 y、后对 x 的二次积分的公式.

在上述讨论中，我们假定了 $f(x, y) \geqslant 0$，但实际上式（1'）对任意连续函数 $f(x, y)$ 都成立.

2. **Y 型区域**

类似地，如果积分区域 D 可以用不等式表示为（见图 9.6）.

$$\phi_1(y) \leqslant x \leqslant \phi_2(y), \quad c \leqslant y \leqslant d$$

其中函数 $\phi_1(y), \phi_2(y)$ 在区间 $[c, d]$ 上连续. 以后我们将这种积分区域称为 **Y 型区域**. Y 型区域的特点是：穿过区域内部且垂直于 y 轴的直线与区域边界相交不多于两个交点.

因此有

$$\iint_D f(x, y) \mathrm{d}\sigma = \int_c^d \left[\int_{\phi_1(y)}^{\phi_2(y)} f(x, y) \mathrm{d}x \right] \mathrm{d}y = \int_c^d \mathrm{d}y \int_{\phi_1(y)}^{\phi_2(y)} f(x, y) \mathrm{d}x \qquad (2)$$

上式就把二重积分化为先对 x、后对 y 的二次积分来计算.

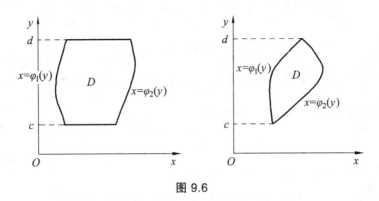

图 9.6

总结：当积分区域为多边形或直线与一般曲线围成时，可考虑用直角坐标来计算. 二重积分的主要方法是将其化为二次积分计算，而化为二次积分的关键在于确定积分的上下限，这个积分上下限是由区域 D 的形状决定的.

（1）如果区域 D 为 X 型区域，那么是先对 y 进行积分. y 的积分上下限是 x 的表达式或者常数，即过区域 D 的内部，做一条垂线垂直于 x 轴，垂线与区域 D 的交点即为 y 的积分上下限； x 的积分上下限均为常数，区域 D 的边界 x 的最大值和最小值即为 x 的积分上下限.

（2）如果区域 D 为 Y 型区域，那么是先对 x 进行积分. x 的积分上下限是 y 的表达式或者常数，即过区域 D 的内部，做一条垂线垂直于 y 轴，垂线与区域 D 的交点即为 x 的积分上下限； y 的积分上下限均为常数，区域 D 的边界 y 的最大值和最小值即为 y 的积分上下限.

（3）如果积分区域既是 X 型区域、也是 Y 型区域，将二重积分化为两种不同顺序的累次积分，但这两种不同顺序的累次积分的计算结果是相同的. 但实际计算时，可能会遇到计算过程繁琐麻烦，因此要根据被积函数的特点以及积分区域来结合选择积分次序.

（4）如果积分区域既不是 X 型区域、也不是 Y 型区域（见图 9.7），通常就将积分区域分成若干部分，使每个部分成为 X 型区域或 Y 型区域，从而在各个小区域上能够利用上述两个公式之一进行计算；然后，利用二重积分对区域的可加性，将这些小区域上的二重积分的计算结果相加，就得到在原来整个积分区域上的二重积分.

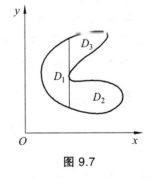

图 9.7

在计算二重积分时，确定二次积分的次序和积分限最为关键. 一般可以先画积分区域草图，然后根据区域的类型和被积函数的特点确定二次积分的次序，再定出相应的积分限.

例 1 计算 $\iint\limits_{D}(x-y)\mathrm{d}x\mathrm{d}y$，其中 D 是由 x 轴，y 轴及直线 $x+y=1$ 围成的区域.

解 如图 9.8 所示，积分区域 D 可表为

$$0 \leqslant x \leqslant 1, \quad 0 \leqslant y \leqslant 1-x$$

故

$$\iint\limits_{D}(x-y)\mathrm{d}x\mathrm{d}y=\int_{0}^{1}\mathrm{d}x\int_{0}^{1-x}(x-y)\mathrm{d}y=\int_{0}^{1}\left[xy-\frac{y^{2}}{2}\right]\Big|_{0}^{1-x}\mathrm{d}x$$

$$=\frac{1}{2}\int_{0}^{1}(-1+4x-3x^{2})\mathrm{d}x=0$$

例 2　计算 $\iint\limits_{D}xy^{2}\mathrm{d}\sigma$，其中 D 是由直线 $y=x$ 及抛物线 $y=x^{2}$ 所围成的区域.

解　如图 9.9 所示，积分区域 D 可表为

$$0\leqslant x\leqslant 1,\quad x^{2}\leqslant y\leqslant x,$$

故

$$\iint\limits_{D}xy^{2}\mathrm{d}\sigma=\int_{0}^{1}\mathrm{d}x\int_{x^{2}}^{x}xy^{2}\mathrm{d}y=\int_{0}^{1}x\cdot\frac{y^{3}}{3}\Big|_{x^{2}}^{x}\mathrm{d}x$$

$$=\frac{1}{3}\int_{0}^{1}(x^{4}-x^{7})\mathrm{d}x=\frac{1}{40}$$

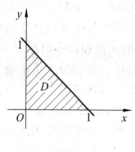

图 9.8

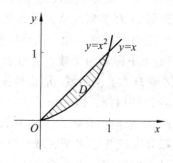

图 9.9

二重积分往往可用上述两种积分次序来计算. 比如例 1，例 2 的解法都是先对 y 积分，后对 x 积分计算的，其实它们也都可以先对 x 积分，后对 y 积分来计算（请同学们自己考虑）. 但有时两种计算方法的繁简程度不一样，恰当选择积分次序可给计算带来方便，如例 3.

例 3　计算 $\iint\limits_{D}xy\mathrm{d}x\mathrm{d}y$，其中区域 D 由 $y=x-4$，$y^{2}=2x$ 所围成.

解　由方程组

$$\begin{cases}y=x-4\\y^{2}=2x\end{cases}$$

解得两交点 $(2,-2)$ 和 $(8,4)$，画出积分区域，如图 9.10 阴影部分. 可以看出将 D 表示成

$$-2\leqslant y\leqslant 4,\quad \frac{y^{2}}{2}\leqslant x\leqslant y+4$$

即先对 x 积分较为简便. 因此

$$\iint\limits_{D}xy\mathrm{d}x\mathrm{d}y=\int_{-2}^{4}\mathrm{d}y\int_{\frac{1}{2}y^{2}}^{y+4}xy\mathrm{d}x=\int_{-2}^{4}y\cdot\frac{x^{2}}{2}\Big|_{\frac{1}{2}y^{2}}^{y+4}\mathrm{d}y$$

$$= \frac{1}{2}\int_{-2}^{4}\left[y(y+4)^2 - \frac{y^5}{4}\right]dy = 90$$

例 4 改变积分 $\int_0^1 dx\int_0^{\sqrt{2x-x^2}} f(x,y)dy + \int_1^2 dx\int_0^{2-x} f(x,y)dy$ 的次序.

解 与题设二次积分对应的二重积分 $\iint\limits_D f(x,y)d\sigma$ 的积分区域为 $D = D_1 + D_2$，其中

$$D_1 = \{(x,y)\big| 0 \le x \le 1, 0 \le y \le \sqrt{2x-x^2}\}$$
$$D_2 = \{(x,y)\big| 1 \le x \le 2, 0 \le y \le 2-x\}$$

如图 9.11 所示，阴影部分为积分区域 D，再将 D 看作 Y 型区域，则得

$$原式 = \int_0^1 dy\int_{1-\sqrt{1-y^2}}^{2-y} f(x,y)dx$$

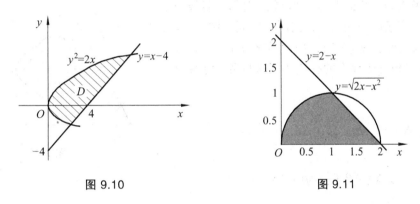

图 9.10   图 9.11

在定积分的学习中我们知道，如果积分区间关于原点对称且被积函数是奇（偶）函数，则定积分的计算可大大简化．对二重积分也有类似的结论，且也必须同时兼顾积分区域的对称性和被积函数的奇偶性.

如果积分区域 D 关于 x 轴对称，则

$$\iint\limits_D f(x,y)dy = \begin{cases} 0, & f(x,y) \text{关于} y \text{是奇函数} \\ 2\iint\limits_{D_1} f(x,y)dy, & f(x,y) \text{关于} y \text{是偶函数} \end{cases}$$

其中 D_1 是 D 在 x 轴某一侧的部分（可取 x 轴上方的部分）.

类似地积分区域 D 关于 y 轴对称，则

$$\iint\limits_D f(x,y)dy = \begin{cases} 0, & f(x,y) \text{关于} x \text{是奇函数} \\ 2\iint\limits_{D_1} f(x,y)dy, & f(x,y) \text{关于} x \text{是偶函数} \end{cases}$$

其中 D_1 是 D 在 y 轴某一侧的部分（可取 y 轴右方的部分）.

二、利用极坐标计算二重积分

计算二重积分时，若积分区域的边界曲线用极坐标方程来表示比较简单，且被积函数在极坐标系下的表达式也比较简单，就可以考虑用极坐标来计算二重积分.

极坐标与直角坐标之间的关系为

$$\begin{cases} x = \rho \cos \theta \\ y = \rho \sin \theta \end{cases}$$

根据二重积分的定义有

$$\iint\limits_D f(x,y)\mathrm{d}\sigma = \lim_{\lambda \to 0} \sum_{i=1}^{n} f(\xi_i, \eta_i)\Delta\sigma_i$$

我们来研究上式右端和式的极限在极坐标系中的表达式.

假定从极点 O 出发且穿过闭区域 D 内部的射线与 D 的边界曲线不多于两个交点. 我们用一族同心圆：$\rho =$ 常数，以及一族射线：$\theta =$ 常数，把 D 分成 n 个小区域（见图 9.12）. 除了包含边界点的一些小闭区域外，小闭区域的面积为

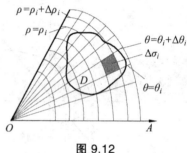

图 9.12

$$\Delta\sigma_i = \frac{1}{2}(\rho_i + \Delta\rho_i)^2 \Delta\theta_i - \frac{1}{2}\rho_i^2 \Delta\theta_i$$

$$= \rho_i \Delta\rho_i\, \Delta\theta_i + \frac{1}{2}(\Delta\rho_i)^2 \Delta\theta_i$$

当 $\Delta\rho_i \Delta\theta_i$ 充分小时，$\Delta\sigma_i \approx \rho_i\Delta\rho_i\Delta\theta_i$；记 $\xi_i = \rho_i\cos\theta_i$，$\eta_i = \rho_i\sin\theta_i$，点 $(\xi_i, \eta_i) \in \Delta\sigma_i$，则由二重积分的定义可得

$$\iint\limits_D f(x,y)\mathrm{d}\sigma = \lim_{\lambda \to 0} \sum_{i=1}^{n} f(\xi_i, \eta_i)\Delta\sigma_i = \lim_{\lambda \to 0} \sum_{i=1}^{n} f(\rho_i\cos\theta_i, \rho_i\sin\theta_i)\cdot\rho_i\Delta\rho_i\Delta\theta_i$$

$$= \iint\limits_D f(\rho\cos\theta, \rho\sin\theta)\rho\mathrm{d}\rho\mathrm{d}\theta$$

在极坐标系中，二重积分同样可以化为二次积分来计算：

（1）区域特征（见图 9.13）. $D: \alpha \leqslant \theta \leqslant \beta$，$\phi_1(\theta) \leqslant \rho \leqslant \phi_2(\theta)$，则

$$\iint\limits_D f(\rho\cos\theta, \rho\sin\theta)\rho\mathrm{d}\rho\mathrm{d}\theta = \int_\alpha^\beta \mathrm{d}\theta \int_{\phi_1(\theta)}^{\phi_2(\theta)} f(\rho\cos\theta, \rho\sin\theta)\rho\mathrm{d}\rho$$

（2）区域特征（见图 9.14）. $D: \alpha \leqslant \theta \leqslant \beta$，$\phi_1(\theta) \leqslant \rho \leqslant \phi_2(\theta)$，则

$$\iint\limits_D f(\rho\cos\theta, \rho\sin\theta)\rho\mathrm{d}\rho\mathrm{d}\theta = \int_\alpha^\beta \mathrm{d}\theta \int_{\phi_1(\theta)}^{\phi_2(\theta)} f(\rho\cos\theta, \rho\sin\theta)\rho\mathrm{d}\rho$$

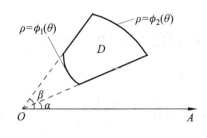

图 9.13

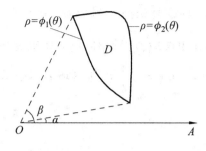

图 9.14

（3）区域特征（见图 9.15）. $D: \alpha \leqslant \theta \leqslant \beta$，$0 \leqslant \rho \leqslant \phi(\theta)$，则

$$\iint\limits_{D} f(\rho\cos\theta, \rho\sin\theta)\rho\mathrm{d}\rho\mathrm{d}\theta = \int_{\alpha}^{\beta}\mathrm{d}\theta\int_{0}^{\phi(\theta)} f(\rho\cos\theta, \rho\sin\theta)\rho\mathrm{d}\rho$$

（4）区域特征（见图 9.16）. $D: 0 \leqslant \theta \leqslant 2\pi$，$0 \leqslant \rho \leqslant \phi(\theta)$，则

$$\iint\limits_{D} f(\rho\cos\theta, \rho\sin\theta)\rho\mathrm{d}\rho\mathrm{d}\theta = \int_{0}^{2\pi}\mathrm{d}\theta\int_{0}^{\phi(\theta)} f(\rho\cos\theta, \rho\sin\theta)\rho\mathrm{d}\rho$$

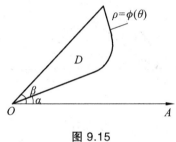

图 9.15

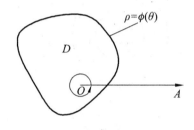

图 9.16

当被积函数为 1 时，所求二重积分为积分区域的面积，因为在极坐标系下区域 D 的面积 σ 为

$$\sigma = \iint\limits_{D} r\mathrm{d}r\mathrm{d}\theta$$

例 5 计算 $\iint\limits_{D} x^2\mathrm{d}x\mathrm{d}y$，其中 D 是两圆 $x^2 + y^2 = 1$ 和 $x^2 + y^2 = 4$ 之间的环形区域.

解 画出积分区域 D，如图 9.17 所示，可用极坐标表示为

$$0 \leqslant \theta \leqslant 2\pi, \ 1 \leqslant r \leqslant 2$$

则

$$\iint\limits_{D} x^2\mathrm{d}x\mathrm{d}y = \int_{0}^{2\pi}\mathrm{d}\theta\int_{1}^{2}(r\cos\theta)^2 r\mathrm{d}r = \int_{0}^{2\pi}\cos^2\theta \cdot \left.\frac{r^4}{4}\right|_{1}^{2}\mathrm{d}\theta$$

$$= \frac{15}{4}\int_{0}^{2\pi}\cos^2\theta\mathrm{d}\theta = \frac{15}{4}\pi$$

例6 计算 $\iint\limits_{D} y\mathrm{d}x\mathrm{d}y$，其中 $D : x^2 + y^2 \le 2Rx$，$y \ge 0$.

解 画出区域 D，如图 9.18 阴影部分，由解析几何知该半圆周可用极坐标方程表示为 $r = 2R\cos\theta$（$0 \le \theta \le \dfrac{\pi}{2}$），故区域 D 可表示为

$$0 \le \theta \le \frac{\pi}{2}, \quad 0 \le r \le 2R\cos\theta$$

则

$$\iint\limits_{D} y\mathrm{d}x\mathrm{d}y = \int_0^{\frac{\pi}{2}} \mathrm{d}\theta \int_0^{2R\cos\theta} (r\sin\theta)r\mathrm{d}r = \int_0^{\frac{\pi}{2}} \sin\theta \cdot \frac{r^3}{3}\bigg|_0^{2R\cos\theta} \mathrm{d}\theta$$

$$= \frac{8R^3}{3}\int_0^{\frac{\pi}{2}} \cos^3\theta\sin\theta\mathrm{d}\theta = -\frac{8R^3}{3} \cdot \frac{\cos^4\theta}{4}\bigg|_0^{\frac{\pi}{2}} = \frac{2R^3}{3}$$

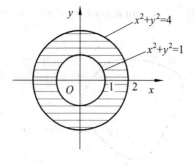

图 9.17

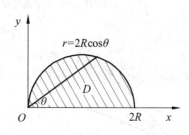

图 9.18

例7 计算 $\iint\limits_{D} \mathrm{e}^{-x^2-y^2}\mathrm{d}x\mathrm{d}y$，其中 D 是由圆心在原点、半径为 1 的圆周所围的区域.

解 在极坐标系中，区域 D 可表示为

$$0 \le r \le 1, \quad 0 \le \theta \le 2\pi$$

如图 9.19 所示，于是有

$$\iint\limits_{D} \mathrm{e}^{-x^2-y^2}\mathrm{d}x\mathrm{d}y = \iint\limits_{D} \mathrm{e}^{-r^2}r\mathrm{d}r\mathrm{d}\theta = \int_0^{2\pi} \mathrm{d}\theta \int_0^1 \mathrm{e}^{-r^2}r\mathrm{d}r$$

$$= -\frac{1}{2}\int_0^{2\pi} \mathrm{e}^{-r^2}\bigg|_0^1 \mathrm{d}\theta = \frac{1}{2}(1-\mathrm{e}^{-1})\int_0^{2\pi} \mathrm{d}\theta = \pi(1-\mathrm{e}^{-1})$$

注意：如果积分区域 D 为圆、半圆、圆环、扇形域等，或被积函数为 $f(x^2+y^2)$、$f\left(\dfrac{y}{x}\right)$、$f\left(\dfrac{x}{y}\right)$ 形式时，利用极坐标变换常能简化计算. 需要强调的是，无论是用直角坐标还是极坐标计算二重积分，均需要画积分区域的图形，这样有利于确定积分的上下限.

例 8 计算 $\iint\limits_{D}(1-4x^2-4y^2)\mathrm{d}x\mathrm{d}y$．其中 D 是由 $y=x$，$x^2+y^2=1$ 及 x 轴在第一象限内所围成的区域．

解 画出积分区域 D，如图 9.20 所示，是一个扇形区域，而且被积函数还为 $f(x^2+y^2)$ 形式，故选用极坐标计算．为此将 D 表示为

$$0\leqslant\theta\leqslant\frac{\pi}{4},\quad 0\leqslant r\leqslant 1$$

于是

$$\iint\limits_{D}(1-4x^2-4y^2)\mathrm{d}x\mathrm{d}y=\int_0^{\frac{\pi}{4}}\mathrm{d}\theta\int_0^1(1-4r^2)r\mathrm{d}r$$

$$=\int_0^{\frac{\pi}{4}}\left[\frac{r^2}{2}-r^4\right]\Bigg|_0^1\mathrm{d}\theta=-\frac{1}{2}\int_0^{\frac{\pi}{4}}\mathrm{d}\theta=-\frac{\pi}{8}$$

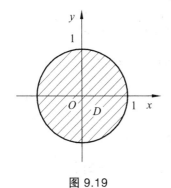

图 9.19

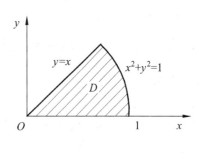

图 9.20

 习题 9.2

1．计算下列二重积分．

（1）$\iint\limits_{D}xy\mathrm{d}x\mathrm{d}y$，$D$ 是由 $0\leqslant x\leqslant 1,0\leqslant y\leqslant 1$ 确定的正方形区域；

（2）$\iint\limits_{D}(y-2x)\mathrm{d}x\mathrm{d}y$，$D$ 是由 $3\leqslant x\leqslant 5,1\leqslant y\leqslant 2$ 所确定的长方形区域；

（3）$\iint\limits_{D}\cos(x+y)\mathrm{d}x\mathrm{d}y$，$D$ 是由 $0\leqslant x\leqslant\frac{\pi}{2},0\leqslant y\leqslant\pi$ 所确定的长方形区域；

（4）$\iint\limits_{D}y\sqrt{1+x^2-y^2}\mathrm{d}\sigma$，$D$ 是由直线 $y=1,x=-1$ 及 $y=x$ 所围成的闭区域；

（5）$\iint\limits_{D}(x+y)\mathrm{d}x\mathrm{d}y$，$D$ 是由 $y=\mathrm{e}^x,y=1,x=1$ 所围成的区域；

（6）$\iint\limits_{D}x^2y^2\mathrm{d}x\mathrm{d}y$，$D$ 是由 $x=y^2,x=2$ 所围成的区域．

2. 计算以 xOy 面上的圆周 $x^2 + y^2 = ax (a > 0)$ 围成的区域为底，而以曲面 $z = x^2 + y^2$ 为顶的曲顶柱体的体积.

3. 将二重积分 $\iint\limits_{D} f(x, y) \mathrm{d}x\mathrm{d}y$ 化为不同顺序的二次积分：

（1）D 是由 x 轴与 $x^2 + y^2 = r^2 (y > 0)$ 所围成的区域；

（2）D 是由 $y = x,\ x = 2$ 及 $y = \dfrac{1}{x} (x > 0)$ 所围成的区域.

4. 改变下列二次积分的次序.

（1）$\displaystyle\int_0^2 \mathrm{d}y \int_{y^2}^{3y} f(x, y)\mathrm{d}x$ ； （2）$\displaystyle\int_1^2 \mathrm{d}x \int_{\sqrt{x}}^{3} f(x, y)\mathrm{d}y$ ；

（3）$\displaystyle\int_0^1 \mathrm{d}x \int_0^{x^2} f(x, y)\mathrm{d}y + \int_1^3 \mathrm{d}x \int_0^{\frac{1}{2}(3-x)} f(x, y)\mathrm{d}y$.

5. 计算下列二次积分.

（1）$I = \displaystyle\int_0^1 \mathrm{d}y \int_{\sqrt{y}}^1 \mathrm{e}^{\frac{y}{x}}\mathrm{d}x$ ； （2）$I = \displaystyle\int_0^1 \mathrm{d}x \int_x^1 \mathrm{e}^{-y^2}\mathrm{d}y$ ；

（3）$I = \displaystyle\int_0^1 \mathrm{d}x \int_x^1 x^2 \mathrm{e}^{-y^2}\mathrm{d}y$ ； （4）$I = \displaystyle\int_0^{\sqrt{\frac{\pi}{2}}} \mathrm{d}y \int_y^{\sqrt{\frac{\pi}{2}}} y^2 \sin x^2 \mathrm{d}x$.

6. 对下列各积分区域 D，用极坐标变换将 $\iint\limits_{D} f(x, y)\mathrm{d}x\mathrm{d}y$ 化为二次积分.

（1）D：半圆 $x^2 + y^2 \leqslant a^2, y \geqslant 0$ ； （2）D：半环 $a^2 \leqslant x^2 + y^2 \leqslant b^2, x \geqslant 0$ ；

（3）D：圆 $x^2 + y^2 \leqslant ay, a > 0$ ； （4）D：扇形 $x^2 + y^2 \leqslant 1, 0 \leqslant y \leqslant x$.

7. 把下列二重积分表示为极坐标系下的二次积分.

（1）$\iint\limits_{D} f\left(x^2 + y^2, \arctan\dfrac{y}{x}\right)\mathrm{d}x\mathrm{d}y$ ， D 由 $x^2 + y^2 \leqslant 2x, -x \leqslant y \leqslant x$ 确定；

（2）$\iint\limits_{D} \mathrm{e}^{\sqrt{x^2+y^2}}\mathrm{d}x\mathrm{d}y$ ， D 由 $1 \leqslant x^2 + y^2 \leqslant 4, y \geqslant x$ 确定.

8. 化下列直角坐标系下的二次积分为极坐标系下的二次积分.

（1）$\displaystyle\int_0^{2R} \mathrm{d}x \int_0^{\sqrt{2Rx-x^2}} f(x, y)\mathrm{d}y$ ； （2）$\displaystyle\int_0^R \mathrm{d}x \int_0^{\sqrt{R^2-x^2}} f(x^2 + y^2)\mathrm{d}y$.

9. 用极坐标变换计算下列二重积分.

（1）$\iint\limits_{D} \sin\sqrt{x^2 + y^2}\,\mathrm{d}x\mathrm{d}y$ ， D 是圆环 $\pi^2 \leqslant x^2 + y^2 \leqslant 4\pi^2$ ；

（2）$\iint\limits_{D} (x + y)\mathrm{d}x\mathrm{d}y$ ， D 是半圆域 $x^2 + y^2 \leqslant x, y \geqslant 0$ ；

（3）$\iint\limits_{D} \dfrac{1}{\sqrt{x^2 + y^2}}\mathrm{d}x\mathrm{d}y$ ， D 是由曲线 $y = x^2$ 与直线 $y = x$ 围成的区域；

（4）$\iint\limits_{D} \ln(1 + x^2 + y^2)\mathrm{d}\sigma$ ， D 是四分之一圆域 $x^2 + y^2 \leqslant 1, x \geqslant 0, y \geqslant 0$.

10. 选用适当的坐标系计算下列二重积分.

（1）$I = \iint\limits_{D} (x^2 + y^2)\mathrm{d}\sigma$ ， D 是由直线 $y = x, y = x + a, y = a, y = 3a (a > 0)$ 所围成的闭区域；

（2）$I = \iint\limits_{D} x\sin\dfrac{y}{x}\mathrm{d}\sigma$，$D$ 是由直线 $y = x, y = 0, x = 1$ 所围成的区域；

（3）$I = \iint\limits_{D}(y-x)^2\mathrm{d}\sigma$，$D$ 由 $y \leqslant R + x, x^2 + y^2 \leqslant R^2, y \geqslant 0$ 确定（$R > 0$）.

*第三节　三重积分

一、三重积分的概念

定义 3.1　设 $f(x, y, z)$ 是空间有界闭区域 Ω 上的有界函数，将闭区域 Ω 任意分成 n 个小闭区域 $\Delta v_1, \Delta v_2, \cdots, \Delta v_n$，其中 Δv_i 表示第 i 个小闭区域，也表示它的体积，在每个 Δv_i 上任取一点 (ξ_i, η_i, ζ_i) 作乘积 $f(\xi_i, \eta_i, \zeta_i) \cdot \Delta v_i, (i = 1, 2, \cdots, n)$，并作和，如果当各小闭区域的直径中的最大值 λ 趋近于零时，这和式的极限存在，则称此极限为函数 $f(x, y, z)$ 在闭区域 Ω 上的三重积分，记为 $\iiint\limits_{\Omega} f(x, y, z)\mathrm{d}v$，即

$$\iiint\limits_{\Omega} f(x, y, z)\mathrm{d}v = \lim_{\lambda \to 0}\sum_{i=1}^{n} f(\xi_i, \eta_i, \zeta_i)\Delta v_i \qquad (1)$$

其中 $f(x, y, z)$ 称为**被积函数**，Ω 称为**积分区域**，$\mathrm{d}v$ 称为**体积元素**.

在直角坐标系中，如果用平行于坐标面的平面来划分 Ω，则 $\Delta v_i = \Delta x_j \cdot \Delta y_k \cdot \Delta z_l$，所以三重积分记为

$$\iiint\limits_{\Omega} f(x, y, z)\mathrm{d}x\mathrm{d}y\mathrm{d}z = \lim_{\lambda \to 0}\sum_{i=1}^{n} f(\xi_i, \eta_i, \zeta_i)\Delta v_i$$

其中 $\mathrm{d}x\mathrm{d}y\mathrm{d}z$ 称为**直角坐标系中的体积元素**.

当函数 $f(x, y, z)$ 在闭区域 Ω 上连续时，函数 $f(x, y, z)$ 在闭区域 Ω 上的三重积分必定存在. 三重积分的性质与二重积分的性质类似，这里不再重复.

如果 $\rho(x, y, z)$ 表示 Ω 闭区域物体的点 (x, y, z) 处的密度，并且 $\rho(x, y, z)$ 为 Ω 闭区域的连续函数，那么我们可以得到该物体的质量

$$M = \iiint\limits_{\Omega} \rho(x, y, z)\mathrm{d}v$$

由三重积分的定义，当 $f(x, y, z) = 1$ 时，$\iiint\limits_{\Omega} \mathrm{d}v$ 为闭区域 Ω 的体积.

二、三重积分的计算

1. 利用直角坐标计算三重积分

（1）投影法（先一后二法）.

如图 9.21 所示，闭区域 Ω 在 xOy 平面的投影为闭区域 D_{xy}，区域 Ω 的下边界面和上边

界面方程分别为 $S_1: z = z_1(x, y)$，$S_2: z = z_2(x, y)$. 过点 $(x, y) \in D$ 作直线从 z_1 穿入，从 z_2 穿出，其中 $z_1(x, y)$ 与 $z_2(x, y)$ 都是 D_{xy} 上的连续函数，此时积分区域 Ω 可以表示为

$$\Omega = \{(x, y, z) | z_1(x, y) \leqslant z \leqslant z_2(x, y), (x, y) \in D_{xy}\}$$

先把 x, y 看作定值，将 $f(x, y, z)$ 看作 z 的函数，则

$$F(x, y) = \int_{z_1(x, y)}^{z_2(x, y)} f(x, y, z) \mathrm{d}z$$

计算 $F(x, y)$ 在闭区间 D 上的二重积分

$$\iint_D F(x, y) \mathrm{d}\sigma = \iint_D [\int_{z_1(x, y)}^{z_2(x, y)} f(x, y, z) \mathrm{d}z] \mathrm{d}\sigma$$

因为 $D_{xy}: y_1(x) \leqslant y \leqslant y_2(x), a \leqslant x \leqslant b$，所以

$$\iiint_\Omega f(x, y, z) \mathrm{d}v = \int_a^b \mathrm{d}x \int_{y_1(x)}^{y_2(x)} \mathrm{d}y \int_{z_1(x, y)}^{z_2(x, y)} f(x, y, z) \mathrm{d}z \qquad (2)$$

式（2）把三重积分化为先对 z、次对 y、最后对 x 的三次积分.

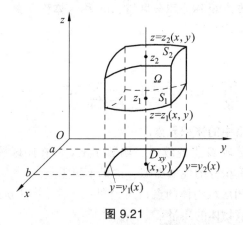

图 9.21

如果平行于 x 轴或 y 轴且穿过闭区域 Ω 内部的直线与 Ω 的边界面 S 之间有两个交点，那么也可以把 Ω 投影到 yOz 面或 zOx 面上，这样可以完全类似地把三重积分化为首先对 x 或对 y 的按其他顺序的三次积分. 这种计算三重积分的方法称为**投影法**或**先一后二法**.

在把三重积分化为三次积分中，关键是确定各次积分的上、下限. 确定上、下限的步骤是：

（ⅰ）画出空间闭区域 Ω 及 Ω 在 xOy 面上的投影区域 D_{xy} 的图形；

（ⅱ）过 D_{xy} 内任一点，作 z 轴的平行线，若该直线上 Ω 内的点的竖坐标从 $z_1(x, y)$ 变到 $z_2(x, y)$，则它们就是先对 z 积分的下限与上限；

（ⅲ）后对 x, y 积分的积分上下限由 D_{xy} 确定（参考二重积分化二次积分的方法）.

例 1　计算三重积分 $\iiint_\Omega x \mathrm{d}x \mathrm{d}y \mathrm{d}z$，其中 Ω 为三个坐标面及平面 $x + y + z = 1$ 所围成的闭区域.

解 作 Ω 及 Ω 在 xOy 面上的投影区域 D_{xy} 的图形（见图 9.22），在 D_{xy} 内任取一点，过此点作 z 轴的平行线，该直线上 Ω 内的点的竖坐标从 0 变到 $1-x-y$，又因为

$$D_{xy} = \{(x,y) \mid 0 \leqslant y \leqslant 1-x, 0 \leqslant x \leqslant 1\}$$

所以

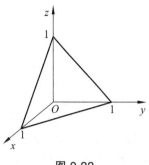

$$
\begin{aligned}
\iiint\limits_{\Omega} z\mathrm{d}x\mathrm{d}y\mathrm{d}z &= \int_0^1 \mathrm{d}x \int_0^{1-x} \mathrm{d}y \int_0^{1-x-y} x\mathrm{d}z \\
&= \int_0^1 x\mathrm{d}x \int_0^{1-x} (1-x-y)\mathrm{d}y \\
&= \int_0^1 x \cdot \frac{1}{2}(1-x)^2 \mathrm{d}x = \frac{1}{24}
\end{aligned}
$$

图 9.22

如果平行于坐标轴且穿过闭区域 Ω 内部的直线与边界曲面 S 的交点多于两个，也可像处理二重积分那样，把 Ω 分成若干部分，保证每个部分与坐标轴平行且穿过 Ω 内部的直线与 Ω 的边界曲面的交点不多于两点，这样，Ω 上的三重积分就化为各部分闭区域上的三重积分的和.

（2）截面法（先二后一法）.

设空间闭区域 Ω 介于两个平面 $z=c_1$，$z=c_2$ $(c_1 < c_2)$ 之间，过 z 轴上任意点 $(0,0,z)(z \in [c_1, c_2])$ 作垂直于 z 轴的平面，该平面与 Ω 相截得一截面 D_z（见图 9.23），区域 Ω 可表示为

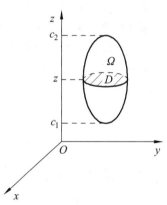

$$\Omega = \{(x,y,z) \mid (x,y) \in D_z, c_1 \leqslant z \leqslant c_2\}$$

则有

$$\iiint\limits_{\Omega} f(x,y,z)\mathrm{d}v = \int_{c_1}^{c_2} \mathrm{d}z \iint\limits_{D_z} f(x,y,z)\mathrm{d}x\mathrm{d}y \qquad (3)$$

图 9.23

这种计算三重积分的方法称为**截面法**或**先二后一法**.

例 2 计算三重积分 $\iiint\limits_{\Omega} z^2 \mathrm{d}x\mathrm{d}y\mathrm{d}z$，其中 Ω 是由椭球面 $\dfrac{x^2}{a^2} + \dfrac{y^2}{b^2} + \dfrac{z^2}{c^2} = 1$ 所成的空间闭区域.

解 如图 9.24 所示，积分区域为

$$\Omega = \left\{(x,y,z) \,\middle|\, -c \leqslant z \leqslant c, \frac{x^2}{a^2} + \frac{y^2}{b^2} \leqslant 1 - \frac{z^2}{c^2} \right\}$$

则

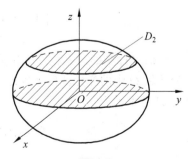

$$\text{原式} = \int_{-c}^{c} z^2 \mathrm{d}z \iint\limits_{D_z} \mathrm{d}x\mathrm{d}y$$

又因为 $D_z = \left\{(x,y) \,\middle|\, \dfrac{x^2}{a^2} + \dfrac{y^2}{b^2} \leqslant 1 - \dfrac{z^2}{c^2} \right\}$，所以

图 9.24

$$\iint_{D_z} \mathrm{d}x\mathrm{d}y = \pi\sqrt{a^2\left(1-\frac{z^2}{c^2}\right)} \cdot \sqrt{b^2\left(1-\frac{z^2}{c^2}\right)} = \pi ab\left(1-\frac{z^2}{c^2}\right)$$

因此

$$原式 = \int_{-c}^{c} \pi ab\left(1-\frac{z^2}{c^2}\right)z^2\mathrm{d}z = \frac{4}{15}\pi abc^3$$

2. 利用柱面坐标计算三重积分

设 $M(x,y,z)$ 为空间内一点，并设点 M 在 xOy 面上的投影 P 的极坐标为 r,θ，则这样的三个数 r,θ,z 就叫点 M 的**柱面坐标**（见图 9.25），记为 $M(r,\theta,z)$. 这里规定的变化范围为

$$0 \leqslant r < +\infty, \quad 0 \leqslant \theta \leqslant 2\pi, \quad -\infty < z < +\infty$$

在柱面坐标系中，三组坐标面分别为：
$r =$ 常数，即以 z 轴为中心的圆柱体；
$\theta =$ 常数，即过 z 轴的半平面；
$z =$ 常数，即与 xOy 面平行的平面.
在同一点，柱面坐标与直角坐标的关系为

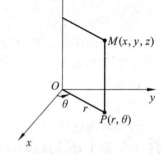

图 9.25

$$\begin{cases} x = r\cos\theta \\ y = r\sin\theta \\ z = z \end{cases}$$

现在利用柱面坐标来计算三重积分. 我们用柱面坐标系中的三组坐标面 $r =$ 常数、$\theta =$ 常数、$z =$ 常数来划分积分区域 Ω. 划分所得到的小区域除了含 Ω 的边界点的一些不规则的小区域外，都是小柱体. 先考虑由 r,θ,z 各取得微小增量之后所成的小柱体体积（见图 9.26）. 小柱体的高为 $\mathrm{d}z$，底面面积的微元为 $r\mathrm{d}r\mathrm{d}\theta$，故该小柱体的体积为

$$\mathrm{d}v = r\mathrm{d}r\mathrm{d}\theta\mathrm{d}z$$

这就是**柱面坐标系中的体积元素**，于是有

$$\iiint_{\Omega} f(x,y,z)\mathrm{d}v = \iiint_{\Omega} f(r\cos\theta, r\sin\theta, z)r\mathrm{d}r\mathrm{d}\theta\mathrm{d}z \qquad (4)$$

柱面坐标中的三重积分也化为三次积分来计算. 化为三次积分时，积分限是根据 r,θ,z 在积分区域 Ω 中的变化范围来确定的. 例如，如果空间闭区域 Ω 在 xOy 面上的投影区域为 D，并且 Ω 可表示为

$$\Omega = \{(r,\theta,z)\big| z_1(r,\theta) \leqslant z \leqslant z_2(r,\theta), (r,\theta) \in D\}$$

那么三重积分可化为

$$\iiint\limits_{\Omega} f(x,y,z)\mathrm{d}v = \iint\limits_{D} r\mathrm{d}r\mathrm{d}\theta \int_{z_1(r,\theta)}^{z_2(r,\theta)} f(r\cos\theta, r\sin\theta, z)\mathrm{d}z \qquad (5)$$

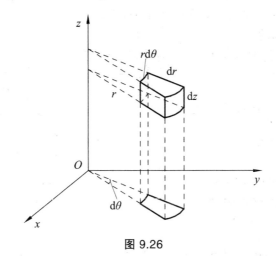

图 9.26

例 3 计算 $I = \iiint\limits_{\Omega} z\mathrm{d}x\mathrm{d}y\mathrm{d}z$ ，其中 Ω 是球面 $x^2+y^2+z^2=4$ 与抛物面 $x^2+y^2=3z$ 所围成的立体.

解 球面 $x^2+y^2+z^2=4$ 化为柱面坐标，其方程为 $r^2+z^2=4$ ；抛物面 $x^2+y^2=3z$ 化为柱面坐标，其方程为 $r^2=3z$ ，联立

$$\begin{cases} r^2+z^2=4 \\ r^2=3z \end{cases}$$

则 $z=1$， $r=\sqrt{3}$. 把闭区域 Ω 投影到 xOy 面上，可表示为

$$\Omega: \frac{r^2}{3} \leqslant z \leqslant \sqrt{4-r^2}$$

$$0 \leqslant r \leqslant \sqrt{3}, \qquad 0 \leqslant \theta \leqslant 2\pi$$

所以

$$I = \int_0^{2\pi} \mathrm{d}\theta \int_0^{\sqrt{3}} \mathrm{d}r \int_{\frac{r^2}{3}}^{\sqrt{4-r^2}} r \cdot z\mathrm{d}z = \frac{13}{4}\pi$$

*3. 利用球面坐标计算三重积分

设 $M(x,y,z)$ 为空间内一点，则点 M 可用三个有次序的数 r,ϕ,θ 来确定，其中 r 为原点 O 与点 M 间的距离， ϕ 为有向线段 $\overrightarrow{OM}$ 与 z 轴正向所夹的角， θ 为从正 z 轴来看自 x 轴按逆时针方向转到有向线段 $\overrightarrow{OP}$ 的角，这里点 P 为点 M 在 xOy 面上的投影，这样的三个数 r,ϕ,θ 就叫作点 M 的**球面坐标**（见图 9.27）.

这里规定： $0 \leqslant r < +\infty$ ， $0 \leqslant \phi \leqslant \pi$ ， $0 \leqslant \theta \leqslant 2\pi$.

球面坐标下，三坐标面分别为：

r = 常数，即以原点为中心的球面；

ϕ = 常数，即以原点为顶点、z 轴为轴的圆锥面；

θ = 常数，即过 z 轴的半平面.

如图 9.27 所示，设点 M 在 xOy 面上的投影为 P，点 P 在 x 轴上的投影为 A，则

$$OA = x, \quad AP = y, \quad PM = z$$

由此可得球面坐标与直角坐标的关系

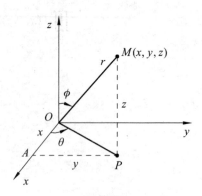

图 9.27

$$\begin{cases} x = r\sin\phi\cos\theta \\ y = r\sin\phi\sin\theta \\ z = r\cos\phi \end{cases}$$

下面先分析三重积分在球面坐标下的表达式. 我们用球面坐标系中的三组坐标面 r = 常数、ϕ = 常数、θ = 常数，来划分积分区域 Ω. 现考虑由 r, ϕ, θ 各取得微小增量 $\mathrm{d}r, \mathrm{d}\phi, \mathrm{d}\theta$ 之后所成的小六面体的体积（见图 9.28），把这个六面体近似看作长方体，长度分别为 $\mathrm{d}r, r\sin\phi\mathrm{d}\theta, r\mathrm{d}\phi$，于是得

$$\mathrm{d}v = r^2\sin\phi\mathrm{d}r\mathrm{d}\phi\mathrm{d}\theta$$

这就是**球面坐标系中的体积元素**. 由球面坐标与直角坐标的关系式，可推得三重积分由直角坐标到球面坐标的转换公式

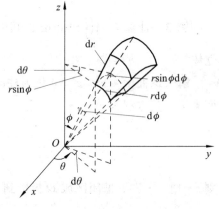

图 9.28

$$\iiint\limits_{\Omega} f(x,y,z)\mathrm{d}x\mathrm{d}y\mathrm{d}z = \iiint\limits_{\Omega} f(r\sin\phi\cos\theta, r\sin\phi\sin\theta, r\cos\phi)r^2\sin\phi\mathrm{d}r\mathrm{d}\phi\mathrm{d}\theta \qquad (6)$$

例 4 计算 $I = \iiint\limits_{\Omega}(x^2 + y^2)\mathrm{d}x\mathrm{d}y\mathrm{d}z$，其中 Ω 是锥面 $x^2 + y^2 = z^2$ 与平面 $z = a$ $(a > 0)$ 所围成的立体.

解 （解法一）采用球面坐标. 因为

$$z = a \Rightarrow r = \frac{a}{\cos\phi}, \quad x^2 + y^2 = z^2 \Rightarrow \phi = \frac{\pi}{4}$$

所以

$$\Omega: 0 \leqslant r \leqslant \frac{a}{\cos\phi}, \quad 0 \leqslant \phi \leqslant \frac{\pi}{4}, \quad 0 \leqslant \theta \leqslant 2\pi$$

所以

$$I = \iiint\limits_{\Omega}(x^2 + y^2)\mathrm{d}x\mathrm{d}y\mathrm{d}z = \int_0^{2\pi}\mathrm{d}\theta\int_0^{\frac{\pi}{4}}\mathrm{d}\phi\int_0^{\frac{a}{\cos\phi}}r^4\sin^3\phi\mathrm{d}r$$

$$= 2\pi\int_0^{\frac{\pi}{4}}\sin^3\phi\cdot\frac{1}{5}\left(\frac{a^5}{\cos^5\phi} - 0\right)\mathrm{d}\phi = \frac{\pi}{10}a^5$$

（解法二）采用柱面坐标. 因为

$$x^2 + y^2 = z^2 \Rightarrow z = r$$

所以

$$\Omega: r \leqslant z \leqslant a, \quad 0 \leqslant r \leqslant a, \quad 0 \leqslant \theta \leqslant 2\pi$$

所以

$$I = \iiint\limits_{\Omega}(x^2 + y^2)\mathrm{d}x\mathrm{d}y\mathrm{d}z = \int_0^{2\pi}\mathrm{d}\theta\int_0^{a}r\mathrm{d}r\int_r^{a}r^2\mathrm{d}z$$

$$= 2\pi\int_0^{a}r^3(a-r)\mathrm{d}r = 2\pi\left[a\cdot\frac{a^4}{4} - \frac{a^5}{5}\right] = \frac{\pi}{10}a^5$$

 习题 9.3

1. 在直角坐标系下化三重积分 $I = \iiint\limits_{\Omega}f(x,y,z)\mathrm{d}v$ 为三次积分，其中积分区域 Ω 分别是:

（1）由三个坐标面与平面 $6x+3y+2z-6=0$ 所围成的区域;

（2）由旋转抛物面 $z = x^2 + y^2$ 与平面 $z = 1$ 所围成的区域;

（3）由圆锥面 $z = \sqrt{x^2+y^2}$ 与上半球面 $z = \sqrt{2-x^2-y^2}$ 所围成的区域;

（4）由双曲抛物面 $z = xy$ 与平面 $x+y=1, z=0$ 所围成的区域.

2. 计算下列三重积分.

（1）$\iiint\limits_{\Omega}xy\mathrm{d}v$，其中 Ω 是由三个坐标面与平面 $x+\dfrac{y}{2}+\dfrac{z}{3}=1$ 所围成的闭区域;

（2）$\iiint\limits_{\Omega}x^2y^2z\mathrm{d}v$，其中 Ω 是由平面 $x=1, y=x, y=-x, z=0$ 及 $z=x$ 所围成的闭区域;

（3）$\iiint\limits_{\Omega}xyz\mathrm{d}v$，其中 Ω 是由双曲抛物面 $z=xy$ 与平面 $x=1, y=x$ 及 $z=0$ 所围成的闭区域;

（4）$\iiint\limits_{\Omega}z^2\mathrm{d}v$，其中 Ω 是由上半球面 $z = \sqrt{1-x^2-y^2}$ 与平面 $z=0$ 所围成的闭区域;

（5）$\iiint\limits_{\Omega}z^2\mathrm{d}v$，其中 Ω 是由球面 $x^2+y^2+z^2=2z$ 所围成的闭区域.

3. 利用柱面坐标计算下列三重积分.

（1）$\iiint\limits_{\Omega} z\mathrm{d}v$，其中 Ω 是由上半球面 $z=\sqrt{2-x^2-y^2}$ 与旋转抛物面 $z=x^2+y^2$ 所围成的闭区域；

（2）$\iiint\limits_{\Omega} z\sqrt{x^2+y^2}\mathrm{d}v$，其中 Ω 是由旋转抛物面 $z=x^2+y^2$ 与平面 $z=1$ 所围成的闭区域.

4. 利用球面坐标计算下列三重积分.

（1）$\iiint\limits_{\Omega} x^2+y^2+z^2\mathrm{d}v$，其中 Ω 是由球面 $x^2+y^2+z^2=1$ 所围成的闭区域；

（2）$\iiint\limits_{\Omega} z\mathrm{d}v$，其中 Ω 是由不等式 $x^2+y^2+(z-a)^2\leqslant a^2, x^2+y^2\leqslant z^2$ 所围成的闭区域.

第四节　重积分的应用

一、曲面的面积

设曲面方程为

$$z=f(x,y)$$

在 xOy 面上的投影区域为 D，如图 9.29 所示，函数 $f(x,y)$ 在 D 上具有连续的一阶偏导数，讨论由方程 $z=f(x,y),(x,y)\in D$ 所确定的曲面 S 的面积.

设小区域 $\mathrm{d}\sigma\in D$，点 $(x,y)\in\mathrm{d}\sigma$，Σ 为 S 为上过 $M(x,y,f(x,y))$ 的切平面. 以 $\mathrm{d}\sigma$ 边界为准线、母线平行于 z 轴的小柱面，截曲面 S 为 $\mathrm{d}S$；截切平面为 Σ 为 $\mathrm{d}A$，则 $\mathrm{d}A\approx\mathrm{d}S$. 因为 $\mathrm{d}\sigma$ 为 $\mathrm{d}A$ 在 xOy 面上的投影，则

$$\mathrm{d}\sigma=\mathrm{d}A\cdot\cos\gamma$$

又因为 $\cos\gamma=\dfrac{1}{\sqrt{1+f_x^2+f_y^2}}$，所以

$$\mathrm{d}A=\sqrt{1+f_x^2+f_y^2}\mathrm{d}\sigma$$

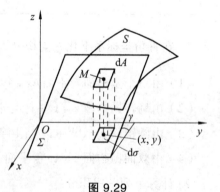

图 9.29

这就是曲面 S 的面积元素. 以它为被积表达式在闭区域 D 上积分，得

$$A=\iint\limits_{D}\sqrt{1+f_x^2+f_y^2}\mathrm{d}\sigma$$

上式也可写成

$$A=\iint\limits_{D_{xy}}\sqrt{1+\left(\frac{\partial z}{\partial x}\right)^2+\left(\frac{\partial z}{\partial y}\right)^2}\mathrm{d}x\mathrm{d}y$$

同理可得：设曲面的方程为 $x=g(y,z)$，则曲面面积公式为

$$A = \iint\limits_{D_{yz}} \sqrt{1 + \left(\frac{\partial x}{\partial y}\right)^2 + \left(\frac{\partial x}{\partial z}\right)^2} \, dydz$$

设曲面的方程为 $y = h(z,x)$，则曲面面积公式为

$$A = \iint\limits_{D_{zx}} \sqrt{1 + \left(\frac{\partial y}{\partial z}\right)^2 + \left(\frac{\partial y}{\partial x}\right)^2} \, dzdx$$

例 1 求圆锥 $z = \sqrt{x^2 + y^2}$ 在圆柱体 $x^2 + y^2 \leqslant x$ 内的那一部分的面积.

解

$$S = \iint\limits_{D} \sqrt{1 + z_x^2(x,y) + z_y^2(x,y)} \, dxdy$$

因为积分区域 D 是 $x^2 + y^2 \leqslant x$，且 $z = \sqrt{x^2 + y^2}$，$z_x = \dfrac{x}{\sqrt{x^2 + y^2}}$，$z_y = \dfrac{y}{\sqrt{x^2 + y^2}}$，所以

$$\sqrt{1 + z_x^2(x,y) + z_y^2(x,y)} = \sqrt{2}$$

$$S = \iint\limits_{D} \sqrt{2} \, dxdy = \sqrt{2} D = \frac{\sqrt{2}\pi}{4}$$

二、质 心

设 V 是密度为 $\rho(x,y,z)$ 的空间物体，$\rho(x,y,z)$ 在 V 上连续，V 的质量为

$$M = \iiint\limits_{V} \rho(x,y,z) dxdydz$$

V 对 yz 平面的静力矩为

$$\iiint\limits_{V} x\rho(x,y,z) dxdydz$$

以 $\bar{x}, \bar{y}, \bar{z}$ 分别表示 V 的质心的各个坐标，则由质心坐标的概念有

$$M \bar{x} = \iiint\limits_{V} x\rho(x,y,z) dxdydz$$

所以

$$\bar{x} = \frac{\iiint\limits_{V} x\rho(x,y,z) dxdydz}{M} = \frac{\iiint\limits_{V} x\rho(x,y,z) dxdydz}{\iiint\limits_{V} \rho(x,y,z) dxdydz}$$

类似地有

$$\bar{y} = \frac{\iiint\limits_V y\rho(x,y,z)\mathrm{d}x\mathrm{d}y\mathrm{d}z}{M} = \frac{\iiint\limits_V y\rho(x,y,z)\mathrm{d}x\mathrm{d}y\mathrm{d}z}{\iiint\limits_V \rho(x,y,z)\mathrm{d}x\mathrm{d}y\mathrm{d}z}$$

$$\bar{z} = \frac{\iiint\limits_V z\rho(x,y,z)\mathrm{d}x\mathrm{d}y\mathrm{d}z}{M} = \frac{\iiint\limits_V z\rho(x,y,z)\mathrm{d}x\mathrm{d}y\mathrm{d}z}{\iiint\limits_V \rho(x,y,z)\mathrm{d}x\mathrm{d}y\mathrm{d}z}$$

若 $\rho(x,y,z)$ 为常数，则

$$\bar{x} = \frac{\iiint\limits_V x\mathrm{d}v}{\Delta V}, \quad \bar{y} = \frac{\iiint\limits_V y\mathrm{d}v}{\Delta V}, \quad \bar{z} = \frac{\iiint\limits_V z\mathrm{d}v}{\Delta V}$$

对平面薄板 D 的情况，则有

$$\bar{x} = \frac{\iint\limits_D x\rho(x,y)\mathrm{d}x\mathrm{d}y}{M} = \frac{\iint\limits_D x\rho(x,y)\mathrm{d}x\mathrm{d}y}{\iint\limits_D \rho(x,y)\mathrm{d}x\mathrm{d}y}$$

$$\bar{y} = \frac{\iint\limits_D y\rho(x,y)\mathrm{d}x\mathrm{d}y}{M} = \frac{\iint\limits_D y\rho(x,y)\mathrm{d}x\mathrm{d}y}{\iint\limits_D \rho(x,y)\mathrm{d}x\mathrm{d}y}$$

若 $\rho(x,y)$ 为常数，则

$$\bar{x} = \frac{\iint\limits_D x\mathrm{d}\sigma}{\Delta D}, \quad \bar{y} = \frac{\iint\limits_D y\mathrm{d}\sigma}{\Delta D}$$

例2 已知平面薄片 D 为介于圆 $r = \sin\theta$ 之外及圆 $r = 2\sin\theta$ 之内的区域，面密度 $\rho = \dfrac{1}{y}$，求该薄片的质心.

解 薄片 D 如图 9.30 所示，可见采用极坐标系计算比较好. 因此将 D 表为

$$0 \leqslant \theta \leqslant \pi, \quad \sin\theta \leqslant r \leqslant 2\sin\theta$$

于是

$$M = \iint\limits_D \frac{1}{y}\mathrm{d}\sigma = \int_0^\pi \mathrm{d}\theta \int_{\sin\theta}^{2\sin\theta} \frac{r}{r\sin\theta}\mathrm{d}r = \int_0^\pi \mathrm{d}\theta = \pi$$

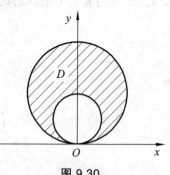

图 9.30

$$\iint\limits_{D} x\rho(x,y)\mathrm{d}\sigma = \iint\limits_{D}\frac{x}{y}\mathrm{d}\sigma = \int_0^{\pi}\mathrm{d}\theta\int_{\sin\theta}^{2\sin\theta}\frac{r\cos\theta}{r\sin\theta}r\mathrm{d}r$$

$$= \int_0^{\pi}\frac{\cos\theta}{\sin\theta}\cdot\frac{r^2}{2}\Big|_{\sin\theta}^{2\sin\theta}\mathrm{d}\theta = \frac{3}{4}\int_0^{\pi}\sin2\theta\mathrm{d}\theta = 0$$

$$\iint\limits_{D} y\rho(x,y)\mathrm{d}\sigma = \iint\limits_{D}\mathrm{d}\sigma = \int_0^{\pi}\mathrm{d}\theta\int_{\sin\theta}^{2\sin\theta}r\mathrm{d}r = \frac{3}{2}\int_0^{\pi}\sin^2\theta\mathrm{d}\theta = \frac{3}{4}$$

所以所求重心坐标为 $\left(0,\dfrac{3}{4}\right)$.

三、转动惯量

质点 A 对轴 l 的转动惯量 J 是质点 A 的质量 m 和到转动轴 l 的距离 r 的平方的乘积，即

$$J = mr^2$$

当讨论空间物体 V 的转动惯量时，可利用与讨论质量、重心等相同的方法计算：设空间物体 V 的密度函数为 $\rho(x,y,z)$，它对 x 轴的转动惯量为

$$J_x = \iiint\limits_{V}(y^2+z^2)\rho(x,y,z)\mathrm{d}x\mathrm{d}y\mathrm{d}z$$

同样地

$$J_y = \iiint\limits_{V}(z^2+x^2)\rho(x,y,z)\mathrm{d}x\mathrm{d}y\mathrm{d}z$$

$$J_z = \iiint\limits_{V}(x^2+y^2)\rho(x,y,z)\mathrm{d}x\mathrm{d}y\mathrm{d}z$$

平面薄板时的转动惯量问题也有类似的公式.

对于 xOy 平面内的薄片 D，若密度函数为 $\rho(x,y)$，则它绕 x 轴、y 轴、原点 O 的转动惯量分别为

$$I_x = \iint\limits_{D}y^2\rho(x,y)\mathrm{d}\sigma, \quad I_y = \iint\limits_{D}x^2\rho(x,y)\mathrm{d}\sigma, \quad I_O = \iint\limits_{D}(x^2+y^2)\rho(x,y)\mathrm{d}\sigma$$

例 3 求由曲线 $y=\dfrac{x^2}{4}$、直线 $y=1$ 及 y 轴在第一象限所围成的面密度为1的均匀薄片分别绕 x 轴、y 轴、原点 O 的转动惯量.

解 如图 9.31 所示，则

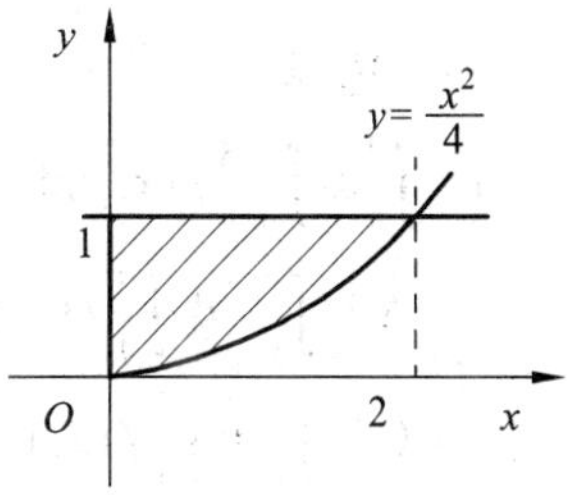

$$I_x = \iint\limits_{D}y^2\mathrm{d}\sigma = \int_0^2\mathrm{d}x\int_{\frac{1}{4}x^2}^{1}y^2\mathrm{d}y = \frac{1}{3}\int_0^2\left(1-\frac{x^6}{64}\right)\mathrm{d}x = \frac{4}{7}$$

$$I_y = \iint\limits_{D}x^2\mathrm{d}\sigma = \int_0^2\mathrm{d}x\int_{\frac{1}{4}x^2}^{1}x^2\mathrm{d}y = \int_0^2\left(x^2-\frac{x^4}{4}\right)\mathrm{d}x = \frac{16}{15}$$

图 9.31

$$I_O = I_x + I_y = \frac{4}{7} + \frac{16}{15} = \frac{172}{105}$$

*例4   设某球体的密度与球心的距离成正比，求它对于切平面的转动惯量.

解   设球体由式 $x^2 + y^2 + z^2 \leqslant R^2$ 表示，密度函数为 $\rho = k\sqrt{x^2 + y^2 + z^2}$，则它对切平面 $x = R$ 的转动惯量为

$$J = k\iiint\limits_V \sqrt{x^2 + y^2 + z^2}(x - R)^2 \,\mathrm{d}x\mathrm{d}y\mathrm{d}z$$

$$= k\int_0^{2\pi}\mathrm{d}\theta\int_0^{\pi}\mathrm{d}\varphi\int_0^R (R - r\sin\varphi\cos\theta)^2 r^3\sin\varphi\,\mathrm{d}r = \frac{11}{9}k\pi R^6$$

 习题 9.4

1. 求锥面 $z = \sqrt{x^2 + y^2}$ 被柱面 $z^2 = 2x$ 所割下部分的曲面面积.

2. 设薄片所占的闭区域 D 是介于两个圆 $r = a\cos\theta$，$r = b\cos\theta$ $(0 < a < b)$ 之间的闭区域，求均匀薄片的质心.

3. 设有一等腰直角三角形薄片，腰长为 a，各点处的面密度等于该点到直角顶点的距离的平方，求薄片的质心.

4. 设均匀薄片（面密度为常数 1）所占闭区域 D 由抛物线 $y^2 = \frac{9}{2}x$ 与直线 $x = 2$ 所围成，求 I_x 和 I_y.

5. 求面密度为常量 ρ 的匀质半圆环形薄片：$\sqrt{R_1^2 - y^2} \leqslant x \leqslant \sqrt{R_2^2 - y^2}$，$z = 0$ 对应于 z 轴上点 $M_0(0, 0, a)(a > 0)$ 处单位质量的质点的引力 F.

6. 利用三重积分计算下列由曲面所围立体的质心（设密度 $\rho = 1$）.

（1）$z = \sqrt{4 - x^2 - y^2}$，$z = 1$；　　　　　　　（2）$y^2 + z^2 = 2x$，$x = 2$.

7. 求半径为 a，高为 h 的均匀圆柱体（密度 $\rho = 1$）对于过中心而平行于母线的轴的转动惯量.

复习题九

一、选择题.

1. $\int_0^1\mathrm{d}x\int_0^{1-x} f(x, y)\mathrm{d}y = ($　　　$)$.

（A）$\int_0^{1-x}\mathrm{d}y\int_0^1 f(x, y)\mathrm{d}x$　　　　　　　（B）$\int_0^1\mathrm{d}y\int_0^{1-x} f(x, y)\mathrm{d}x$

（C）$\int_0^1\mathrm{d}y\int_0^1 f(x, y)\mathrm{d}x$　　　　　　　（D）$\int_0^1\mathrm{d}y\int_0^{1-y} f(x, y)\mathrm{d}x$

2. 设 D 为 $x^2 + y^2 \leqslant a^2$，当 $a = ($) 时，$\displaystyle\iint\limits_{D} \sqrt{a^2 - x^2 - y^2}\,\mathrm{d}x\mathrm{d}y = \pi$.

（A）1   （B）$\sqrt[3]{\dfrac{3}{2}}$ （C）$\sqrt[3]{\dfrac{3}{4}}$ （D）$\sqrt[3]{\dfrac{1}{2}}$

3. 设 $I = \displaystyle\iint\limits_{D}(x^2 + y^2)\mathrm{d}x\mathrm{d}y$，其中 D 由 $x^2 + y^2 = a^2$ 所围成，则 $I = ($).

（A）$\displaystyle\int_0^{2\pi}\mathrm{d}\theta\int_0^a a^2 r\mathrm{d}r = \pi a^4$ （B）$\displaystyle\int_0^{2\pi}\mathrm{d}\theta\int_0^a r^2 \cdot r\mathrm{d}r = \dfrac{1}{2}\pi a^4$

（C）$\displaystyle\int_0^{2\pi}\mathrm{d}\theta\int_0^a r^2\mathrm{d}r = \dfrac{2}{3}\pi a^3$ （D）$\displaystyle\int_0^{2\pi}\mathrm{d}\theta\int_0^a a^2 \cdot a\mathrm{d}r = 2\pi a^4$

4. 设 Ω 是由三个坐标面与平面 $x + 2y - z = 1$ 所围成的空间区域，则 $\displaystyle\iiint\limits_{\Omega} x\mathrm{d}x\mathrm{d}y\mathrm{d}z = ($).

（A）$\dfrac{1}{48}$ （B）$-\dfrac{1}{48}$ （C）$\dfrac{1}{24}$ （D）$-\dfrac{1}{24}$

5. 设 Ω 是锥面 $\dfrac{z^2}{c^2} = \dfrac{x^2}{a^2} + \dfrac{y^2}{b^2}(a > 0, b > 0, c > 0)$ 与平面 $x = 0, y = 0, z = c$ 所围成的空间区域在第一卦限的部分，则 $\displaystyle\iiint\limits_{\Omega} \dfrac{xy}{\sqrt{z}}\mathrm{d}x\mathrm{d}y\mathrm{d}z = ($).

（A）$\dfrac{1}{36}a^2 b^2 \sqrt{c}$ （B）$\dfrac{1}{36}a^2 b^2 \sqrt{b}$

（C）$\dfrac{1}{36}b^2 c^2 \sqrt{a}$ （D）$\dfrac{1}{36}c\sqrt{ab}$

6. 计算 $I = \displaystyle\iiint\limits_{\Omega} z\mathrm{d}v$，其中 Ω 为 $z^2 = x^2 + y^2$，$z = 1$ 围成的立体，则正确的解法为（   ）.

（A）$I = \displaystyle\int_0^{2\pi}\mathrm{d}\theta\int_0^1 r\mathrm{d}r\int_0^1 z\mathrm{d}z$ （B）$I = \displaystyle\int_0^{2\pi}\mathrm{d}\theta\int_0^1 r\mathrm{d}r\int_r^1 z\mathrm{d}z$

（C）$I = \displaystyle\int_0^{2\pi}\mathrm{d}\theta\int_0^1 \mathrm{d}z\int_r^1 r\mathrm{d}r$ （D）$I = \displaystyle\int_0^1 \mathrm{d}z\int_0^{2\pi}\mathrm{d}\theta\int_0^z zr\mathrm{d}r$

7. 曲面 $z = \sqrt{x^2 + y^2}$ 包含在圆柱 $x^2 + y^2 = 2x$ 内部的那部分面积 $S = ($).

（A）$\sqrt{3}\pi$ （B）$\sqrt{2}\pi$ （C）$\sqrt{5}\pi$ （D）$2\sqrt{2}\pi$

8. 由直线 $x + y = 2$，$x = 2$，$y = 2$ 所围成的质量分布均匀（设面密度为 μ）的平面薄板，关于 x 轴的转动惯量 $I_x = ($).

（A）3μ （B）5μ （C）4μ （D）6μ

二、计算下列二重积分.

1. $\displaystyle\iint\limits_{D}(x^2 - y^2)\mathrm{d}\sigma$，其中 D 是闭区域：$0 \leqslant y \leqslant \sin x$，$0 \leqslant x \leqslant \pi$；

2. $\displaystyle\iint\limits_{D} \arctan\dfrac{y}{x}\mathrm{d}\sigma$，其中 D 是由直线 $y = 0$ 及圆周 $x^2 + y^2 = 4$，$x^2 + y^2 = 1$，$y = x$ 所围成的在第一象限内的闭区域；

3. $\displaystyle\iint\limits_{D}(y^2 + 3x - 6y + 9)\mathrm{d}\sigma$，其中 D 是闭区域：$x^2 + y^2 \leqslant R^2$；

4. $\iint\limits_{D}|x^2+y^2-2|\mathrm{d}\sigma$，其中 $D: x^2+y^2\leqslant 3$.

三、作出积分区域图形，并交换下列二次积分的次序.

1. $\int_0^1\mathrm{d}y\int_0^{2y}f(x,y)\mathrm{d}x+\int_1^3\mathrm{d}y\int_0^{3-y}f(x,y)\mathrm{d}x$；

2. $\int_0^1\mathrm{d}x\int_{\sqrt{x}}^{1+\sqrt{1-x^2}}f(x,y)\mathrm{d}y$；

3. $\int_0^a\mathrm{d}\theta\int_0^\theta f(r\cos\theta,r\sin\theta)r\mathrm{d}r$.

四、将三次积分 $\int_0^1\mathrm{d}x\int_x^1\mathrm{d}y\int_x^y f(x,y,z)\mathrm{d}z$ 改换积分次序为 $x\to y\to z$.

五、计算下列三重积分.

1. $\iiint\limits_{\Omega}y\cos(x+z)\mathrm{d}x\mathrm{d}y\mathrm{d}z$，其中 Ω 是由抛物柱面 $y=\sqrt{x}$ 及平面 $y=0$，$z=0$，$x+z=\dfrac{\pi}{2}$ 所围成的区域.

2. $\iiint\limits_{\Omega}(y^2+z^2)\mathrm{d}v$，其中 Ω 是由 xOy 平面上曲线 $y^2=2x$ 绕 x 轴旋转而成的曲面与平面 $x=5$ 所围成的闭区域.

3. $\iiint\limits_{\Omega}\dfrac{z\ln(x^2+y^2+z^2+1)}{x^2+y^2+z^2+1}\mathrm{d}v$，其中 Ω 是由球面 $x^2+y^2+z^2=1$ 所围成的闭区域.

六、求平面 $\dfrac{x}{a}+\dfrac{y}{b}+\dfrac{z}{c}=1$ 被三坐标面所割出的有限部分的面积.

七、设 $f(x)$ 在 $[0,1]$ 上连续，试证：$\int_0^1\int_x^1\int_x^y f(x)f(y)f(z)\mathrm{d}x\mathrm{d}y\mathrm{d}z=\dfrac{1}{6}\left[\int_0^1 f(x)\mathrm{d}x\right]^3$.

第十章

曲线积分与曲面积分

定积分是在数轴上一个区间的积分，二重积分和三重积分是在平面区域 D 上或空间闭域 Ω 上的积分，然而实际问题需要我们讨论在一段曲线弧或一片曲面上的积分，即所谓曲线积分和曲面积分. 本章我们讨论这种积分的一些基本内容.

第一节 对弧长的曲线积分

一、对弧长的曲线积分的概念与性质

沿曲线分布的质量 设在一条平面曲线 L 上有连续分布的物质，其分布密度为 $\rho(x,y)$，其中 (x,y) 是曲线 L 上一点的坐标，求曲线 L 的质量 M（见图 10.1）.

如果线密度 ρ 是一个常量，那么质量 M 就等于它的线密度 ρ 与长度的乘积. 而现在线密度 $\rho(x,y)$ 是变量，不能直接用上述方法计算. 为了克服困难，我们用 L 上的点 $M_1,M_2,\cdots,M_{n-1}$ 把 L 分成 n 个小段，取其中一小段 $\widehat{M_{i-1}M_i}$ 来分析. 在线密度连续变化的前提下，只要这小段很短，就可以用这小段上任一点 (ξ_i,η_i) 处的线密度代替这小段上其他各点处的线密度，从而得到该小段的质量的近似值

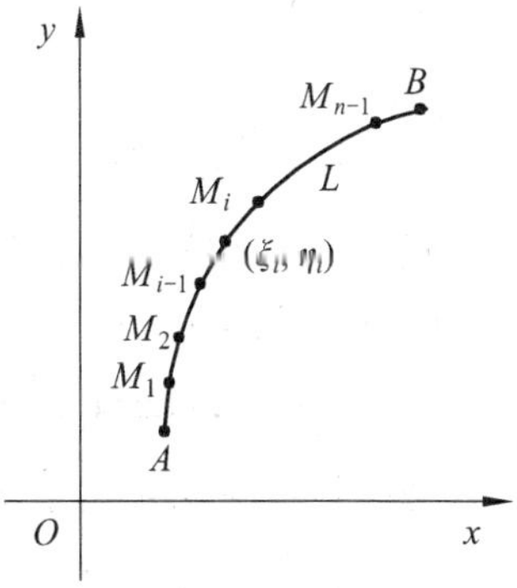

$$\rho(\xi_i,\eta_i)\Delta s_i$$

图 10.1

其中 Δs_i 表示 $\widehat{M_{i-1}M_i}$ 的长度，于是整个质量

$$M \approx \sum_{i=1}^{n}\rho(\xi_i,\eta_i)\Delta s_i$$

用 λ 表示 n 个小弧段的最大长度，为了计算 M 的精确值，取上式右端之和当 $\lambda \to 0$ 时的极限，从而得到

$$M = \lim_{\lambda \to 0}\sum_{i=1}^{n}\rho(\xi_i,\eta_i)\Delta s_i$$

这种和的极限，我们还在许多其他实际问题中碰到，所以抽去它们的具体意义，以形成

下面的对弧长的曲线积分概念.

定义 1.1 设 L 为 xOy 平面内的一条光滑曲线弧，函数 $f(x,y)$ 在 L 上有界，在 L 上任意插入一点列 $M_1, M_2, \cdots, M_{n-1}$，并把 L 分成 n 个小段，设第 i 个小段的长度为 Δs_i，又 (ξ_i, η_i) 为第 i 个小段上任意取定的一点，作乘积 $f(\xi_i, \eta_i)\Delta s_i (i=1,2,\cdots,n)$，并作和 $\sum\limits_{i=1}^{n} f(\xi_i, \eta_i)\Delta s_i$. 如果当各小弧段的长度的最大值 $\lambda \to 0$ 时，这和的极限总存在，则称此极限为函数 $f(x,y)$ 在曲线弧 L 上对弧长的曲线积分或第一类曲线积分，记作 $\int_L f(x,y)\mathrm{d}s$，即

$$\int_L f(x,y)\mathrm{d}s = \lim_{\lambda \to 0} \sum_{i=1}^{n} f(\xi_i, \eta_i)\Delta s_i$$

其中 $f(x,y)$ 称为**被积函数**，L 称为**积分弧段**.

关于这个定义，我们应当注意两点：

（1）只有被积函数 $f(x,y)$ 在光滑曲线弧 L 上连续时，对弧长的曲线积分 $\int_L f(x,y)\mathrm{d}s$ 才是存在的.

（2）上述的 Δs_i 是每一小段弧的长度，规定始终取正值.

由上述定义可知，以密度 $\rho(x,y)$ 分布在曲线 L 上的质量等于密度函数 $\rho(x,y)$ 沿曲线 L 对弧长的曲线积分：

$$M = \int_L \rho(x,y)\mathrm{d}s$$

如果函数 $f(x,y,z)$ 在空间光滑或分段光滑的曲线弧 Γ 上连续，则可类似得到函数 $f(x,y,z)$ 在空间曲线 Γ 上对弧长的曲线积分

$$\int_L f(x,y,z)\mathrm{d}s = \lim_{\lambda \to 0} \sum_{i=1}^{n} f(\xi_i, \eta_i, \zeta_i)\Delta s_i$$

如果 L 是闭曲线，那么函数 $f(x,y)$ 在闭曲线 L 上的对弧长的曲线积分记为 $\oint_L f(x,y)\mathrm{d}s$.

由对弧长的曲线积分的定义可知，它有以下性质：

（1）$\int_L [f(x,y) \pm g(x,y)]\mathrm{d}s = \int_L f(x,y)\mathrm{d}s \pm \int_L g(x,y)\mathrm{d}s$.

（2）$\int_L kf(x,y)\mathrm{d}s = k\int_L f(x,y)\mathrm{d}s$（$k$ 为常数）.

（3）$\int_L f(x,y)\mathrm{d}s = \int_{L_1} f(x,y)\mathrm{d}s + \int_{L_2} f(x,y)\mathrm{d}s$，其中 $L = L_1 + L_2$.

二、对弧长的曲线积分的计算方法

定理 1.1 设 $f(x,y)$ 在曲线 L 上有定义且连续，L 的参数方程为

$$\begin{cases} x = \varphi(t), \\ y = \phi(t), \end{cases} \quad (\alpha \leqslant t \leqslant \beta)$$

其中 $\varphi(t), \phi(t)$ 在 $[\alpha, \beta]$ 上具有一阶连续导数，且 $\varphi'^2(t) + \phi'^2(t) \neq 0$，则曲线积分 $\int_L f(x,y)\mathrm{d}s$ 存

在，且

$$\int_L f(x,y)\mathrm{d}s = \int_\alpha^\beta f[\varphi(t),\phi(t)]\sqrt{\varphi'^2(t)+\phi'^2(t)}\mathrm{d}t \quad (\alpha < \beta) \tag{1}$$

证明 假定当参数 t 由 α 变全 β 时，L 上的点 $M(x,y)$ 依点 A 至 B 的方向描出曲线 L. 在 L 上取一系列点

$$A = M_0,\ M_1,\ M_2,\ \cdots,\ M_{n-1},\ M_n = B$$

它们对应于一列单调增加的参数值

$$\alpha = t_0 < t_1 < t_2 < \cdots < t_{n-1} < t_n = \beta$$

根据对弧长的曲线积分的定义，有

$$\int_L f(x,y)\mathrm{d}s = \lim_{\lambda \to 0}\sum_{i=1}^n f(\xi_i,\eta_i)\Delta s_i$$

设点 (ξ_i,η_i) 对应于参数值 τ_i，即 $\xi_i = \varphi(\tau_i)$，$\eta_i = \phi(\tau_i)$，这里 $t_{i-1} \leqslant \tau_i \leqslant t_i$，由于

$$\Delta s_i = \int_{t_{i-1}}^{t_i} \sqrt{\varphi'^2(t)+\phi'^2(t)}\mathrm{d}t$$

应用积分中值定理，有

$$\Delta s_i = \sqrt{\varphi'^2(\tau_i')+\phi'^2(\tau_i')}\Delta t_i$$

其中 $\Delta t_i = t_i - t_{i-1}$，$t_{i-1} \leqslant \tau_i' \leqslant t_i$，于是

$$\int_L f(x,y)\mathrm{d}s = \lim_{\lambda \to 0}\sum_{i=1}^n f[\varphi(\tau_i),\phi(\tau_i)]\sqrt{\varphi'^2(\tau_i')+\phi'^2(\tau_i')}\Delta t_i$$

由于函数 $\sqrt{\varphi'^2(\tau_i')+\phi'^2(\tau_i')}$ 在闭区间 $[\alpha,\beta]$ 上连续，可以把上式中的 τ_i' 换成 τ_i，从而

$$\int_L f(x,y)\mathrm{d}s = \lim_{\lambda \to 0}\sum_{i=1}^n f[\varphi(\tau_i),\phi(\tau_i)]\sqrt{\varphi'^2(\tau_i)+\phi'^2(\tau_i)}\Delta t_i$$

上式右端的和的极限，就是函数 $f[\varphi(t),\phi(t)]\cdot\sqrt{\varphi'^2(t)+\phi'^2(t)}$ 在区间 $[\alpha,\beta]$ 上的定积分. 由于这个函数在 $[\alpha,\beta]$ 上连续，所以这个定积分是存在的，因此上式左端的曲线积分 $\int_L f(x,y)\mathrm{d}s$ 也存在，并且有

$$\int_L f(x,y)\mathrm{d}s = \int_\alpha^\beta f[\varphi(t),\phi(t)]\sqrt{\varphi'^2(t)+\phi'^2(t)}\mathrm{d}t \quad (\alpha < \beta)$$

应当注意，这里弧长 s 是随着参变数的增大而增大的，而对弧长的曲线积分的定义中规定 Δs_i 总是正的，因此定积分中下限 α 总小于上限 β.

如果曲线 L 由方程

$$y = \phi(x) \quad (a \leqslant x \leqslant b)$$

给出，那么可以将 x 当参数，得到曲线 L 的参数方程

$$\begin{cases} x = x \\ y = \phi(x) \end{cases} \quad (a \leqslant x \leqslant b)$$

从而由公式（1）得出

$$\int_L f(x,y)\mathrm{d}s = \int_a^b f[x,\phi(x)]\sqrt{1+\phi'^2(x)}\mathrm{d}x \quad (a < b) \tag{2}$$

如果曲线由方程

$$x = \varphi(y) \quad (c \leqslant y \leqslant d)$$

给出，那么可以将 y 当参数，得到曲线 L 的参数方程

$$\begin{cases} x = \varphi(y) \\ y = y \end{cases} \quad (c \leqslant y \leqslant d)$$

从而由公式（1）得出

$$\int_L f(x,y)\mathrm{d}s = \int_c^d f[\varphi(y),y]\sqrt{1+\varphi'^2(y)}\mathrm{d}y \quad (c < d) \tag{3}$$

如果空间曲线 $\varGamma$ 由参数方程

$$x = \varphi(t), \quad y = \phi(t), \quad z = \omega(t) \quad (\alpha \leqslant t \leqslant \beta)$$

给出，那么有

$$\int_\varGamma f(x,y,z)\mathrm{d}s = \int_\alpha^\beta f[\varphi(t),\phi(t),\omega(t)]\sqrt{\varphi'^2(t)+\phi'^2(t)+\omega'^2(t)}\mathrm{d}t \tag{4}$$

其中 $\alpha < t < \beta$.

例 1 求 $I = \int_L xy\mathrm{d}s$，其中积分路径 $\varGamma$ 是在第一象限内的一段椭圆：

$$x = a\cos t, \quad y = b\sin t \quad \left(0 \leqslant t \leqslant \frac{\pi}{2}\right)$$

解 由公式（1）得

$$I = \int_0^{\frac{\pi}{2}} a\cos t \cdot b\sin t \sqrt{(-a\sin t)^2 + (b\cos t)^2}\,\mathrm{d}t$$

$$= ab\int_0^{\frac{\pi}{2}} \sin t\cos t\sqrt{a^2\sin^2 t + b^2\cos^2 t}\,\mathrm{d}t$$

令 $u = \sqrt{a^2\sin^2 t + b^2\cos^2 t}$，则 $u^2 = a^2\sin^2 t + b^2\cos^2 t$，所以

$$\mathrm{d}u = \frac{(a^2-b^2)\sin t\cos t}{\sqrt{a^2\sin^2 t + b^2\cos^2 t}}\mathrm{d}t$$

当 $t = 0$ 时，$u = b$；$t = \frac{\pi}{2}$ 时，$u = a$. 经过这样的换元以后，原积分变为

$$I = \frac{ab}{a^2-b^2}\int_b^a u^2\mathrm{d}u = \frac{ab(a^2+ab+b^2)}{3(a+b)}$$

例2　求 $\int_L \sqrt{y}\,\mathrm{d}s$，其中 L 是抛物线 $y=x^2$ 上点 $O(0,0)$ 与点 $B(1,1)$ 之间的一段弧（见图 10.2）.

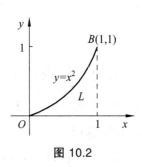

图 10.2

解　L 由方程 $y=x^2\ (0\leqslant x\leqslant 1)$ 给出，由公式（2）得

$$\int_L \sqrt{y}\,\mathrm{d}s = \int_0^1 \sqrt{x^2}\sqrt{1+(x^2)'^2}\,\mathrm{d}x = \int_0^1 x\sqrt{1+4x^2}\,\mathrm{d}x$$

$$= \left[\frac{1}{12}(1+4x^2)^{\frac{3}{2}}\right]_0^1 = \frac{1}{12}(5\sqrt{5}-1)$$

例3　求 $\int_L y\,\mathrm{d}s$，其中 L 是抛物线 $y^2=4x$ 上从点 $(1,2)$ 到点 $(1,-2)$ 的一段弧.

解　将 L 的方程改写为 $x=\dfrac{y^2}{4}\ (-2\leqslant y\leqslant 2)$，由公式（3）得

$$\int_L y\,\mathrm{d}s = \int_{-2}^2 y\sqrt{1+\left(\frac{y}{2}\right)^2}\,\mathrm{d}y = 0$$

这是因为奇函数在对称区间上的积分等于零.

例4　求 $\int_\Gamma xyz\,\mathrm{d}s$，其中 Γ 是螺旋线 $x=a\cos\theta,\ y=a\sin\theta,\ z=k\theta$ 上的一段 $(0\leqslant\theta\leqslant 2\pi)$.

解　由公式（4）得

$$\int_\Gamma xyz\,\mathrm{d}s = \int_0^{2\pi} a^2\cos\theta\sin\theta\cdot k\theta\sqrt{a^2+k^2}\,\mathrm{d}\theta$$

$$= \frac{1}{2}ka^2\sqrt{a^2+k^2}\int_0^{2\pi}\theta\sin 2\theta\,\mathrm{d}\theta$$

$$= \frac{1}{2}ka^2\sqrt{a^2+k^2}\left(\left.\frac{-\theta\cos 2\theta}{2}\right|_0^{2\pi}+\frac{1}{2}\int_0^{2\pi}\cos 2\theta\,\mathrm{d}\theta\right)$$

$$= -\frac{1}{2}\pi ka^2\sqrt{a^2+k^2}$$

例5　计算 $\oint_L \sqrt{x^2+y^2}\,\mathrm{d}s$，$L$ 为圆周 $x^2+y^2=ax\ (a>0)$.

解　引用极坐标，圆周 L 的极坐标方程可写作 $r=a\cos\theta$，其中 θ 作为参数，它的变化范围是 $\left[-\dfrac{\pi}{2},\dfrac{\pi}{2}\right]$. 又

$$\mathrm{d}s = \sqrt{r^2+r'^2}\,\mathrm{d}\theta = \sqrt{a^2\cos^2\theta+a^2(-\sin\theta)^2}\,\mathrm{d}\theta = \sqrt{a^2}\,\mathrm{d}\theta = a\,\mathrm{d}\theta$$

而 $\sqrt{x^2+y^2}=r=a\cos\theta$，故有

$$\oint_L \sqrt{x^2+y^2}\,\mathrm{d}s = \int_{-\frac{\pi}{2}}^{\frac{\pi}{2}} a\cos\theta\cdot a\,\mathrm{d}\theta = 2a^2\left[\sin\theta\right]_0^{\frac{\pi}{2}} = 2a^2$$

1. 计算 $\int_L y^2 ds$，其中 L 为摆线 $x = a(t - \sin t), y = a(1 - \cos t)$ $(0 \leqslant t \leqslant 2\pi)$.

2. 计算 $\oint_L e^{\sqrt{x^2+y^2}} ds$，其中 L 为圆周 $x^2 + y^2 = a^2$，直线 $y = x$ 及 x 轴在第一象限中所围成的图形的边界.

3. 计算 $\oint_L (x^2 + y^2)^n ds$，其中 L 为圆周 $x = a\cos t, y = a\sin t$ $(0 \leqslant t \leqslant 2\pi)$.

4. 计算 $\oint_L x ds$，其中 L 为由直线 $y = x$ 及抛物线 $y = x^2$ 所围成的区域的整个边界.

5. 计算 $\int_\Gamma \dfrac{1}{x^2 + y^2 + z^2} ds$，其中 Γ 为曲线 $x = e^t \cos t, y = e^t \sin t, z = e^t$ 上相应于 t 从 0 变到 2 的这段弧.

6. 计算 $\int_\Gamma x^2 yz ds$，其中 Γ 为折线 $ABCD$，这里 A, B, C, D 依次为点 $(0,0,0)$, $(0,0,2)$, $(1,0,2)$, $(1,3,2)$.

7. 计算 $\int_L (x^2 + y^2) ds$，其中 L 为曲线 $x = a(\cos t + t\sin t), y = a(\sin t - t\cos t)$ $(0 \leqslant t \leqslant 2\pi)$.

第二节　对坐标的曲线积分

一、对坐标的曲线积分的概念与性质

变力沿曲线所做的功　设一个质点在 xOy 平面内从点 A 沿光滑曲线弧 L 移动到点 B，在移动过程中，这质点受到力

$$F(x, y) = P(x, y)i + Q(x, y)j$$

的作用，其中函数 $P(x, y), Q(x, y)$ 在 L 上连续，要计算在上述移动过程中变力 $F(x, y)$ 所做的功（见图 10.3）.

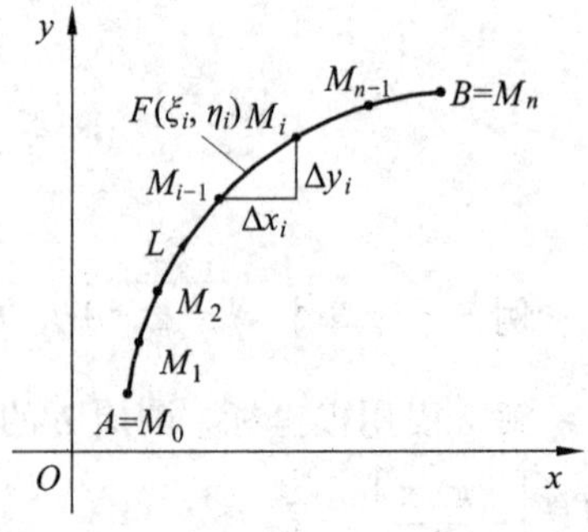

已经知道，如果力 F 是常力，且质点从点 A 沿直线移动到点 B，那么常力 F 所做的功等于两个向量 F 与 $\overrightarrow{AB}$ 的数量积，即

$$W = F \cdot \overrightarrow{AB}$$

图 10.3

可是，现在 $F(x, y)$ 是变力，且质点沿曲线 L 移动，功 W 就不能直接按上述公式计算. 那么如何克服这个困难呢？我们仍然采用"分割、作近似、求和、取极限"的方法来求变力沿曲线所做的功 W. 为此，我们用有向线段 L 上的点

$$A = M_0(x_0, y_0), \quad M_1(x_1, y_1), \quad \cdots, \quad M_{n-1}(x_{n-1}, y_{n-1}), \quad M_n(x_n, y_n) = B$$

将 L 任意分成 n 个有向小弧段：

$$\widehat{M_0M_1}, \quad \widehat{M_1M_2}, \quad \cdots, \quad \widehat{M_{n-1}M_n}$$

当各小弧段的长度很小时，可以用有向线段

$$\overrightarrow{M_{i-1}M_i} = \Delta x_i \boldsymbol{i} + \Delta y_i \boldsymbol{j}$$

来近似代替有向弧段 $\widehat{M_{i-1}M_i}$，这里 $\Delta x_i = x_i - x_{i-1}$，$\Delta y_i = y_i - y_{i-1}$. 因为 $P(x, y), Q(x, y)$ 在 L 上连续，故可用小弧段 $\widehat{M_{i-1}M_i}$ 上任一点 (ξ_i, η_i) 处的力

$$\boldsymbol{F}(\xi_i, \eta_i) = P(\xi_i, \eta_i)\boldsymbol{i} + Q(\xi_i, \eta_i)\boldsymbol{j}$$

来近似代替其上各点处的力. 于是，质点沿小弧段 $\widehat{M_{i-1}M_i}$ 从点 M_{i-1} 移动至点 M_i 时，对力 $\boldsymbol{F}$ 所做的功

$$\Delta W_i \approx \boldsymbol{F}(\xi_i, \eta_i) \cdot \overrightarrow{M_{i-1}M_i} = P(\xi_i, \eta_i)\Delta x_i + Q(\xi_i, \eta_i)\Delta y_i$$

求和即得

$$W = \sum_{i=1}^{n} \Delta W_i \approx \sum_{i=1}^{n} [P(\xi_i, \eta_i)\Delta x_i + Q(\xi_i, \eta_i)\Delta y_i]$$

令各小弧段长度的最大值 $\lambda \to 0$，便得到

$$W = \lim_{\lambda \to 0} \sum_{i=1}^{n} [P(\xi_i, \eta_i)\Delta x_i + Q(\xi_i, \eta_i)\Delta y_i]$$

在一些实际问题中，常常遇到上述类型的极限，因此，我们引入对坐标的曲线积分的定义.

定义 2.1 设 L 为 xOy 面内从点 A 到点 B 的一条有向光滑曲线弧，函数 $P(x, y), Q(x, y)$ 在 L 上有界. 用 L 上的点

$$A = M_0(x_0, y_0), \quad M_1(x_1, y_1), \quad \cdots, \quad M_{n-1}(x_{n-1}, y_{n-1}), \quad M_n(x_n, y_n) = B$$

将 L 分成 n 个有向小弧段

$$\widehat{M_0M_1}, \quad \widehat{M_1M_2}, \quad \cdots, \quad \widehat{M_{n-1}M_n}$$

设 $\Delta x_i = x_i - x_{i-1}$，$\Delta y_i = y_i - y_{i-1}$，$(\xi_i, \eta_i)$ 为 $\widehat{M_{i-1}M_i}$ 上任一点，如果当各小弧段长度的最大值 $\lambda \to 0$ 时，和式

$$\sum_{i=1}^{n} [P(\xi_i, \eta_i)\Delta x_i + Q(\xi_i, \eta_i)\Delta y_i]$$

的极限存在，且极限与曲线 L 的分法及点 (ξ_i, η_i) 的取法无关，则称此极限为函数 $P(x, y)$，$Q(x, y)$ 在有向弧线段 L 上对坐标的曲线积分，也叫**第二类曲线积分**，记作

$$\int_L P(x, y)\mathrm{d}x + Q(x, y)\mathrm{d}y$$

即

$$\int_L P(x,y)\mathrm{d}x + Q(x,y)\mathrm{d}y = \lim_{\lambda \to 0} \sum_{i=1}^{n}[P(\xi_i,\eta_i)\Delta x_i + Q(\xi_i,\eta_i)\Delta y_i]$$

其中 $P(x,y)$, $Q(x,y)$ 称为**被积函数**，L 称为**积分弧段**.

特别地，当 $Q(x,y) \equiv 0$ 时，称 $\int_L P(x,y)\mathrm{d}x$ 为函数 $P(x,y)$ 在有向曲线弧 L 上对坐标 x 的曲线积分；当 $P(x,y) \equiv 0$ 时，称 $\int_L Q(x,y)\mathrm{d}y$ 为函数 $Q(x,y)$ 在有向曲线弧 L 上对坐标 y 的曲线积分.

由定义 2.1 可知，一质点在变力 $\boldsymbol{F}(x,y) = P(x,y)\boldsymbol{i} + Q(x,y)\boldsymbol{j}$ 的作用下，沿曲线 L 从点 A 移动至点 B 时，力 $\boldsymbol{F}$ 所做的功为

$$W = \int_L P(x,y)\mathrm{d}x + Q(x,y)\mathrm{d}y$$

可以证明，如果 $P(x,y)$, $Q(x,y)$ 在有向光滑曲线弧 L 上连续，则 $\int_L P(x,y)\mathrm{d}x + Q(x,y)\mathrm{d}y$ 存在.

如果积分弧段为封闭曲线，则常把曲线积分 $\int_L P(x,y)\mathrm{d}x + Q(x,y)\mathrm{d}y$ 写成 $\oint_L P(x,y)\mathrm{d}x + Q(x,y)\mathrm{d}y$，此时封闭曲线 L 围成平面区域 D. 对 L 的方向我们作这样的规定：当观察者沿 L 行走时，若 D 内邻近他的部分总位于他的左边，则称观察者前进的方向为曲线 L 的正向. 我们用 L 表示方向与 L 相反的有向曲线弧.

定义 2.1 可以类似推广到积分弧段为空间有向曲线弧 Γ 的情形. 如果函数 $P(x,y,z)$, $Q(x,y,z)$, $R(x,y,z)$ 在空间有向曲线弧 Γ 上连续，则有

$$\int_\Gamma P(x,y,z)\mathrm{d}x + Q(x,y,z)\mathrm{d}y + R(x,y,z)\mathrm{d}z$$
$$= \lim_{\lambda \to 0} \sum_{i=1}^{n} (P(x,y,z)\Delta x_i + Q(x,y,z)\Delta y_i + R(x,y,z)\Delta z_i)$$

对坐标的曲线积分的性质有：

性质 1　如果把 L 分成 $L_1 + L_2$，则

$$\int_L P\mathrm{d}x + Q\mathrm{d}y = \int_{L_1} P\mathrm{d}x + Q\mathrm{d}y + \int_{L_2} P\mathrm{d}x + Q\mathrm{d}y \qquad (1)$$

式（1）可以推广到 L 由 $L_1, L_2, \cdots, L_n$ 组成的情形.

性质 2　设 L 是有向曲线弧，L 是与 L 方向相反的有向曲线弧，则

$$\int_{-L} P\mathrm{d}x + Q\mathrm{d}y = -\int_L P\mathrm{d}x + Q\mathrm{d}y \qquad (2)$$

证明从略.

二、对坐标的曲线积分的计算法

定理 2.1　设 $P(x,y)$, $Q(x,y)$ 在有向曲线弧 L 上有定义且连续，L 的参数方程为

$$\begin{cases} x = \varphi(t) \\ y = \phi(t) \end{cases}$$

当参数 t 单调地由 α 变到 β 时，点 $M(x, y)$ 从 L 的起点 A 沿 L 运动到终点 B，$\varphi(t)$，$\phi(t)$ 在以 α 及 β 为端点的闭区间上具有一阶连续导数，且 $\varphi'^2(t) + \phi'^2(t) \neq 0$，则曲线积分 $\int_L P(x, y)\mathrm{d}x + Q(x, y)\mathrm{d}y$ 存在，且

$$\int_L P(x, y)\mathrm{d}x + Q(x, y)\mathrm{d}y = \int_\alpha^\beta \{P[\varphi(t), \phi(t)]\varphi'(t) + Q[\varphi(t), \phi(t)]\phi'(t)\}\mathrm{d}t \qquad (3)$$

证明 在 L 上取一点列

$$A = M_0, \quad M_1, \quad M_2, \quad \cdots, \quad M_{n-1}, \quad M_n = B$$

它们对应于一列单调变化的参数值

$$\alpha = t_0 < t_1 < t_2 < \cdots < t_{n-1} < t_n = \beta$$

根据对坐标的曲线积分的定义，有

$$\int_L P(x, y)\mathrm{d}x = \lim_{\lambda \to 0} \sum_{i=1}^n P(\xi_i, \eta_i)\Delta x_i$$

设点 (ξ_i, η_i) 对应于参数值 τ_i，即 $\xi_i = \varphi(\tau_i), \eta_i = \phi(\tau_i)$，这里 τ_i 在 t_{i-1} 与 t_i 之间. 由于

$$\Delta x_i = x_i - x_{i-1} = \varphi(t_i) - \varphi(t_{i-1})$$

应用微分中值定理，有

$$\Delta s_i = \varphi'(\tau_i')\Delta t_i$$

其中 $\Delta t_i = t_i - t_{i-1}$，$\tau_i'$ 在 t_{i-1} 与 t_i 之间. 于是

$$\int_L P(x, y)\mathrm{d}x = \lim_{\lambda \to 0} \sum_{i=1}^n P[\varphi(\tau_i), \phi(\tau_i)]\varphi'(\tau_i')\Delta t_i$$

因为函数 $\varphi'(t)$ 在闭区间 $[\alpha, \beta]$（或 $[\beta, \alpha]$）上连续，我们可以把上式中的 τ_i' 换成 τ_i，从而

$$\int_L P(x, y)\mathrm{d}x = \lim_{\lambda \to 0} \sum_{i=1}^n P[\varphi(\tau_i), \phi(\tau_i)]\varphi'(\tau_i)\Delta t_i$$

上式右端和的极限就是定积分 $\int_\alpha^\beta P[\varphi(t), \phi(t)]\varphi'(t)\mathrm{d}t$. 由于函数 $P[\varphi(t), \phi(t)]\varphi'(t)$ 连续，这个定积分是存在的，因此上式左端的积分 $\int_L P(x, y)\mathrm{d}x$ 也存在，并且有

$$\int_L P(x, y)\mathrm{d}x = \int_\alpha^\beta P[\varphi(t), \phi(t)]\varphi'(t)\mathrm{d}t$$

同理可证

$$\int_L Q(x, y)\mathrm{d}y = \int_\alpha^\beta Q[\varphi(t), \phi(t)]\phi'(t)\mathrm{d}t$$

把以上两式相加，得

$$\int_L P(x, y)\mathrm{d}x + Q(x, y)\mathrm{d}y = \int_\alpha^\beta \{P[\varphi(t), \phi(t)]\varphi'(t) + Q[\varphi(t), \phi(t)]\phi'(t)\}\mathrm{d}t$$

这里下限 α 对应于 L 的起点，上限 β 对应于 L 的终点.

式（3）表明，计算对坐标的曲线积分

$$\int_L P(x,y)\mathrm{d}x + Q(x,y)\mathrm{d}y$$

时，只要把 $x,y,\mathrm{d}x,\mathrm{d}y$ 依次换为 $\varphi(t),\phi(t),\varphi'(t)\mathrm{d}t,\phi'(t)\mathrm{d}t$ ，然后从 L 的起点所对应的参数值 α 到 L 的终点所对应的参数值 β 作定积分就行了. 这里必须注意，下限 α 对应于 L 的起点，上限 β 对应于 L 的终点，α 不一定小于 β.

如果曲线弧 L 的方程为 $y = \phi(x)$ ，取 x 作参数，即得参数方程

$$\begin{cases} x = x \\ y = \phi(t) \end{cases} \quad (a \leqslant x \leqslant b)$$

式（3）变为

$$\int_L P(x,y)\mathrm{d}x + Q(x,y)\mathrm{d}y = \int_a^b \{P[x,\phi(x)] + Q[x,\phi(x)]\,\phi'(x)\}\mathrm{d}x \qquad (4)$$

这里下限 a 对应于 L 的起点，上限 b 对应于 L 的终点.

如果曲线弧 L 的方程为 $x = \varphi(y)$ ，取 y 作参数，即得参数方程

$$\begin{cases} x = \varphi(y) \\ y = y \end{cases} \quad (c \leqslant y \leqslant d)$$

式（3）变为

$$\int_L P(x,y)\mathrm{d}x + Q(x,y)\mathrm{d}y = \int_c^d \{P[\varphi(y),y]\varphi'(y) + Q[\varphi(y),y]\}\mathrm{d}y \qquad (5)$$

这里下限 c 对应于 L 的起点，上限 d 对应于 L 的终点.

式（3）可推广到空间曲线 Γ 由参数方程

$$x = \varphi(t), \quad y = \phi(t), \quad z = \omega(t)$$

给出的情形，这样便得到

$$\int_L P(x,y,z)\mathrm{d}x + Q(x,y,z)\mathrm{d}y + R(x,y,z)\mathrm{d}z$$

$$= \int_\alpha^\beta \{P[\varphi(t),\phi(t),\omega(t)]\varphi'(t) + Q[\varphi(t),\phi(t),\omega(t)]\phi'(t) + R[\varphi(t),\phi(t),\omega(t)]\omega'(t)\}\mathrm{d}t \qquad (6)$$

这里下限 α 对应于 L 的起点，上限 β 对应于 L 的终点.

例 1 计算 $\int_L (x^2 + y^2)\mathrm{d}x + (x^2 - y^2)\mathrm{d}y$ ，其中 L 是（见图 10.4）：

（1）有向折线 OAB；

（2）有向直线段 OB.

解 （1）利用性质 1，有

$$\int_L (x^2+y^2)\mathrm{d}x+(x^2-y^2)\mathrm{d}y$$
$$=\int_{OA}(x^2+y^2)\mathrm{d}x+(x^2-y^2)\mathrm{d}y+$$
$$\int_{AB}(x^2+y^2)\mathrm{d}x+(x^2-y^2)\mathrm{d}y$$

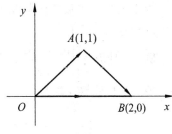

图 10.4

直线段 OA 的方程为 $y=x$ ，x 从 0 变到 1 ，所以

$$\int_{OA}(x^2+y^2)\mathrm{d}x+(x^2-y^2)\mathrm{d}y=\int_0^1[(x^2+x^2)+(x^2-x^2)]\mathrm{d}x=\frac{2}{3}$$

直线段 AB 的方程为 $y=2-x$ ，x 从 1 变到 2 ，所以

$$\int_{AB}(x^2+y^2)\mathrm{d}x+(x^2-y^2)\mathrm{d}y=\int_1^2\{[x^2+(2-x)^2]+[x^2-(2-x)^2](-1)\}\mathrm{d}x$$
$$=\int_1^2 2(2-x)^2\mathrm{d}x=\frac{2}{3}$$

于是

$$\int_L(x^2+y^2)\mathrm{d}x+(x^2-y^2)\mathrm{d}y=\frac{4}{3}$$

（2）直线段 OB 的方程为 $y=0$ ，x 从 0 变到 2 ，所以

$$\int_L(x^2+y^2)\mathrm{d}x+(x^2-y^2)\mathrm{d}y=\int_0^2(x^2+0^2)\mathrm{d}x+0=\frac{8}{3}$$

例 1 说明，尽管被积函数相同，起点和终点也相同，但沿不同路径的曲线积分之值却可以不相等.

例 2 计算 $\int_L 2xy\mathrm{d}x+x^2\mathrm{d}y$ ，其中 L 为（见图 10.5）：

（1）抛物线 $y=x^2$ 从点 $O(0,0)$ 至点 $B(1,1)$ 的一段；

（2）抛物线 $x=y^2$ 从点 $O(0,0)$ 至点 $B(1,1)$ 的一段；

（3）有向折线段 OAB.

解 （1）由公式（4）得

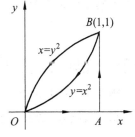

图 10.5

$$\int_L 2xy\mathrm{d}x+x^2\mathrm{d}y=\int_0^1(2x\cdot x^2+x^2\cdot 2x)\mathrm{d}x=1$$

（2）由公式（5）得

$$\int_L 2xy\mathrm{d}x+x^2\mathrm{d}y=\int_0^1(2y^2\cdot y\cdot 2y+y^4)\mathrm{d}y=1$$

（3）直线段 OA 的方程是 $y=0$ ，x 从 0 变到 1；直线段 AB 的方程是 $x=1$ ，y 从 0 变到 1，由性质 1 得

$$\int_L 2xy\mathrm{d}x+x^2\mathrm{d}y=\int_{OA}2xy\mathrm{d}x+\int_{OA}x^2\mathrm{d}y+\int_{AB}2xy\mathrm{d}x+x^2\mathrm{d}y$$
$$=\int_0^1(2x\cdot 0+x^2\cdot 0)\mathrm{d}x+\int_0^1(2y\cdot 0+1)\mathrm{d}y=0+1=1$$

例 2 表明，当被积函数相同，起点和终点也相同时，沿不同路径的曲线积分的值有时也是可以相等的.

例 3 计算 $\oint_L \dfrac{x\mathrm{d}y - y\mathrm{d}x}{x^2 + y^2}$ ，其中 L 是圆周 $x^2 + y^2 = a^2$ 取逆时针方向.

解 L 的参数方程为

$$x = a\cos t, \qquad y = a\sin t$$

当 t 由 0 增到 2π 时，曲线取逆时针方向，于是

$$\oint_L \frac{x\mathrm{d}y - y\mathrm{d}x}{x^2 + y^2} = \int_0^{2\pi} \frac{(a\cos t)(a\cos t) - (a\sin t)(-a\sin t)}{a^2} \mathrm{d}t = \int_0^{2\pi} \mathrm{d}t = 2\pi$$

例 4 设有一质量为 m 的质点受重力作用沿铅直平面上的某条曲线 L 从点 A 下落至点 B ，下落距离为 h ，求重力所做的功.

解 取如图 10.6 所示的坐标系，重力 $\boldsymbol{F}$ 在 x 轴上的投影为 0，在 y 轴上的投影为 $-mg$ ，即

$$\boldsymbol{F} = 0 \cdot \boldsymbol{i} + (-mg)\boldsymbol{j}$$

设曲线 L 的方程为 $x = \phi(y)$ ，y 从 y_1 下降至 y_2 ，则重力所做的功为

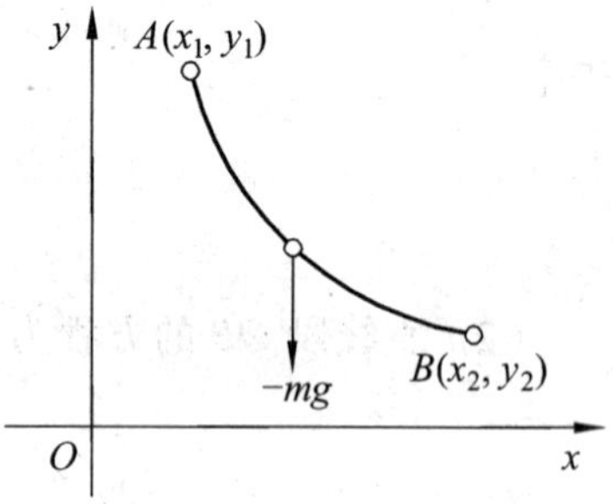

图 10.6

$$W = \int_L 0\mathrm{d}x + (-mg)\mathrm{d}y = \int_{y_1}^{y_2} (-mg)\mathrm{d}y = mg(y_1 - y_2)$$

因为下落距离是 h ，即 $y_1 - y_2 = h$ ，所以重力所做的功为

$$W = mgh$$

它与路径无关，仅与下落的距离有关.

例 5 计算 $\int_\Gamma x^3\mathrm{d}x + 3y^2z\mathrm{d}y - x^2y\mathrm{d}z$ ，其中 Γ 是从点 $A(3,2,1)$ 到点 $B(0,0,0)$ 的直线段 AB.

解 直线段 AB 的方程是

$$\frac{x}{3} = \frac{y}{2} = \frac{z}{1}$$

化为参数方程得

$$x = 3t, \quad y = 2t, \quad z = t，\ t \text{ 从 } 1 \text{ 变到 } 0$$

所以由公式（6）得

$$\int_\Gamma x^3\mathrm{d}x + 3y^2z\mathrm{d}y - x^2y\mathrm{d}z = \int_1^0 [(3t)^3 \cdot 3 + 3(2t)^2 t \cdot 2 - (3t)^2 \cdot 2t]\mathrm{d}t$$

$$= 87\int_1^0 t^3\mathrm{d}t = -\frac{87}{4}$$

例6 设一个质点在 $M(x, y)$ 处受到力 $\boldsymbol{F}$ 的作用，$\boldsymbol{F}$ 的大小与 M 到原点 O 的距离成正比，$\boldsymbol{F}$ 的方向恒指向原点，此质点由 $A(a, 0)$ 沿椭圆 $\dfrac{x^2}{a^2} + \dfrac{y^2}{b^2} = 1$ 按逆时针方向移动到 $B(0, b)$，求力 $\boldsymbol{F}$ 所做的功.

解 $\overrightarrow{OM} = x\boldsymbol{i} + y\boldsymbol{j}$，$|\overrightarrow{OM}| = \sqrt{x^2 + y^2}$，则由假设有

$$\boldsymbol{F} = -k(x\boldsymbol{i} + y\boldsymbol{j})$$

其中 $k > 0$ 是比例常数，于是

$$W = \int_{\widehat{AB}} -kx\mathrm{d}x - ky\mathrm{d}y = -k \int_{\widehat{AB}} x\mathrm{d}x + y\mathrm{d}y$$

由椭圆的参数方程 $\begin{cases} x = a\cos t \\ y = b\sin t \end{cases}$ 可知起点 A、终点 B 分别对应参数 $0, \dfrac{\pi}{2}$，于是

$$W = -k \int_0^{\frac{\pi}{2}} (-a^2 \cos t \sin t + b^2 \sin t \cos t)\mathrm{d}t$$

$$= k(a^2 - b^2) \int_0^{\frac{\pi}{2}} \sin t \cos t \mathrm{d}t = \frac{k}{2}(a^2 - b^2)$$

三、两类曲线积分之间的联系

设有向曲线弧 L 的起点为 A、终点为 B，曲线弧 L 由参数方程

$$\begin{cases} x = \varphi(t) \\ y = \phi(t) \end{cases}$$

给出，起点 A、终点 B 分别对应参数 α, β. 函数 $\varphi(t), \phi(t)$ 在以 α, β 为端点的闭区间上具有一阶连续导数，且 $\varphi'^2(t) + \phi'^2(t) \neq 0$. 又函数 $P(x, y), Q(x, y)$ 在 L 上连续，于是，由对坐标的曲线积分计算公式（3）有

$$\int_L P(x, y)\mathrm{d}x + Q(x, y)\mathrm{d}y = \int_\alpha^\beta \{P[\varphi(t), \phi(t)]\varphi'(t) + Q[\varphi(t), \phi(t)]\phi'(t)\}\mathrm{d}t$$

又有向曲线弧 L 的切向量为 $\boldsymbol{t} = (\varphi'(t), \phi'(t))$，它的方向余弦为

$$\cos\alpha = \frac{\varphi'(t)}{\sqrt{\varphi'^2(t) + \phi'^2(t)}}, \quad \cos\beta = \frac{\phi'(t)}{\sqrt{\varphi'^2(t) + \phi'^2(t)}}$$

则由对弧长的曲线积分的计算公式可得

$$\int_L [P(x, y)\cos\alpha + Q(x, y)\cos\beta]\mathrm{d}s$$

$$= \int_\alpha^\beta \left\{ P[\varphi(t), \phi(t)] \frac{\varphi'(t)}{\sqrt{\varphi'^2(t) + \phi'^2(t)}} + Q[\varphi(t), \phi(t)] \frac{\phi'(t)}{\sqrt{\varphi'^2(t) + \phi'^2(t)}} \right\} \sqrt{\varphi'^2(t) + \phi'^2(t)}\mathrm{d}t$$

$$= \int_\alpha^\beta \{P[\varphi(t), \phi(t)]\varphi'(t) + Q[\varphi(t), \phi(t)]\phi'(t)\}\mathrm{d}t$$

由此可见，平面曲线弧 L 上的两类曲线积分之间有如下联系：

$$\int_L P\mathrm{d}x + Q\mathrm{d}y = \int_L (P\cos\alpha + Q\cos\beta)\mathrm{d}s \tag{7}$$

其中 $\alpha(x,y),\beta(x,y)$ 为有向曲线弧 L 上点 (x,y) 处的切线向量的方向角.

类似地，空间曲线 Γ 上的两类曲线积分之间有如下联系：

$$\int_\Gamma P\mathrm{d}x + Q\mathrm{d}y + R\mathrm{d}z = \int_\Gamma (P\cos\alpha + Q\cos\beta + R\cos\gamma)\mathrm{d}s \tag{8}$$

其中 $\alpha(x,y,z),\beta(x,y,z),\gamma(x,y,z)$ 为有向曲线弧 Γ 上点 (x,y,z) 处的切线向量的方向角.

例 7 把对坐标的曲线积分 $\int_L P(x,y)\mathrm{d}x + Q(x,y)\mathrm{d}y$ 化成对弧长的曲线积分，其中 L 为抛物线 $y = x^2$ 上从点 $(0,0)$ 到点 $(1,1)$ 的一段弧.

解 把 x 当参数，L 的参数方程为

$$\begin{cases} x = x \\ y = x^2 \end{cases}$$

在 L 上点 (x,y) 处的切线向量的方向余弦为

$$\cos\alpha = \frac{1}{\sqrt{1+(2x)^2}}, \quad \cos\beta = \frac{2x}{\sqrt{1+(2x)^2}}$$

由公式（6）有

$$\begin{aligned}
\int_L P(x,y)\mathrm{d}x + Q(x,y)\mathrm{d}y &= \int_L [P(x,y)\cos\alpha + Q(x,y)\cos\beta]\mathrm{d}s \\
&= \int_L \frac{P(x,y) + 2xQ(x,y)}{\sqrt{1+4x^2}}\mathrm{d}s
\end{aligned}$$

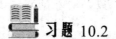 习题 10.2

1. 计算 $\int_L (x^2 - y^2)\mathrm{d}x$，其中 L 是抛物线 $y = x^2$ 上从点 $(0,0)$ 到点 $(2,4)$ 的一段弧.

2. 计算 $\int_L y\mathrm{d}x + x\mathrm{d}y$，其中 L 为圆周 $x = R\cos t, y = R\sin t$ 上对应 t 从 0 变到 $\frac{\pi}{2}$ 的一段弧.

3. 计算 $\int_L (x+y)\mathrm{d}x + (y-x)\mathrm{d}y$，其中 L 是先沿直线从点 $(1,1)$ 到点 $(1,2)$，然后再沿直线到点 $(4,2)$ 的折线.

4. 计算 $\oint_L \frac{(x+y)\mathrm{d}x + (y-x)\mathrm{d}y}{x^2+y^2}$，其中 L 为圆周 $x^2 + y^2 = a^2$ 取逆时针方向.

5. 计算 $\oint_L xy\mathrm{d}x$，其中 L 是圆周 $(x-a)^2 + y^2 = a^2$ 及 x 轴所围成的第一象限区域的整个边界，取正向.

6. 计算 $\int_\Gamma x^2\mathrm{d}x + z\mathrm{d}y - y\mathrm{d}z$，其中 Γ 为曲线 $x = k\theta, y = \cos\theta, z = a\sin\theta$ 上对应 θ 从 0 到 π 的一段弧.

7. 计算 $\int_{\Gamma} x\mathrm{d}x + y\mathrm{d}y + (x+y-1)\mathrm{d}z$，其中 Γ 是从点 $(1,1,1)$ 到点 $(2,3,4)$ 的一段直线.

8. 计算 $\oint_{\Gamma} \mathrm{d}x - \mathrm{d}y + y\mathrm{d}z$，其中 Γ 为有向闭折线 $ABCA$，这里的 A,B,C 依次为点 $(1,0,0)$，$(0,1,0),(0,0,1)$.

9. 把对坐标的曲线积分 $\int_{L} P(x,y)\mathrm{d}x + Q(x,y)\mathrm{d}y$ 化成对弧长的曲线积分，其中 L 为

（1）在 xOy 面内沿直线从点 $(0,0)$ 到点 $(1,1)$ 的一条线段；

（2）沿上半圆周 $x^2 + y^2 = 2x$ 从点 $(0,0)$ 到点 $(1,1)$ 的一段弧.

10. 沿曲线 $\Gamma: x = t$，$y = t^2$，$z = t^3$ 上相应于 t 从 0 变到 1 的曲线弧，把对坐标的曲线积分 $\int_{\Gamma} P\mathrm{d}x + Q\mathrm{d}y + R\mathrm{d}z$ 化成对弧长的曲线积分.

11. 设 z 轴与重力的方向一致，求质量为 m 的质点从位置 (x_1, y_1, z_1) 沿直线移到 (x_2, y_2, z_2) 时重力所做的功.

第三节　格林公式及其应用

一、格林公式

格林公式无论在理论上还是在应用上都十分重要，因为它揭示了平面闭曲线上对坐标的曲线积分与闭曲线所围区域上的二重积分之间的内在联系.

定理 3.1　设闭区域 D 由分段光滑的曲线 L 围成，函数 $P(x,y)$ 及 $Q(x,y)$ 在 D 上具有一阶连续偏导数，则

$$\iint_{D}\left(\frac{\partial Q}{\partial x} - \frac{\partial P}{\partial y}\right)\mathrm{d}x\mathrm{d}y = \oint_{L} P\mathrm{d}x + Q\mathrm{d}y \tag{1}$$

其中 L 是 D 的取正方向的边界曲线. 公式（1）叫作格林公式.

证明　首先考虑平行坐标轴的直线与区域 D 的边界曲线至多只有两个交点的情形（见图10.7），并将区域 D 表示为 $\varphi_1(x) \leqslant y \leqslant \varphi_2(x)$，$a \leqslant x \leqslant b$. 利用二重积分的计算方法，有

$$\iint_{D}\frac{\partial P}{\partial y}\mathrm{d}x\mathrm{d}y = \int_{a}^{b}\mathrm{d}x\int_{\varphi_1(x)}^{\varphi_2(x)}\frac{\partial P}{\partial y}\mathrm{d}y = \int_{a}^{b}[P(x,y)]_{\varphi_1(x)}^{\varphi_2(x)}\mathrm{d}x$$

$$= \int_{a}^{b}P[(x,\varphi_2(x)]\mathrm{d}x - \int_{a}^{b}P[(x,\varphi_1(x)]\mathrm{d}x$$

另一方面，根据对坐标曲线积分的计算方法，有

$$\oint_{L} P(x,y)\mathrm{d}x = \oint_{L_1} P(x,y)\mathrm{d}x + \oint_{L_2} P(x,y)\mathrm{d}x = \int_{a}^{b}P[(x,\varphi_1(x)]\mathrm{d}x + \int_{b}^{a}P[(x,\varphi_2(x)]\mathrm{d}x$$

$$= \int_{a}^{b}P[(x,\varphi_1(x)]\mathrm{d}x - \int_{a}^{b}P[(x,\varphi_2(x)]\mathrm{d}x = -\left\{\int_{a}^{b}P[(x,\varphi_2(x)]\mathrm{d}x - \int_{a}^{b}P[(x,\varphi_1(x)]\mathrm{d}x\right\}$$

于是得

$$-\iint_D \frac{\partial P}{\partial y}\mathrm{d}x\mathrm{d}y = \oint_L P\mathrm{d}x \qquad (2)$$

若将区域 D 表示为（见图 10.8）

$$\phi_1(y) \leqslant x \leqslant \phi_2(y) \quad c \leqslant y \leqslant d$$

类似可得

$$\iint_D \frac{\partial Q}{\partial x}\mathrm{d}x\mathrm{d}y = \oint_L Q\mathrm{d}y \qquad (3)$$

合并公式（2）、（3）即得公式（1）.

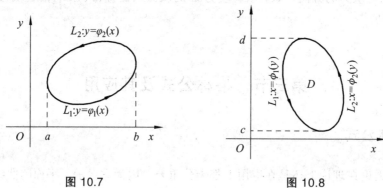

图 10.7   图 10.8

一般地，若区域 D 不属于图 10.7 及图 10.8 的情形，则可在区域 D 内引入辅助线段把 D 分成有限个部分区域，使每个区域都属于上述类型. 例如，对于图 10.9 所示的区域 D，引辅助线 $\overline{AB}$，将 D 分为 $D_1(\widehat{ANBA})$ 与 $D_2(\widehat{ABMA})$ 两个部分. 对每个部分应用公式（1），得到

$$\iint_{D_1}\left(\frac{\partial Q}{\partial x} - \frac{\partial P}{\partial y}\right)\mathrm{d}x\mathrm{d}y = \oint_{L_1} P\mathrm{d}x + Q\mathrm{d}y$$

$$\iint_{D_2}\left(\frac{\partial Q}{\partial x} - \frac{\partial P}{\partial y}\right)\mathrm{d}x\mathrm{d}y = \oint_{L_2} P\mathrm{d}x + Q\mathrm{d}y$$

其中 $L_1(\widehat{ANBA})$ 与 $L_2(\widehat{ABMA})$ 分别为区域 D_1 与 D_2 的正向边界曲线. 将上两式左右两端分别相加，注意到沿辅助线段上的积分值相互抵消，即得

$$\iint_D\left(\frac{\partial Q}{\partial x} - \frac{\partial P}{\partial y}\right)\mathrm{d}x\mathrm{d}y = \oint_L P\mathrm{d}x + Q\mathrm{d}y$$

定理证毕.

    例 1   计算 $\displaystyle\iint_D \mathrm{e}^{-y^2}\mathrm{d}x\mathrm{d}y$，其中 D 是以 $O(0,0), A(1,1), B(0,1)$ 为顶点的三角形闭区域（见图 10.10）.

解 由二重积分的被积函数 e^{-y^2} 可知，$\dfrac{\partial P}{\partial y}=0, \dfrac{\partial Q}{\partial x}=e^{-y^2}$，故可令 $P=0, Q=xe^{-y^2}$，则

$$\frac{\partial Q}{\partial x}-\frac{\partial P}{\partial y}=e^{-y^2}$$

于是，由公式（1）得

$$\iint_D e^{-y^2}\mathrm{d}x\mathrm{d}y=\int_{OA+AB+BO}xe^{-y^2}\mathrm{d}y=\int_{OA}xe^{-y^2}\mathrm{d}y=\int_0^1 xe^{-x^2}\mathrm{d}x=\frac{1}{2}(1-e^{-1})$$

例 2 计算 $\displaystyle\int_L (x^2-y)\mathrm{d}x-(x+\sin^2 y)\mathrm{d}y$，其中 L 为自点 $A(2,0)$ 沿 $y=\sqrt{2x-x^2}$ 至点 $O(0,0)$ 的上半圆周（见图 10.11）.

解 这里 $P=x^2-y, Q=-(x+\sin^2 y)$，则

$$\frac{\partial P}{\partial y}=-1, \qquad \frac{\partial Q}{\partial x}=-1$$

由于 L 不是闭区线，不能直接用格林公式. 但 $L+OA$ 是闭曲线，取其正向，则由格林公式得到

$$\oint_{L+OA}(x^2-y)\mathrm{d}x-(x+\sin^2 y)\mathrm{d}y=\iint_D [(-1)-(-1)]\mathrm{d}\sigma=0$$

因为直线 OA 的方程是 $y=0$，x 自 0 变到 2，所以

$$\int_{OA}(x^2-y)\mathrm{d}x-(x+\sin^2 y)\mathrm{d}y=\int_0^2 x^2\mathrm{d}x=\frac{8}{3}$$

于是

$$\begin{aligned}
&\int_L (x^2-y)\mathrm{d}x-(x+\sin^2 y)\mathrm{d}y\\
&=\oint_{L+OA}(x^2-y)\mathrm{d}x-(x+\sin^2 y)\mathrm{d}y-\int_{OA}(x^2-y)\mathrm{d}x-(x+\sin^2 y)\mathrm{d}y\\
&=0-\frac{8}{3}=-\frac{8}{3}
\end{aligned}$$

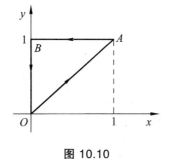

图 10.10

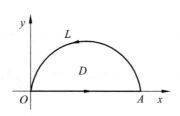

图 10.11

例 3 计算 $\oint_L \dfrac{x\mathrm{d}y - y\mathrm{d}x}{x^2 + y^2}$，其中 L 是正向椭圆 $\dfrac{x^2}{a^2} + \dfrac{y^2}{b^2} = 1$.

解 因为 $P = \dfrac{-y}{x^2 + y^2}, Q = \dfrac{x}{x^2 + y^2}$，所以

$$\frac{\partial Q}{\partial x} = \frac{y^2 - x^2}{(x^2 + y^2)^2} = \frac{\partial P}{\partial y}$$

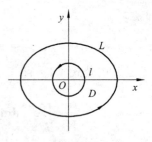

图 10.12

但它们在原点都不连续，因此在 L 所围成的区域上不满足格林公式的条件. 现取适当小的 $r > 0$，作位于 L 内的圆周 l：$x^2 + y^2 = r^2$，记 L 和 l 所围成的区域为 D（见图 10.12），则有

$$\frac{\partial Q}{\partial x} = \frac{y^2 - x^2}{(x^2 + y^2)^2} = \frac{\partial P}{\partial y}$$

在 D 上连续，取 l 的正向为逆时针方向，注意到 $L + (-l)$ 为区域 D 的整个正向边界，使用格林公式，得到

$$\oint_L P\mathrm{d}x + Q\mathrm{d}y - \oint_l P\mathrm{d}x + Q\mathrm{d}y = \oint_L P\mathrm{d}x + Q\mathrm{d}y + \oint_{-l} P\mathrm{d}x + Q\mathrm{d}y$$

$$= \oint_{L+(-l)} P\mathrm{d}x + Q\mathrm{d}y = \iint_D \left(\frac{\partial Q}{\partial x} - \frac{\partial P}{\partial y} \right) \mathrm{d}x\mathrm{d}y = 0$$

即

$$\oint_L P\mathrm{d}x + Q\mathrm{d}y = \oint_l P\mathrm{d}x + Q\mathrm{d}y$$

再利用上节例 3 的结果，可得

$$\oint_L \frac{x\mathrm{d}y - y\mathrm{d}x}{x^2 + y^2} = 2\pi$$

此例说明，当闭区线 L 所围成的区域 D 内含 $\dfrac{\partial P}{\partial y}, \dfrac{\partial Q}{\partial x}, P(x, y), Q(x, y)$ 的不连续点——奇点时，不可直接应用格林公式.

下面说明格林公式的一个简单应用.

在公式（1）中令 $P = -y, Q = x$，即得

$$2\iint_D \mathrm{d}x\mathrm{d}y = \oint_L x\mathrm{d}y - y\mathrm{d}x$$

上式左端是闭区域 D 的面积 A 的 2 倍，因此有

$$A = \frac{1}{2} \oint_L x\mathrm{d}y - y\mathrm{d}x \tag{4}$$

其中 L 取正向.

例 4 求椭圆 $x = a\cos\theta, y = b\sin\theta$ 所围成的区域的面积.

解 根据式（4）有

$$A = \frac{1}{2}\oint_L x\mathrm{d}y - y\mathrm{d}x = \frac{1}{2}\int_0^{2\pi}(ab\cos^2\theta + ab\sin^2\theta)\mathrm{d}\theta = \frac{1}{2}ab\int_0^{2\pi}\mathrm{d}\theta = \pi ab$$

二、平面上曲线积分与路径无关的条件

上节例 1 表明，当被积函数相同，曲线弧 L 的起点和终点相同时，而沿不同路径的曲线积分的值是不同的；上节例 2 表明，当被积函数相同，曲线弧 L 的起点和终点相同时，而沿不同路径的曲线积分的值是相同的. 前者称曲线积分与路径有关，后者称曲线积分与路径无关，其严格定义如下：

定义 3.1 设 G 是开区域，函数 $P(x,y)$，$Q(x,y)$ 在 G 内具有一阶连续偏导数，如果对 G 内任意两点 A,B 及 G 内从点 A 至点 B 的任意两条曲线 L_1,L_2 都有

$$\int_{L_1} P\mathrm{d}x + Q\mathrm{d}y = \int_{L_2} P\mathrm{d}x + Q\mathrm{d}y$$

则称曲线积分 $\int_L P\mathrm{d}x + Q\mathrm{d}y$ 在 G 内与路径无关，否则称为与路径有关.

根据定义 3.1，如果曲线积分与路径无关，那么对 G 内起点和终点相同的任意两条曲线段 L_1,L_2（见图 10.13）都有

$$\int_{L_1} P\mathrm{d}x + Q\mathrm{d}y = \int_{L_2} P\mathrm{d}x + Q\mathrm{d}y$$

由于 $\int_{L_2} P\mathrm{d}x + Q\mathrm{d}y = -\int_{-L_2} P\mathrm{d}x + Q\mathrm{d}y$，故有

$$\int_{L_1} P\mathrm{d}x + Q\mathrm{d}y + \int_{-L_2} P\mathrm{d}x + Q\mathrm{d}y = 0$$

即

图 10.13

$$\oint_{L_1+(-L_2)} P\mathrm{d}x + Q\mathrm{d}y = 0$$

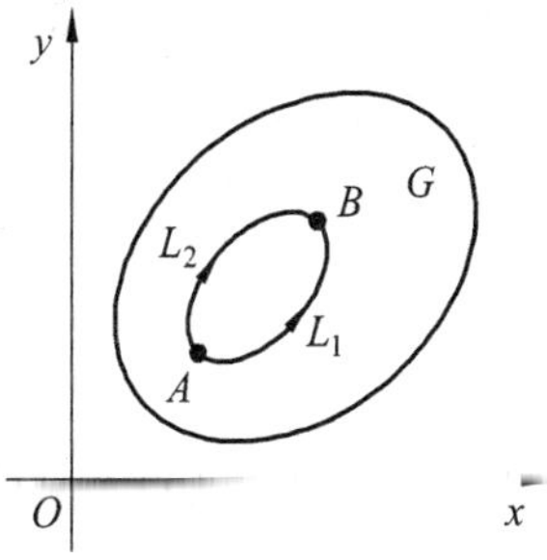

这里 $L_1 + (-L_2)$ 是一条封闭曲线. 因此，在区域 G 内由曲线积分与路径无关可推得在 G 内沿闭曲线的曲线积分为零. 反之，如果在区域 G 内沿闭曲线的曲线积分为零，也可推得在 G 内曲线积分与路径无关. 由此得结论：曲线积分 $\int_L P\mathrm{d}x + Q\mathrm{d}y$ 在 G 内与路径无关相当于沿 G 内任意闭曲线的曲线积分 $\oint_L P\mathrm{d}x + Q\mathrm{d}y$ 等于零.

值得注意的是：上述结论的区域 G 一定是单连通区域. 为此，我们下面介绍单连通区域和复连通区域概念.

定义 3.2 如果在区域 G 内，任意一条闭曲线所围成的区域都完全属于 G，则称 G 是单连通区域，否则称为复连通区域.

直观地说，单连通区域是无"洞"（包括点"洞"）的区域，复连通区域是有"洞"（包括

点"洞")的区域. 例如，平面上的圆形区域 $\{(x,y)|x^2+y^2<1\}$、上半平面 $\{(x,y)|y>0\}$ 都是单连通区域，圆环形区域 $\{(x,y)|1<x^2+y^2<4\}$，$\{(x,y)|0<x^2+y^2<2\}$ 都是复连通区域.

定理 3.2 设开区域 G 是一个单连通区域，函数 $P(x,y),Q(x,y)$ 在 G 内具有一阶连续偏导数，则曲线积分 $\int_L Pdx+Qdy$ 在 G 内与路径无关（或沿 G 内任意闭曲线的曲线积分为零）的充分必要条件是等式

$$\frac{\partial P}{\partial y}=\frac{\partial Q}{\partial x} \tag{5}$$

在 G 内恒成立.

证明 先证充分性. 设 C 为 G 内任意一条闭曲线，要证当条件（5）成立时有

$$\oint_C Pdx+Qdy=0$$

因为 G 是单连通的，所以闭曲线 C 所围成的区域 D 全部在 G 内，于是（5）式在 D 上恒成立. 应用格林公式，有

$$\iint_D \left(\frac{\partial Q}{\partial x}-\frac{\partial P}{\partial y}\right)dxdy=\oint_C Pdx+Qdy$$

因为在 D 上 $\dfrac{\partial Q}{\partial x}=\dfrac{\partial P}{\partial y}$，即 $\dfrac{\partial Q}{\partial x}-\dfrac{\partial P}{\partial y}=0$，从而右端的积分也等于零.

再证必要性. 要证的是：如果沿 G 内任意闭曲线的曲线积分为零，那么式（5）在 G 内恒成立. 用反证法来证，假如上述论断不成立，那么在 G 内至少有一点 M_0，使

$$\left(\frac{\partial Q}{\partial x}-\frac{\partial P}{\partial y}\right)_{M_0}\neq 0$$

不妨假定

$$\left(\frac{\partial Q}{\partial x}-\frac{\partial P}{\partial y}\right)_{M_0}=\varepsilon>0$$

由于 $\dfrac{\partial P}{\partial y},\dfrac{\partial Q}{\partial x}$ 在 G 内连续，可以在 G 内取得一个以 M_0 为圆心、半径足够小的圆形闭区域 k，使得在 k 上恒有

$$\frac{\partial Q}{\partial x}-\frac{\partial P}{\partial y}\geq \frac{\varepsilon}{2}$$

于是由格林公式及二重积分的性质有

$$\oint_r Pdx+Qdy=\iint_D \left(\frac{\partial Q}{\partial x}-\frac{\partial P}{\partial y}\right)dxdy\geq \frac{\varepsilon}{2}\cdot\sigma$$

这里 r 是 k 的正向边界曲线，σ 是 k 的面积. 因为 $\varepsilon>0,\sigma>0$，从而

$$\oint_r P\mathrm{d}x+Q\mathrm{d}y>0$$

这结果与沿 C 内任意闭曲线的曲线积分为零的假定相矛盾，可见 G 内使式（5）不成立的点不可能存在，故（5）式在 G 内处处成立.

值得注意的是：定理 3.2 中要求开区域 G 是单连通区域，且函数 $P(x,y),Q(x,y)$ 在 G 内具有一阶连续偏导数. 如果这两个条件之一不能满足，那么定理的结论不能保证成立. 例如，在例 3 中我们已经看到，当 L 所围成的区域含有原点时，虽然除去原点外，恒有 $\dfrac{\partial Q}{\partial x}=\dfrac{\partial P}{\partial y}$，但沿封闭曲线的积分 $\oint_L P\mathrm{d}x+Q\mathrm{d}y\neq0$，其原因在于区域内含有破坏函数 P,Q 及 $\dfrac{\partial Q}{\partial x},\dfrac{\partial P}{\partial y}$ 连续性条件的点 $O(0,0)$，这种点通常称为**奇点**.

例 5 计算 $\int_L e^x(\cos y\mathrm{d}x-\sin y\mathrm{d}y)$，其中 L 是半圆 $y=\sqrt{2ax-x^2}$ 上自点 $O(0,0)$ 至点 $A(a,a)$ 的一段弧（见图 10.14）.

解 因为 $P=e^x\cos y,Q=-e^x\sin y$，所以

$$\frac{\partial P}{\partial y}=-e^x\sin y=\frac{\partial Q}{\partial x}$$

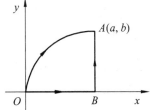

图 10.14

因此所给曲线积分在整个 xOy 面上与路径无关. 于是

$$\int_L e^x(\cos y\mathrm{d}x-\sin y\mathrm{d}y)$$
$$=\int_{OB} e^x(\cos y\mathrm{d}x-\sin y\mathrm{d}y)+\int_{BA} e^x(\cos y\mathrm{d}x-\sin y\mathrm{d}y)$$

OB 的方程是 $y=0$，x 从 0 变至 a，所以

$$\int_{OB} e^x(\cos y\mathrm{d}x-\sin y\mathrm{d}y)=\int_0^a e^x\cos 0\mathrm{d}x=e^a-1$$

BA 的方程是 $x=a$，y 自 0 增至 a，所以

$$\int_{BA} e^x(\cos y\mathrm{d}x-\sin y\mathrm{d}y)=\int_0^a e^a(-\sin y)\mathrm{d}y=e^a(\cos a-1)$$

从而

$$\int_{BA} e^x(\cos y\mathrm{d}x-\sin y\mathrm{d}y)=e^a\cos a-1$$

习题 10.3

1. 计算下列曲线积分，并验证格林公式的正确性.

（1）$\oint_L(2xy-x^2)\mathrm{d}x+(x+y^2)\mathrm{d}y$，其中 L 是由抛物线 $y=x^2$ 和 $y^2=x$ 所围成的区域的正向边界曲线；

（2）$\oint_L (x^2 - xy^2)\mathrm{d}x + (y^2 - 2xy)\mathrm{d}y$，其中 L 是四个顶点分别为 $(0,0),(2,0),(2,2),(0,2)$ 的正方形区域的正向边界.

2. 利用曲线积分，求下列曲线所围成的图形的面积.

（1）星形线 $x = a\cos^3 t$，$y = a\sin^3 t$；　　　　（2）椭圆 $9x^2 + 16y^2 = 144$；

（3）圆 $x^2 + y^2 = 2ax$.

3. 计算曲线积分 $\oint_L \dfrac{y\mathrm{d}x - x\mathrm{d}y}{2(x^2 + y^2)}$，其中 L 为圆周 $(x-1)^2 + y^2 = 2$，L 的方向为逆时针方向.

4. 证明下列曲线积分在整个 xOy 面内与路径无关，并计算积分的值.

（1）$\displaystyle\int_{(1,1)}^{(2,3)} (x+y)\mathrm{d}x + (x-y)\mathrm{d}y$；　　　　（2）$\displaystyle\int_{(1,2)}^{(3,4)} (6xy^2 - y^3)\mathrm{d}x + (6x^2 y - 3xy^2)\mathrm{d}y$；

（3）$\displaystyle\int_{(1,0)}^{(2,1)} (2xy - y^4 + 3)\mathrm{d}x + (x^2 - 4xy^3)\mathrm{d}y$.

5. 利用格林公式，计算下列曲线积分.

（1）$\oint_L (2x - y + 4)\mathrm{d}x + (5y + 3x - 6)\mathrm{d}y$，其中 L 为三顶点分别为 $(0,0),(3,0)$ 和 $(3,2)$ 的三角形正向边界；

（2）$\oint_L (x^2 y\cos x + 2xy\sin x - y^2 \mathrm{e}^x)\mathrm{d}x + (x^2 \sin x - 2y\mathrm{e}^x)\mathrm{d}y$，其中 L 为正向星形线 $x^{\frac{2}{3}} + y^{\frac{2}{3}} = a^{\frac{2}{3}}$（$a > 0$）；

（3）$\oint_L (2xy^3 - y^2 \cos x)\mathrm{d}x + (1 - 2y\sin x + 3x^2 y^2)\mathrm{d}y$，其中 L 为在抛物线 $2x = \pi y^2$ 上由点 $(0,0)$ 到 $\left(\dfrac{\pi}{2}, 1\right)$ 的一段弧；

（4）$\displaystyle\int_L (x^2 - y)\mathrm{d}x - (x + \sin^2 y)\mathrm{d}y$，其中 L 是圆周 $y = \sqrt{2x - x^2}$ 上由点 $(0,0)$ 到点 $(1,1)$ 的一段弧.

第四节　对面积的曲面积分

一、对面积的曲面积分的概念与性质

在第一节中，为了引出对弧长的曲线积分，我们讨论了沿曲线分布的质量问题. 如果在沿曲线分布的质量问题中，把曲线改为曲面，并相应地把线密度 $\rho(x,y)$ 改为面密度 $\rho(x,y,z)$，小段曲线的弧长 Δs_i 改为小块曲面的面积 ΔS_i，而第 i 小段曲线上的一点 (ξ_i, η_i) 改为第 i 小块曲面上的一点 (ξ_i, η_i, ζ_i)，那么，在面密度 $\rho(x,y,z)$ 为连续的前提下，所求的沿曲面分布的质量 M 就是下列和的极限：

$$M = \lim_{\lambda \to 0} \sum_{i=1}^{n} \rho(\xi_i, \eta_i, \zeta_i)\Delta S_i$$

其中 λ 表示 n 小块曲面的直径的最大值.

在其他问题中也会遇到求这样的和的极限，如果抽去它们的具体意义，就得出对面积的曲面积分的概念.

定义 4.1 设曲面 Σ 是光滑的，函数 $f(x,y,z)$ 在 Σ 上有界，把 Σ 任意分成 n 小块 ΔS_i（ΔS_i 同时也代表第 i 小块曲面的面积），设 (ξ_i, η_i, ζ_i) 是 ΔS_i 上任意取定的 点，作乘积 $f(\xi_i, \eta_i, \zeta_i)\Delta S_i$（$i = 1, 2, \cdots, n$），并作和 $\sum\limits_{i=1}^{n} f(\xi_i, \eta_i, \zeta_i)\Delta S_i$. 如果当各小块曲面的直径的最大值 $\lambda \to 0$ 时，这和的极限总存在，则称此极限为函数 $f(x,y,z)$ 在曲面 Σ 上对面积的曲面积分或第一类曲面积分，记作 $\iint\limits_{\Sigma} f(x,y,z)\mathrm{d}S$，即

$$\iint\limits_{\Sigma} f(x,y,z)\mathrm{d}S = \lim_{\lambda \to 0} \sum_{i=1}^{n} f(\xi_i, \eta_i, \zeta_i)\Delta S_i$$

其中 $f(x,y,z)$ 称为**被积函数**，Σ 称为**积分曲面**.

在这里我们指出，当 $f(x,y,z)$ 在光滑曲面 Σ 上连续时，对面积的积分是存在的.

根据对面积的曲面积分的定义，面密度为连续函数 $\rho(x,y,z)$ 的光滑曲面 Σ 的质量 M，可表示为 $\rho(x,y,z)$ 在 Σ 上对面积的曲面积分

$$M = \iint\limits_{\Sigma} \rho(x,y,z)\mathrm{d}S$$

由对面积的曲面积分的定义可知，它有以下性质：

（1）$\iint\limits_{\Sigma} [f(x,y,z) \pm g(x,y,z)]\mathrm{d}S = \iint\limits_{\Sigma} f(x,y,z)\mathrm{d}S \pm \iint\limits_{\Sigma} g(x,y,z)\mathrm{d}S$.

（2）$\iint\limits_{\Sigma} kf(x,y,z)\mathrm{d}S = k\iint\limits_{\Sigma} f(x,y,z)\mathrm{d}S$（$k$ 为常数）.

（3）$\iint\limits_{\Sigma} f(x,y,z)\mathrm{d}S = \iint\limits_{\Sigma_1} f(x,y,z)\mathrm{d}S + \iint\limits_{\Sigma_2} f(x,y,z)\mathrm{d}S$，其中 $\Sigma = \Sigma_1 + \Sigma_2$.

二、对面积的曲面积分的计算法

设积分曲面 Σ 由方程 $z = z(x,y)$ 给出，Σ 在 xOy 面上的区域为 D_{xy}（见图 10.15），函数 $z = z(x,y)$ 在 D_{xy} 上具有连续偏导数，被积函数 $f(x,y,z)$ 在 Σ 上连续.

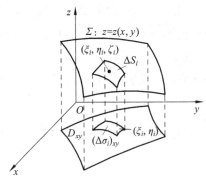

图 10.15

由对面积的曲面积分的定义，有

$$\iint_{\Sigma} f(x,y,z)\mathrm{d}S = \lim_{\lambda \to 0} \sum_{i=1}^{n} f(\xi_i, \eta_i, \zeta_i)\Delta S_i \qquad (1)$$

设 Σ 上第 i 小块曲面 ΔS_i（它的面积也记作 ΔS_i）在 xOy 面上的投影区域为 $(\Delta\sigma_i)_{xy}$（它的面积也记作 $(\Delta\sigma_i)_{xy}$），则式（1）中的 ΔS_i 可表示为二重积分：

$$\Delta S_i = \iint_{(\Delta\sigma_i)_{xy}} \sqrt{1 + z_x^2(x,y) + z_y^2(x,y)}\,\mathrm{d}x\mathrm{d}y$$

利用二重积分的中值定理，上式又可写成

$$\Delta S_i = \sqrt{1 + z_x^2(\xi_i', \eta_i') + z_y^2(\xi_i', \eta_i')}\,(\Delta\sigma_i)_{xy}$$

其中（ξ_i', η_i'）是小闭区域 $(\Delta\sigma_i)_{xy}$ 上的一点. 又因 (ξ_i, η_i, ζ_i) 是 Σ 上的一点，故 $\zeta_i = z(\xi_i, \eta_i)$，这里 (ξ_i, η_i) 也是小闭区域 $(\Delta\sigma_i)_{xy}$ 上的点，于是

$$\sum_{i=1}^{n} f(\xi_i, \eta_i, \zeta_i)\Delta S_i = \sum_{i=1}^{n} f[\xi_i, \eta_i, z(\xi_i, \eta_i)]\sqrt{1 + z_x^2(\xi_i', \eta_i') + z_y^2(\xi_i', \eta_i')}\,(\Delta\sigma_i)_{xy}$$

由于函数 $f(x,y,z(x,y))$ 以及函数 $\sqrt{1 + z_x^2(x,y) + z_y^2(x,y)}$ 都在闭区域 D_{xy} 上连续，当 $\lambda \to 0$ 时，上式右端的极限与

$$\sum_{i=1}^{n} f[\xi_i, \eta_i, z(\xi_i, \eta_i)]\sqrt{1 + z_x^2(\xi_i', \eta_i') + z_y^2(\xi_i', \eta_i')}\,(\Delta\sigma_i)_{xy}$$

的极限相等，这个极限在开始所给的条件下是存在的，它等于二重积分

$$\iint_{D_{xy}} f[x,y,z(x,y)]\sqrt{1 + z_x^2(x,y) + z_y^2(x,y)}\,\mathrm{d}x\mathrm{d}y$$

因此左端的极限即曲面积分 $\iint_{\Sigma} f(x,y,z)\mathrm{d}S$ 也存在，且有

$$\iint_{\Sigma} f(x,y,z)\mathrm{d}S = \iint_{D_{xy}} f[x,y,z(x,y)]\sqrt{1 + z_x^2(x,y) + z_y^2(x,y)}\,\mathrm{d}x\mathrm{d}y \qquad (2)$$

这就是把对面积的曲面积分化为二重积分的公式. 显然，在计算时，只要把变量 z 换为 $z(x,y)$，曲面的面积元素 $\mathrm{d}S$ 换为 $\sqrt{1 + z_x^2(x,y) + z_y^2(x,y)}\,\mathrm{d}x\mathrm{d}y$，再确定 Σ 在 xOy 面上的投影区域 D_{xy}，就可以化为二重积分来计算了.

如果积分曲面 Σ 由方程 $x = x(y,z)$ 或 $y = y(x,z)$ 给出，也可类似地把对面积的曲面积分化为相应的二重积分.

例 1 计算曲面积分 $\iint_{\Sigma} \dfrac{\mathrm{d}S}{z}$，其中 Σ 是球面 $x^2 + y^2 + z^2 = a^2$ 被平面 $z = h\ (0 < h < a)$ 截出的顶部（见图 10.16）.

解 Σ 的方程为

$$z = \sqrt{a^2 - x^2 - y^2}$$

$\varSigma$ 在 xOy 面上的投影区域 D_{xy} 为圆形区域：$x^2 + y^2 \leqslant a^2 - h^2$，又 $\sqrt{1 + z_x^2 + z_y^2} = \dfrac{a}{\sqrt{a^2 - x^2 - y^2}}$

根据公式（2），有

$$\iint\limits_{\varSigma} \frac{\mathrm{d}S}{z} = \iint\limits_{D_{xy}} \frac{a\mathrm{d}x\mathrm{d}y}{a^2 - x^2 - y^2}$$

利用极坐标，得

$$\iint\limits_{\varSigma} \frac{\mathrm{d}S}{z} = \iint\limits_{D_{xy}} \frac{ar\mathrm{d}r\mathrm{d}\theta}{a^2 - r^2} = a\int_0^{2\pi} \mathrm{d}\theta \int_0^{\sqrt{a^2 - h^2}} \frac{r\mathrm{d}r}{a^2 - r^2}$$

$$= 2\pi a\left[-\frac{1}{2}\ln(a^2 - r^2)\right]_0^{\sqrt{a^2 - h^2}} = 2\pi a\ln\frac{a}{h}$$

例2 计算 $\oiint\limits_{\varSigma} xyz\mathrm{d}S$（$\oiint$ 表示在闭曲面 $\varSigma$ 上的积分），其中 $\varSigma$ 是由平面 $x = 0, y = 0, z = 0$ 及 $x + y + z = 1$ 所围成的四面体的整个边界曲面（见图 10.17）.

解 整个边界曲面 $\varSigma$ 在平面 $x = 0, y = 0, z = 0$ 及 $x + y + z = 1$ 上的部分依次记为 $\varSigma_1, \varSigma_2, \varSigma_3, \varSigma_4$ 于是

$$\oiint\limits_{\varSigma} xyz\mathrm{d}S = \oiint\limits_{\varSigma_1} xyz\mathrm{d}S + \oiint\limits_{\varSigma_2} xyz\mathrm{d}S + \oiint\limits_{\varSigma_3} xyz\mathrm{d}S + \oiint\limits_{\varSigma_4} xyz\mathrm{d}S$$

由于在 $\varSigma_1, \varSigma_2, \varSigma_3$ 上，被积函数 $f(x, y, z) = xyz$ 均为零，所以

$$\oiint\limits_{\varSigma_1} xyz\mathrm{d}S = \oiint\limits_{\varSigma_2} xyz\mathrm{d}S = \oiint\limits_{\varSigma_3} xyz\mathrm{d}S = 0$$

在 $\varSigma_4$ 上，$z = 1 - x - y$，所以

$$\sqrt{1 + z_x^2 + z_y^2} = \sqrt{1 + (-1)^2 + (-1)^2} = \sqrt{3}$$

从而

$$\oiint\limits_{\varSigma} xyz\mathrm{d}S = \oiint\limits_{\varSigma_4} xyz\mathrm{d}S = \oiint\limits_{D_{xy}} \sqrt{3}xy(1 - x - y)\mathrm{d}x\mathrm{d}y$$

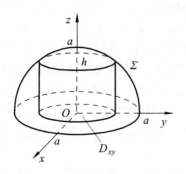

图 10.16

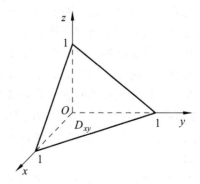

图 10.17

其中 D_{xy} 是 Σ_4 在 xOy 面上的投影区域，即由直线 $x=0$，$y=0$ 及 $x+y+z=1$ 所围成的闭区域，因此

$$\iint\limits_{\Sigma} xyz\,\mathrm{d}S = \sqrt{3}\int_0^1 x\mathrm{d}x\int_0^{1-x} y(1-x-y)\mathrm{d}y = \sqrt{3}\int_0^1 x\left[(1-x)\frac{y^2}{2}-\frac{y^3}{3}\right]_0^{1-x}\mathrm{d}x$$

$$= \sqrt{3}\int_0^1 x\cdot\frac{(1-x)^3}{6}\mathrm{d}x = \frac{\sqrt{3}}{6}\int_0^1(x-3x^3+3x^3-x^4)\mathrm{d}x = \frac{\sqrt{3}}{120}$$

 习题 10.4

1. 计算 $\displaystyle\iint\limits_{\Sigma}\left(2x+\frac{4}{3}y+z\right)\mathrm{d}S$，$\Sigma$ 为平面 $\dfrac{x}{2}+\dfrac{y}{3}+\dfrac{z}{4}=1$ 在第一卦限中的部分.

2. 计算 $\displaystyle\iint\limits_{\Sigma}(x^2+y^2)\mathrm{d}S$，$\Sigma$ 为曲面 $z=\sqrt{x^2+y^2}$ 及平面 $z=1$ 所围成立体的表面.

3. 计算 $\displaystyle\iint\limits_{\Sigma}(xy+yz+zx)\mathrm{d}S$，$\Sigma$ 为锥面 $z=\sqrt{x^2+y^2}$ 被柱面 $x^2+y^2=2ax$ 所截得的有限部分.

4. 求抛物面壳 $z=\dfrac{1}{2}(x^2+y^2)$（$0\leqslant z\leqslant 1$）的质量，此壳的面密度的大小为 $\rho=z$.

5. 计算 $\displaystyle\iint\limits_{\Sigma}(2xy-2x^2-x+z)\mathrm{d}S$，其中 Σ 为平面 $2x+2y+z=6$ 在第一卦限中的部分.

6. 计算 $\displaystyle\iint\limits_{\Sigma}(x^2+y^2)\mathrm{d}S$，其中 Σ 是锥面 $z^2=3(x^2+y^2)$ 被平面 $z=0$ 和 $z=3$ 所截得的部分.

第五节　对坐标的曲面积分

一、对坐标的曲面积分的概念与性质

像线积分一样，面积分也有对坐标的面积分. 在对坐标的线积分中，积分路径规定了正负方向，同样，在对坐标的曲面积分中也需给积分曲面规定正负方向.

我们一般遇到的曲面都是有两侧的，如果曲面是闭合的，它就有内侧和外侧之分；如果曲面不是闭合的，它就有上侧与下侧、左侧与右侧或前侧与后侧之分.

在讨论对坐标的曲面积分时，首先需要指定曲面的侧. 我们可以通过轴面上法向量的指向来定出曲面的侧. 例如，对于曲面 $z=z(x,y)$，如果取它的法向量 $\boldsymbol{n}$ 的指向朝上，则认为取定曲面的上侧，并以上侧作为正向（或叫正侧），记作 $+\Sigma$，下侧作为负向（或叫负侧），记作 $-\Sigma$. 对于闭曲面如果取它的法向量的指向朝外，则认为取定曲面的外侧，并以外侧作为正向（或叫正侧），内侧作为负向（或叫负侧）. 这种取定法向量，亦即选定了侧的曲面，就称为有向曲面.

设 Σ 是有向曲线，在 Σ 上取一小块曲面 ΔS，把 ΔS 投影到 xOy 面上得一投影区域，该投

影区域的面积记为 $(\Delta\sigma_i)_{xy}$，假定 ΔS 上各点处的法向量与 z 轴的夹角 γ 的余弦 $\cos\gamma$ 有相同的符号（即 $\cos\gamma$ 都是正的或都是负的）. 我们规定 ΔS 在 xOy 面上的投影 $(\Delta S)_{xy}$ 为

$$(\Delta S)_{xy} = \begin{cases} (\Delta\sigma)_{xy}, & \cos\gamma > 0 \\ -(\Delta\sigma)_{xy}, & \cos\gamma < 0 \\ 0, & \cos\gamma \equiv 0 \end{cases}$$

其中 $\cos\gamma \equiv 0$ 也就是 $(\Delta\sigma_i)_{xy} = 0$ 的情形. ΔS 在 xOy 面上的投影 $(\Delta S)_{xy}$ 实际就是 ΔS 在 xOy 面上的投影区域的面积附以一定的正负号.

类似地可以定义 ΔS 在 yOz 面及 zOx 面上的投影 $(\Delta S)_{yz}$ 及 $(\Delta S)_{zx}$.

上面我们对曲面作了一些必要的说明，在此基础上，我们通过计算流向曲面一侧的流量，来引进对坐标的曲面积分的概念.

流向曲面一侧的流量　设有稳定流动（流速与时间 t 无关）的不可压缩的流体（设密度 $\mu = 1$）流向有向曲面 Σ 的指定侧，并设其流速 v 与 Σ 上一点的位置有关，要求在单位时间内流向 Σ 指定侧的流体的流量 Φ.

如图 10.18 所示，把有向曲面分为 n 个小片 ΔS_i，其面积也用 ΔS_i（$i = 1, 2, \cdots, n$）来表示，在每一小片上任取一点 (ξ_i, η_i, ζ_i)，则在单位时间内流过小片 ΔS_i 的流量 $\Delta\Phi_i$ 近似等于以 $|v_i|\cos\theta_i$ 为高、ΔS_i 为底的柱体体积 $|v_i|\cos\theta_i \cdot \Delta S_i$. 其中 v_i 是流体流过点 (ξ_i, η_i, ζ_i) 的流速，$|v_i|$ 是它的模，θ_i 是流速 v_i 与曲面 Σ 在点 (ξ_i, η_i, ζ_i) 的单位法线 n_i 间的夹角. 若令 P_i, Q_i, R_i 是 v_i 在坐标轴上的投影，$\cos\alpha_i, \cos\beta_i, \cos\gamma_i$ 是 n_i 的方向余弦，则有

$$\Delta\Phi_i \approx |v_i|\cos\theta_i \cdot \Delta S_i = (v_i \cdot n_i)\Delta S_i$$
$$= (P_i\cos\alpha_i + Q_i\cos\beta_i + R_i\cos\gamma_i)\Delta S_i$$

或者

$$\Delta\Phi_i \approx P_i(\Delta S)_{yz} + Q_i(\Delta S)_{zx} + R_i(\Delta S)_{xy}$$

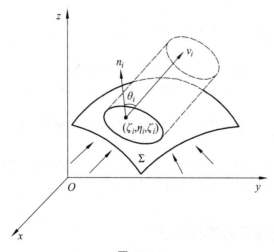

图 10.18

这里 $(\Delta\sigma_i)_{yz} \approx \cos\alpha_i \Delta S_i$，$(\Delta\sigma_i)_{zx} \approx \cos\beta_i \Delta S_i$，$(\Delta\sigma_i)_{xy} \approx \cos\gamma_i \Delta S_i$ 分别是小片 ΔS_i 在三个坐标平

面上的投影（有正负号）. 于是总流量近似地等于和

$$\sum_{i=1}^{n}[P_i(\Delta\sigma_i)_{yz} + Q_i(\Delta\sigma_i)_{zx} + R_i(\Delta\sigma_i)_{xy}] \tag{1}$$

当 n 无限增大，小片中最大的直径趋于零时，我们定义和式（1）的极限为流体在单位时间内流向 Σ 指定侧的流体的流量 Φ.

这样的极限还会在其他问题中遇到，抽去它们的具体意义，就得出下列对坐标的曲面积分的概念.

定义 5.1　设 Σ 为光滑的有向曲面，函数 $P(x,y,z)$，$Q(x,y,z)$，$R(x,y,z)$ 在 Σ 上连续，而以 P_i，Q_i，R_i 表示这三个函数在点 (ξ_i,η_i,ζ_i) 的函数值，和式（1）中的其余记号意义如上. 我们定义和式（1）的极限为函数 $P(x,y,z)$，$Q(x,y,z)$，$R(x,y,z)$ 在曲面 Σ 上对坐标的曲面积分，记作

$$\iint_{\Sigma} P(x,y,z)\mathrm{d}y\mathrm{d}z + Q(x,y,z)\mathrm{d}z\mathrm{d}x + R(x,y,z)\mathrm{d}x\mathrm{d}y$$

$$= \lim_{\lambda\to 0}\sum_{i=1}^{n}[P_i(\Delta\sigma_i)_{yz} + Q_i(\Delta\sigma_i)_{zx} + R_i(\Delta\sigma_i)_{xy}]$$

这里 $\lambda = |\Delta S|$ 是所有小片的直径的最大值. 其中 $P(x,y,z)$，$Q(x,y,z)$，$R(x,y,z)$ 称为**被积函数**，Σ 称为**积分曲面**.

我们指出，当 $P(x,y,z)$，$Q(x,y,z)$，$R(x,y,z)$ 在有向光滑曲面 Σ 上连续时，对坐标的曲面积分是存在的.

如果 Σ 是分片光滑的有向曲面，我们规定在 Σ 上对坐标的曲面积分等于函数在各片光滑曲面上对坐标的曲面积分之和.

由对坐标的曲面积分的定义可知，它具有以下性质：

（1）如果把 Σ 分成 Σ_1 和 Σ_2，则

$$\iint_{\Sigma} P\mathrm{d}y\mathrm{d}z + Q\mathrm{d}z\mathrm{d}x + R\mathrm{d}x\mathrm{d}y$$

$$= \iint_{\Sigma_1} P\mathrm{d}y\mathrm{d}z + Q\mathrm{d}z\mathrm{d}x + R\mathrm{d}x\mathrm{d}y + \iint_{\Sigma_2} P\mathrm{d}y\mathrm{d}z + Q\mathrm{d}z\mathrm{d}x + R\mathrm{d}x\mathrm{d}y \tag{2}$$

公式（2）可以推广到 Σ 分成 $\Sigma_1,\Sigma_2,\cdots,\Sigma_n$ 几部分的情形.

（2）设 Σ 是有向曲面，$-\Sigma$ 表示与 Σ 取相反侧的有向曲面，则

$$\iint_{-\Sigma} P\mathrm{d}y\mathrm{d}z + Q\mathrm{d}z\mathrm{d}x + R\mathrm{d}x\mathrm{d}y = -\iint_{\Sigma} P\mathrm{d}y\mathrm{d}z + Q\mathrm{d}z\mathrm{d}x + R\mathrm{d}x\mathrm{d}y \tag{3}$$

公式（3）表示，当积分曲面改变为相反侧时，对坐标的曲面积分要改变符号. 因此关于对坐标的曲面积分，我们必须注意积分曲面所取的侧.

二、对坐标的曲面积分的计算法

为简便起见，我们先考虑 $\iint_{\Sigma} R(x,y,z)\mathrm{d}x\mathrm{d}y$.

设积分曲面 Σ 是由方程 $z = z(x, y)$ 所给出的曲面上侧，$z = z(x, y)$ 在 xOy 面上的投影区域为 D_{xy}，函数 $z = z(x, y)$ 在 D_{xy} 上具有一阶连续偏导数，被积函数 $R(x, y, z)$ 在 Σ 上连续，则对坐标的曲面积分的定义，有

$$\iint_{\Sigma} R(x, y, z)\mathrm{d}x\mathrm{d}y = \lim_{\lambda \to 0} \sum_{i=1}^{n} R(\xi_i, \eta_i, \zeta_i)(\Delta S_i)_{xy}$$

因为 Σ 取上侧，$\cos\gamma > 0$，所以

$$(\Delta S_i)_{xy} = (\Delta\sigma_i)_{xy}$$

又因为 (ξ_i, η_i, ζ_i) 是 Σ 上的一点，故 $\zeta_i = z(\xi_i, \eta_i)$. 从而有

$$\sum_{i=1}^{n} R(\xi_i, \eta_i, \zeta_i)(\Delta S_i)_{xy} = \sum_{i=1}^{n} R(\xi_i, \eta_i, z(\xi_i, \eta_i))(\Delta\sigma_i)_{xy}$$

令 $\lambda \to 0$ 取上式两端的极限，得到

$$\iint_{\Sigma} R(x, y, z)\mathrm{d}x\mathrm{d}y = \iint_{D_{xy}} R(x, y, z(x, y))\mathrm{d}x\mathrm{d}y \tag{4}$$

式（4）就是把对坐标的曲面积分化为二重积分的公式. 公式（4）表明，计算曲面积分 $\iint_{\Sigma} R(x, y, z)\mathrm{d}x\mathrm{d}y$ 时，只要把其中变量 z 换为表示 Σ 的函数 $z(x, y)$，然后在 Σ 的投影区域 D_{xy} 上计算二重积分就可以了.

必须注意，公式（4）的曲面积分是取在曲面 Σ 上侧的. 如果曲面积分取在曲面 Σ 下侧，这时 $\cos\gamma < 0$，那么

$$(\Delta S_i)_{xy} = -(\Delta\sigma_i)_{xy}$$

从而有

$$\iint_{\Sigma} R(x, y, z)\mathrm{d}x\mathrm{d}y = -\iint_{D_{xy}} R(x, y, z(x, y))\mathrm{d}x\mathrm{d}y \tag{5}$$

类似地，如果 Σ 由 $x = x(y, z)$ 给出，则有

$$\iint_{\Sigma} P(x, y, z)\mathrm{d}y\mathrm{d}z = \pm\iint_{D_{yz}} P(x(y, z), y, z)\mathrm{d}y\mathrm{d}z \tag{6}$$

等式右端的符号这样决定：如果积分曲面 Σ 是由方程 $x = x(y, z)$ 所给出的曲面前侧，即 $\cos\alpha > 0$，应取正号；反之，如果 Σ 取后侧，即 $\cos\alpha < 0$，应取负号.

类似地，如果 Σ 由 $y = y(z, x)$ 给出，则

$$\iint_{\Sigma} Q(x, y, z)\mathrm{d}z\mathrm{d}x = \pm\iint_{D_{zx}} P(x, y(z, x), z)\mathrm{d}z\mathrm{d}x \tag{7}$$

等式右端的符号这样决定：如果积分曲面 Σ 是由方程 $y = y(z, x)$ 所给出的曲面右侧，即 $\cos \beta > 0$，应取正号；反之，如果 Σ 取左侧，即 $\cos \beta < 0$，应取负号.

值得注意的是，上述讨论是在平行于坐标轴的直线与曲面 Σ 的交点不多于一个的情况下进行的，即表示曲面 Σ 的函数是单值函数. 如果平行于坐标轴的直线与曲面的交点多于一个，可以把它分为几部分，使得每一部分均满足条件，然后对每一部分应用上述公式，再把结果加起来，就得在整个曲面 Σ 上的曲面积分的值.

例 1 计算曲面积分 $\iint\limits_{\Sigma} xyz \mathrm{d}x\mathrm{d}y$，曲面 Σ 是在 $x \geqslant 0, y \geqslant 0$ 时球面 $x^2 + y^2 + z^2 = 1$ 的四分之一的外侧.

解 如图 10.19 所示，把曲面 Σ 分为 Σ_1 和 Σ_2 两部分，Σ_1 的方程为

$$z_1 = -\sqrt{1 - x^2 - y^2}$$

Σ_2 的方程为

$$z_2 = \sqrt{1 - x^2 - y^2}$$

于是

$$\iint\limits_{\Sigma} xyz \mathrm{d}x\mathrm{d}y = \iint\limits_{\Sigma_2} xyz \mathrm{d}x\mathrm{d}y + \iint\limits_{\Sigma_1} xyz \mathrm{d}x\mathrm{d}y$$

上式右端第一个积分的积分曲面 Σ_2 取上侧，第二个积分的积分曲面 Σ_1 取下侧，因此应用公式（4）及（5）化为二重积分，就有

$$\iint\limits_{\Sigma} xyz \mathrm{d}x\mathrm{d}y = \iint\limits_{D_{xy}} xy\sqrt{1 - x^2 - y^2} \mathrm{d}x\mathrm{d}y - \iint\limits_{D_{xy}} -xy\sqrt{1 - x^2 - y^2} \mathrm{d}x\mathrm{d}y$$

$$= 2\iint\limits_{D_{xy}} xy\sqrt{1 - x^2 - y^2} \mathrm{d}x\mathrm{d}y$$

其中 D_{xy} 是 Σ_1 及 Σ_2 在 xOy 面上的投影区域，就是位于第一象限内的扇形 $x^2 + y^2 \leqslant 1$（$x \geqslant 0$，$y \geqslant 0$）. 利用极坐标计算此二重积分如下：

$$2\iint\limits_{D_{xy}} xy\sqrt{1 - x^2 - y^2} \mathrm{d}x\mathrm{d}y = 2\iint\limits_{D_{xy}} r^2 \sin\theta \cos\theta \sqrt{1 - r^2} \, r\mathrm{d}r\mathrm{d}\theta$$

$$= \int_0^{\frac{\pi}{2}} \sin 2\theta \mathrm{d}\theta \int_0^1 r^3 \sqrt{1 - r^2} \mathrm{d}r = 1 \times \frac{2}{15} = \frac{2}{15}$$

从而

$$\iint\limits_{\Sigma} xyz \mathrm{d}x\mathrm{d}y = \frac{2}{15}$$

例 2 计算曲面积分 $\iint\limits_{\Sigma} y(x-z)\mathrm{d}y\mathrm{d}z + x^2\mathrm{d}z\mathrm{d}x + (y^2+xz)\mathrm{d}x\mathrm{d}y$ ，其中 Σ 是图 10.20 中正立方体的外侧.

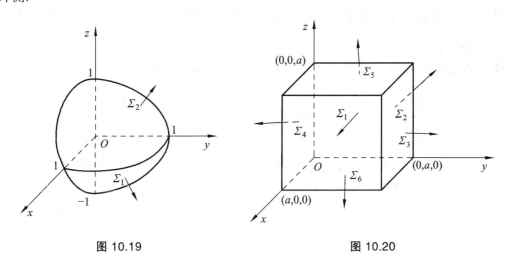

图 10.19   图 10.20

解 把有向曲面 Σ 分成以下 6 大部分：

Σ_1：$x=a$（$0 \leqslant y \leqslant a, 0 \leqslant z \leqslant a$）的前侧； Σ_2：$x=0$（$0 \leqslant y \leqslant a, 0 \leqslant z \leqslant a$）的后侧；

Σ_3：$y=a$（$0 \leqslant x \leqslant a, 0 \leqslant z \leqslant a$）的右侧； Σ_4：$y=0$（$0 \leqslant x \leqslant a, 0 \leqslant z \leqslant a$）的左侧；

Σ_5：$z=a$（$0 \leqslant x \leqslant a, 0 \leqslant y \leqslant a$）的上侧； Σ_6：$z=0$（$0 \leqslant x \leqslant a, 0 \leqslant y \leqslant a$）的下侧.

其中平面 Σ_1 和 Σ_2 在 xOy 面和 zOx 面上的投影等于零，平面 Σ_3 和 Σ_4 在 xOy 面和 yOz 面上的投影等于零，平面 Σ_5 和 Σ_6 在 yOz 面和 zOx 面上的投影等于零．所以由公式（6）得

$$\iint\limits_{\Sigma} y(x-z)\mathrm{d}y\mathrm{d}z = \iint\limits_{\Sigma_1} y(x-z)\mathrm{d}y\mathrm{d}z + \iint\limits_{\Sigma_2} y(x-z)\mathrm{d}y\mathrm{d}z = \iint\limits_{D_{yz}} y(a-z)\mathrm{d}y\mathrm{d}z - \iint\limits_{D_{yz}} y(0-z)\mathrm{d}y\mathrm{d}z$$

$$= \int_0^a \mathrm{d}z \int_0^a y(a-z)\mathrm{d}y + \int_0^a \mathrm{d}z \int_0^a yz\mathrm{d}y = \frac{1}{4}a^4 + \frac{1}{4}a^4 = \frac{1}{2}a^4$$

由公式（8）得

$$\iint\limits_{\Sigma} x^2\mathrm{d}z\mathrm{d}x = \iint\limits_{\Sigma_3} x^2\mathrm{d}z\mathrm{d}x + \iint\limits_{\Sigma_4} x^2\mathrm{d}z\mathrm{d}x = \iint\limits_{D_{zx}} x^2\mathrm{d}z\mathrm{d}x - \iint\limits_{D_{zx}} x^2\mathrm{d}z\mathrm{d}x = 0$$

由公式（4）及（5）得

$$\iint\limits_{\Sigma} (y^2+xz)\mathrm{d}x\mathrm{d}y = \iint\limits_{\Sigma_5} (y^2+xz)\mathrm{d}x\mathrm{d}y + \iint\limits_{\Sigma_6} (y^2+xz)\mathrm{d}x\mathrm{d}y$$

$$= \iint\limits_{D_{xy}} (y^2+ax)\mathrm{d}x\mathrm{d}y - \iint\limits_{D_{xy}} (y^2+0 \cdot x)\mathrm{d}x\mathrm{d}y$$

$$= \int_0^a \mathrm{d}y \int_0^a (y^2+ax)\mathrm{d}x - \int_0^a \mathrm{d}y \int_0^a y^2\mathrm{d}x$$

$$= \frac{5}{6}a^4 - \frac{1}{3}a^4 = \frac{a^4}{2}$$

于是有

$$\iint\limits_{\Sigma} y(x-z)\mathrm{d}y\mathrm{d}z + x^2\mathrm{d}z\mathrm{d}x + (y^2+xz)\mathrm{d}x\mathrm{d}y = \frac{a^4}{2} + 0 + \frac{a^4}{2} = a^4$$

例3 计算曲面积分 $\iint\limits_{\Sigma} z\mathrm{d}x\mathrm{d}y + x\mathrm{d}y\mathrm{d}z + y\mathrm{d}z\mathrm{d}x$，其中 Σ 为柱面 $x^2+y^2=1$ 被平面 $z=0$ 及 $z=3$ 所截部分的外侧.

解 如图 10.21 所示，显见，Σ 在 xOy 平面上的投影等于零，即

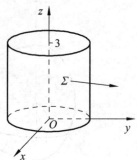

$$\iint\limits_{\Sigma} z\mathrm{d}x\mathrm{d}y = 0$$

图 10.21

又因为 Σ：$x = \pm\sqrt{1-y^2}$ 在 yOz 平面上的投影为矩形区域，它可表示为 $0 \leqslant z \leqslant 3, -1 \leqslant y \leqslant 1$，所以

$$\iint\limits_{\Sigma} x\mathrm{d}y\mathrm{d}z = \iint\limits_{D_{yz}} \sqrt{1-y^2}\mathrm{d}y\mathrm{d}z - \iint\limits_{D_{yz}} -\sqrt{1-y^2}\mathrm{d}y\mathrm{d}z = 2\int_0^3 \mathrm{d}z \int_{-1}^1 \sqrt{1-y^2}\mathrm{d}y$$

$$= 12\int_0^1 \sqrt{1-y^2}\mathrm{d}y = 12\left[\frac{y}{2}\sqrt{1-y^2} + \frac{1}{2}\arcsin y\right]_0^1 = 3\pi$$

由对称性，可知

$$\iint\limits_{\Sigma} y\mathrm{d}z\mathrm{d}x = 3\pi$$

那么

$$\iint\limits_{\Sigma} z\mathrm{d}x\mathrm{d}y + x\mathrm{d}y\mathrm{d}z + y\mathrm{d}z\mathrm{d}x = 0 + 3\pi + 3\pi = 6\pi$$

三、两类曲面积分之间的联系

设有向曲面 Σ 由方程 $z = z(x,y)$ 给出，Σ 在 xOy 面上的投影区域为 D_{xy}，函数 $z = z(x,y)$ 在 D_{xy} 上具有一阶连续偏导数，$R(x,y,z)$ 在 Σ 上连续，如果 Σ 取上侧，则由对坐标的曲面积分计算公式（4）有

$$\iint\limits_{\Sigma} R(x,y,z)\mathrm{d}x\mathrm{d}y = \iint\limits_{D_{xy}} R(x,y,z(x,y))\mathrm{d}x\mathrm{d}y$$

另一方面，因上述有向曲面 Σ 的法向量的方向余弦为

$$\cos\alpha = \frac{-z_x}{\sqrt{1+z_x^2+z_y^2}}, \quad \cos\beta = \frac{-z_y}{\sqrt{1+z_x^2+z_y^2}}, \quad \cos\gamma = \frac{1}{\sqrt{1+z_x^2+z_y^2}}$$

而曲面的面积元素 $\mathrm{d}S$ 为

$$\mathrm{d}S = \sqrt{1+z_x^2+z_y^2}\mathrm{d}x\mathrm{d}y$$

由此得

$$\iint_{\Sigma} R(x,y,z)\mathrm{d}x\mathrm{d}y = \iint_{\Sigma} R(x,y,z)\cos\gamma\,\mathrm{d}S \qquad (8)$$

如果取下侧，则由公式（5）有

$$\iint_{\Sigma} R(x,y,z)\mathrm{d}x\mathrm{d}y = -\iint_{D_{xy}} R(x,y,z(x,y))\mathrm{d}x\mathrm{d}y$$

但这时 $\cos\gamma = \dfrac{-1}{\sqrt{1+z_x^2+z_y^2}}$ ，因此公式（8）仍然成立.

类似地可推得

$$\iint_{\Sigma} P(x,y,z)\mathrm{d}x\mathrm{d}y = \iint_{\Sigma} P(x,y,z)\cos\alpha\,\mathrm{d}S \qquad (9)$$

$$\iint_{\Sigma} Q(x,y,z)\mathrm{d}x\mathrm{d}y = \iint_{\Sigma} Q(x,y,z)\cos\beta\,\mathrm{d}S \qquad (10)$$

合并（8）、（9）、（10）三式，则两类曲面积分之间有如下联系：

$$\iint_{\Sigma} P\mathrm{d}y\mathrm{d}z + Q\mathrm{d}z\mathrm{d}x + R\mathrm{d}x\mathrm{d}y = \iint_{\Sigma} (P\cos\alpha + Q\cos\beta + R\cos\gamma)\mathrm{d}S \qquad (11)$$

其中 $\cos\alpha,\cos\beta,\cos\gamma$ 是有向曲面 Σ 上点 (x,y,z) 处的法向量的方向余弦.

例 4　计算曲面积分 $\iint_{\Sigma}(z^2+x)\mathrm{d}y\mathrm{d}z - z\mathrm{d}x\mathrm{d}y$ ，其中 Σ 是旋转抛物面 $z=\dfrac{1}{2}(x^2+y^2)$ 介于平面 $z=0$ 及 $z=2$ 之间部分的下侧.

解　如图 10.22 所示，根据两类曲面积分之间的联系公式（10），可得

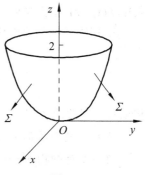

图 10.22

$$\iint_{\Sigma}(z^2+x)\mathrm{d}y\mathrm{d}z = \iint_{\Sigma}(z^2+x)\cos\alpha\,\mathrm{d}S = \iint_{\Sigma}(z^2+x)\frac{\cos\alpha}{\cos\gamma}\mathrm{d}x\mathrm{d}y$$

在曲面 Σ 上，有

$$\cos\alpha = \frac{x}{\sqrt{1+x^2+y^2}}, \qquad \cos\gamma = \frac{-1}{\sqrt{1+x^2+y^2}}$$

故

$$\iint_{\Sigma}(z^2+x)\mathrm{d}y\mathrm{d}z - z\mathrm{d}x\mathrm{d}y = \iint_{\Sigma}[(z^2+x)(-x)-z]\mathrm{d}x\mathrm{d}y$$

再按对坐标的曲面积分的计算法，便得

$$\iint_{\Sigma}(z^2+x)\mathrm{d}y\mathrm{d}z - z\mathrm{d}x\mathrm{d}y = -\iint_{D_{xy}}\left\{\left[\frac{1}{4}(x^2+y^2)^2+x\right]\cdot(-x)-\frac{1}{2}(x^2+y^2)\right\}\mathrm{d}x\mathrm{d}y$$

注意到 $\iint\limits_{D_{xy}} \dfrac{1}{4} x(x^2 + y^2)^2 \mathrm{d}x\mathrm{d}y = 0$ ，故

$$\iint\limits_{\Sigma}(z^2 + x)\mathrm{d}y\mathrm{d}z - z\mathrm{d}x\mathrm{d}y = \iint\limits_{D_{xy}}\left[x^2 + \dfrac{1}{2}(x^2 + y^2)\right]\mathrm{d}x\mathrm{d}y$$

$$= \int_0^{2\pi}\mathrm{d}\theta\int_0^2\left(r^2\cos^2\theta + \dfrac{1}{2}r^2\right)r\mathrm{d}r = 8\pi$$

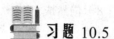 习题 10.5

1. 计算 $\iint\limits_{\Sigma}x^2y^2z\mathrm{d}x\mathrm{d}y$ ，Σ 是球面 $x^2 + y^2 + z^2 = R^2$ 的下半部的下侧.

2. 计算 $\iint\limits_{\Sigma}xz\mathrm{d}x\mathrm{d}y + xy\mathrm{d}y\mathrm{d}z + yz\mathrm{d}z\mathrm{d}x$ ，Σ 是平面 $x + y + z = 1$ ，$x = 0$ ，$y = 0$ ，$z = 0$ 所围成的立体的表面外侧.

3. 计算 $\iint\limits_{\Sigma}z\mathrm{d}x\mathrm{d}y + x\mathrm{d}y\mathrm{d}z + y\mathrm{d}z\mathrm{d}x$ ，其中 Σ 是柱面 $x^2 + y^2 = 1$ 被平面 $z = 0$ 及 $z = 3$ 所截得的在第一卦限内的部分的前侧.

4. 计算

$$\iint\limits_{\Sigma}[f(x, y, z) + x]\mathrm{d}y\mathrm{d}z + [2f(x, y, z) + y]\mathrm{d}z\mathrm{d}x + [f(x, y, z) + x]\mathrm{d}x\mathrm{d}y$$

其中 $f(x, y, z)$ 为连续函数，Σ 是平面 $x - y + z = 1$ 在第四卦限部分的上侧.

5. 把对坐标的曲面积分

$$\iint\limits_{\Sigma}P(x, y, z)\mathrm{d}y\mathrm{d}z + Q(x, y, z)\mathrm{d}z\mathrm{d}x + R(x, y, z)\mathrm{d}x\mathrm{d}y$$

化成对面积的曲面积分，其中：

（1）Σ 是平面 $3x + 2y + 2\sqrt{3}z = 6$ 在第一卦限内的部分的上侧；

（2）Σ 是抛物面 $z = 8 - (x^2 + y^2)$ 在 xOy 面上方的部分上侧.

第六节　Gauss 公式与 Stokes 公式

一、Gauss 公式

Green 公式建立了沿平面封闭曲线的线积分与二重积分的关系，类似地，沿空间闭曲面的第二类曲面积分和三重积分之间也有类似的关系. 下面的 Gauss 公式建立了这种关系.

定理 6.1（Gauss 公式）　设空间区域 Ω 由分片光滑的双侧封闭曲面 Σ 所围成，若函数

$P(x, y, z), Q(x, y, z), R(x, y, z)$ 在 Ω 上连续，且有一阶连续偏导数，则

$$\iiint\limits_{\Omega} \left(\frac{\partial P}{\partial x} + \frac{\partial Q}{\partial y} + \frac{\partial R}{\partial z} \right) \mathrm{d}v = \oiint\limits_{\Sigma} P\mathrm{d}y\mathrm{d}z + Q\mathrm{d}z\mathrm{d}x + R\mathrm{d}x\mathrm{d}y \tag{1}$$

或

$$\iiint\limits_{\Omega} \left(\frac{\partial P}{\partial x} + \frac{\partial Q}{\partial y} + \frac{\partial R}{\partial z} \right) \mathrm{d}v = \oiint\limits_{\Sigma} (P\cos\alpha + Q\cos\beta + R\cos\gamma)\mathrm{d}S \tag{2}$$

其中 Σ 是整个边界曲面的外侧， $\cos\alpha, \cos\beta, \cos\gamma$ 是 Σ 上点 (x, y, z) 处的法向量的方向余弦.

证明 如图 10.23 所示，设闭曲面 Ω 在面 xOy 上的投影区域为 D_{xy}， Σ 由 $\Sigma_1, \Sigma_2, \Sigma_3$ 三部分组成 $\Sigma_1 : z = z_1(x, y)$， $\Sigma_2 : z = z_2(x, y)$， Σ_3 : 是以 D_{xy} 的边界曲线为准线而母线平行于 z 轴的柱面上的一部分，取外侧.

根据三重积分的计算法可得

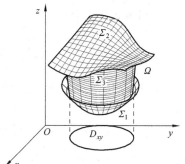

图 10.23

$$\iiint\limits_{\Omega} \frac{\partial R}{\partial z} \mathrm{d}v = \iint\limits_{D_{xy}} \left\{ \int_{z_1(x,y)}^{z_2(x,y)} \frac{\partial R}{\partial z} \mathrm{d}z \right\} \mathrm{d}x\mathrm{d}y$$

$$= \iint\limits_{D_{xy}} \{R[x, y, z_2(x, y)] - R[x, y, z_1(x, y)]\}\mathrm{d}x\mathrm{d}y$$

根据曲面积分的计算法（ Σ_1 取下侧， Σ_2 取上侧， Σ_3 取外侧）可得

$$\iint\limits_{\Sigma_1} R(x, y, z)\mathrm{d}x\mathrm{d}y = -\iint\limits_{D_{xy}} R[x, y, z_1(x, y)]\mathrm{d}x\mathrm{d}y$$

$$\iint\limits_{\Sigma_2} R(x, y, z)\mathrm{d}x\mathrm{d}y = \iint\limits_{D_{xy}} R[x, y, z_2(x, y)]\mathrm{d}x\mathrm{d}y$$

$$\iint\limits_{\Sigma_3} R(x, y, z)\mathrm{d}x\mathrm{d}y = 0$$

于是

$$\iint\limits_{\Sigma} R(x, y, z)\mathrm{d}x\mathrm{d}y = \iint\limits_{D_{xy}} \{R[x, y, z_2(x, y)] - R[x, y, z_1(x, y)]\}\mathrm{d}x\mathrm{d}y$$

因此

$$\iiint\limits_{\Omega} \frac{\partial R}{\partial z} \mathrm{d}v = \oiint\limits_{\Sigma} R(x, y, z)\mathrm{d}x\mathrm{d}y$$

同理

$$\iiint\limits_{\Omega} \frac{\partial P}{\partial x} \mathrm{d}v = \oiint\limits_{\Sigma} P(x, y, z)\mathrm{d}y\mathrm{d}z$$

$$\iiint\limits_{\Omega} \frac{\partial Q}{\partial y} \mathrm{d}v = \oiint\limits_{\Sigma} Q(x, y, z)\mathrm{d}z\mathrm{d}x$$

合并以上三式可得

$$\iiint_{\Omega}\left(\frac{\partial P}{\partial x}+\frac{\partial Q}{\partial y}+\frac{\partial R}{\partial z}\right)\mathrm{d}v=\oiint_{\Sigma}P\mathrm{d}y\mathrm{d}z+Q\mathrm{d}z\mathrm{d}x+R\mathrm{d}x\mathrm{d}y$$

由两类曲面积分之间的关系可知

$$\iiint_{\Omega}\left(\frac{\partial P}{\partial x}+\frac{\partial Q}{\partial y}+\frac{\partial R}{\partial z}\right)\mathrm{d}v=\oiint_{\Sigma}(P\cos\alpha+Q\cos\beta+R\cos\gamma)\mathrm{d}S$$

证毕.

Gauss 公式的实质：表达了空间闭区域上的三重积分与其边界曲面上的曲面积分之间的关系.

若 Gauss 公式中 $P=x,Q=y,R=z$ ，则有

$$\iiint_{\Omega}(1+1+1)\mathrm{d}x\mathrm{d}y\mathrm{d}z=\oiint_{\Sigma}x\mathrm{d}y\mathrm{d}z+y\mathrm{d}z\mathrm{d}x+z\mathrm{d}x\mathrm{d}y$$

于是得到应用第二类曲面积分计算空间区域 Ω 的体积公式

$$\Omega\text{ 的体积}=\frac{1}{3}\oiint_{\Sigma}x\mathrm{d}y\mathrm{d}z+y\mathrm{d}z\mathrm{d}x+z\mathrm{d}x\mathrm{d}y$$

例 1 计算曲面积分 $\oiint_{\Sigma}(x-y)\mathrm{d}x\mathrm{d}y+(y-z)x\mathrm{d}y\mathrm{d}z$ ，其中 Σ 为柱面 $x^2+y^2=1$ 及平面 $z=0$ ，$z=3$ 所围成的空间闭区域 Ω 的整个边界曲面的外侧.

解 对应于 Gauss 公式，$P=(y-z)x$ ，$Q=0$ ，$R=x-y$ ，于是

$$\frac{\partial P}{\partial x}=y-z,\qquad \frac{\partial Q}{\partial y}=0,\qquad \frac{\partial R}{\partial z}=0$$

则

$$\oiint_{\Sigma}(x-y)\mathrm{d}x\mathrm{d}y+(y-z)x\mathrm{d}y\mathrm{d}z=\iiint_{\Omega}(y-z)\mathrm{d}x\mathrm{d}y\mathrm{d}z$$

$$=\iiint_{\Omega}(r\sin\theta-z)r\mathrm{d}r\mathrm{d}\theta\mathrm{d}z=-\frac{9\pi}{2}$$

其中利用了柱面坐标变换.

例 2 计算

$$\oiint_{\Sigma}y(x-z)\mathrm{d}y\mathrm{d}z+x^2\mathrm{d}z\mathrm{d}x+(y^2+xz)\mathrm{d}x\mathrm{d}y$$

其中 Σ 是一顶点在坐标原点、侧面平行于坐标面且位于第一卦限的边长为 a 的正立方体表面，并取外侧.

解 应用 Gauss 公式可得

$$\oiint_{\Sigma}y(x-z)\mathrm{d}y\mathrm{d}z+x^2\mathrm{d}z\mathrm{d}x+(y^2+xz)\mathrm{d}x\mathrm{d}y$$

$$= \iiint_{\Omega} \left[\frac{\partial}{\partial x}(y(x-z)) + \frac{\partial}{\partial y}(x^2) + \frac{\partial}{\partial z}(y^2 + xz) \right] dxdydz$$

$$= \iiint_{\Omega} (y+z)dxdydz = \int_0^a dz \int_0^a dy \int_0^a (y+x)dx$$

$$= a\int_0^a \left(ay + \frac{1}{2}a^2 \right) dy = a^2$$

例 3 设函数 $u(x,y,z)$ 和 $v(x,y,z)$ 在闭区域 Ω 上具有一阶及二阶连续偏导数，证明

$$\iiint_{\Omega} u\Delta v dxdydz = \oiint_{\Sigma} u\frac{\partial v}{\partial \boldsymbol{n}}dS - \iiint_{\Omega} \left(\frac{\partial u}{\partial x}\frac{\partial v}{\partial x} + \frac{\partial u}{\partial y}\frac{\partial v}{\partial y} + \frac{\partial u}{\partial z}\frac{\partial v}{\partial z} \right)dxdydz$$

其中 Σ 是闭区域 Ω 的整个边界曲面，$\dfrac{\partial v}{\partial \boldsymbol{n}}$ 为函数 $v(x,y,z)$ 沿 Σ 的外法线方向的方向导数，符号 $\Delta = \dfrac{\partial^2}{\partial x^2} + \dfrac{\partial^2}{\partial y^2} + \dfrac{\partial^2}{\partial z^2}$，称为 Laplace（拉普拉斯）算子. 这个公式叫作 Green 第一公式.

证明 因为方向导数

$$\frac{\partial v}{\partial \boldsymbol{n}} = \frac{\partial v}{\partial x}\cos\alpha + \frac{\partial v}{\partial y}\cos\beta + \frac{\partial v}{\partial z}\cos\gamma$$

其中 $\cos\alpha, \cos\beta, \cos\gamma$ 是 Σ 在点 (x,y,z) 处的外法线向量的方向余弦，于是曲面积分

$$\oiint_{\Sigma} u\frac{\partial v}{\partial \boldsymbol{n}}dS = \oiint_{\Sigma} u\left(\frac{\partial v}{\partial x}\cos\alpha + \frac{\partial v}{\partial y}\cos\beta + \frac{\partial v}{\partial z}\cos\gamma \right)dS$$

$$= \oiint_{\Sigma} \left[\left(u\frac{\partial v}{\partial x} \right)\cos\alpha + \left(u\frac{\partial v}{\partial y} \right)\cos\beta + \left(u\frac{\partial v}{\partial z} \right)\cos\gamma \right]dS$$

利用 Gauss 公式，即得

$$\oiint_{\Sigma} u\frac{\partial v}{\partial \boldsymbol{n}}dS = \iiint_{\Omega} \left[\frac{\partial}{\partial x}\left(u\frac{\partial u}{\partial x} \right) + \frac{\partial}{\partial y}\left(u\frac{\partial v}{\partial y} \right) + \frac{\partial}{\partial z}\left(u\frac{\partial v}{\partial z} \right) \right]dxdydz$$

$$= \iiint_{\Omega} u\Delta v dxdydz + \iiint_{\Omega} \left(\frac{\partial u}{\partial x}\cdot\frac{\partial v}{\partial x} + \frac{\partial u}{\partial y}\cdot\frac{\partial v}{\partial y} + \frac{\partial u}{\partial z}\cdot\frac{\partial v}{\partial z} \right)dxdydz$$

将上式右端第二个积分移至左端便得所要证明的等式.

二、通量与散度

下面来解释 Gauss 公式的物理意义.

设稳定流动的不可压缩流体（假定密度为 1）的速度场由

$$A(x,y,z) = P(x,y,z)\boldsymbol{i} + Q(x,y,z)\boldsymbol{j} + R(x,y,z)\boldsymbol{k}$$

给出，其中 P, Q, R 假定具有一阶连续偏导数. Σ 是速度场中一片有向曲面，又

$$n = \cos\alpha \, \boldsymbol{i} + \cos\beta \, \boldsymbol{j} + \cos\gamma \, \boldsymbol{k}$$

是 Σ 在点 (x, y, z) 处的单位法向量，单位时间内流体经过 Σ 流向指定侧的流体总质量 Φ 可用曲面积分来表示：

$$\Phi = \iint_{\Sigma} P\mathrm{d}y\mathrm{d}z + Q\mathrm{d}z\mathrm{d}x + R\mathrm{d}x\mathrm{d}y = \iint_{\Sigma} (P\cos\alpha + Q\cos\beta + R\cos\gamma)\mathrm{d}S$$

$$= \iint_{\Sigma} \boldsymbol{A} \cdot \boldsymbol{n}\mathrm{d}S = \iint_{\Sigma} A_n \mathrm{d}S$$

其中 $A_n = \boldsymbol{A} \cdot \boldsymbol{n} = P\cos\alpha + Q\cos\beta + R\cos\gamma$ 表示流体的速度向量 $\boldsymbol{v}$ 在有向曲面 Σ 的法向量 $\boldsymbol{n}$ 上的投影．如果 Σ 是 Gauss 公式 $\iiint_{\Omega} \left(\dfrac{\partial P}{\partial x} + \dfrac{\partial Q}{\partial y} + \dfrac{\partial R}{\partial z} \right) \mathrm{d}v = \oiint_{\Sigma} P\mathrm{d}y\mathrm{d}z + Q\mathrm{d}z\mathrm{d}x + R\mathrm{d}x\mathrm{d}y$ 中闭区域 Ω 的边界曲面的外侧，那么 Gauss 公式的右端可解释为单位时间内离开闭区域 Ω 的流体的总质量．另一方面，假定流体是不可压缩的，且流动是稳定的，因此在流体离开 Ω 的同时，Ω 内部必须有产生流体的"源头"产生同样多的流体来进行补充，因此 Gauss 公式左端可解释为分布在 Ω 内的源头在单位时间内所产生的流体的总质量．

由于 $A(x, y, z)$ 是 Ω 上的向量函数，对 Ω 上每一点 (x, y, z)，定义数量函数

$$D(x, y, z) = \frac{\partial P}{\partial x} + \frac{\partial Q}{\partial y} + \frac{\partial R}{\partial z} \tag{3}$$

称为向量函数 $A(x, y, z)$ 在点 (x, y, z) 处的**散度**（divergence），且记作

$$D(x, y, z) = \mathrm{div}A(x, y, z)$$

把 Gauss 公式改写成

$$\iiint_{\Omega} \mathrm{div}\, A \mathrm{d}v = \oiint_{\Sigma} A_n \mathrm{d}S$$

以闭区域 Ω 的体积 V 除上式两端可得

$$\frac{1}{V} \iiint_{\Omega} \mathrm{div}\, A \mathrm{d}v = \frac{1}{V} \oiint_{\Sigma} A_n \mathrm{d}S$$

在 Ω 中任取一点 (ξ, η, ζ)，对上式中的三重积分应用中值定理，得

$$\left(\frac{\partial P}{\partial x} + \frac{\partial Q}{\partial y} + \frac{\partial R}{\partial z} \right) \Bigg|_{(\xi, \eta, \zeta)} = \frac{1}{V} \oiint_{\Sigma} A_n \mathrm{d}S$$

令 Ω 缩到一点 $M(x, y, z)$，取上式的极限得

$$\frac{\partial P}{\partial x} + \frac{\partial Q}{\partial y} + \frac{\partial R}{\partial z} = \lim_{\Omega \to M} \frac{1}{V} \oiint_{\Sigma} A_n \mathrm{d}S$$

这个等式可以看做是散度的另一种定义形式．$\mathrm{div}A(x, y, z)$ 可以看做稳定流体的不可压缩流体在点 $M(x, y, z)$ 的源头强度，即在单位时间单位体积内所产生的流体质量．若 $\mathrm{div}A(x, y, z) > 0$，说明在每一单位时间内有一定数量的流体流出这一点，称这点为源．相反，若 $\mathrm{div}A(x, y, z) < 0$，说

明流体在这一点被吸收，称这点为汇. 若在向量场 A 中每一点皆有

$$\mathrm{div}A = 0$$

则称 A 为无源场.

例 4 求向量场 $A = (x^2 + yz)\boldsymbol{i} + (y^2 + xz)\boldsymbol{j} + (z^2 + xy)\boldsymbol{k}$ 的散度.

解 因为 $P = x^2 + yz, Q = y^2 + xz, R = z^2 + xy$ ，所以

$$\mathrm{div}A = \frac{\partial P}{\partial x} + \frac{\partial Q}{\partial y} + \frac{\partial R}{\partial z} = 2x + 2y + 2z = 2(x + y + z)$$

例 5 设 $u(x,y,z)$，$v(x,y,z)$ 是两个定义在闭区域 Ω 上的具有二阶连续偏导数的函数，$\dfrac{\partial u}{\partial \boldsymbol{n}}, \dfrac{\partial v}{\partial \boldsymbol{n}}$ 依次表示 $u(x,y,z), v(x,y,z)$ 沿 Σ 的外法线方向的方向导数. 证明

$$\iiint\limits_{\Omega} (u\Delta v - v\Delta u)\mathrm{d}x\mathrm{d}y\mathrm{d}z = \oiint\limits_{\Sigma} \left(u\frac{\partial v}{\partial \boldsymbol{n}} - v\frac{\partial u}{\partial \boldsymbol{n}} \right)\mathrm{d}S \tag{4}$$

其中 Σ 是空间闭区域 Ω 的整个边界曲面. 这个公式叫做 Green **第二公式**.

证明 由第一 Green 公式知

$$\iiint\limits_{\Omega} u\left(\frac{\partial^2 v}{\partial x^2} + \frac{\partial^2 v}{\partial y^2} + \frac{\partial^2 v}{\partial z^2} \right)\mathrm{d}x\mathrm{d}y\mathrm{d}z = \oiint\limits_{\Sigma} u\frac{\partial v}{\partial \boldsymbol{n}}\mathrm{d}S - \iiint\limits_{\Omega} \left(\frac{\partial u}{\partial x}\cdot\frac{\partial v}{\partial x} + \frac{\partial u}{\partial y}\cdot\frac{\partial v}{\partial y} + \frac{\partial u}{\partial z}\cdot\frac{\partial v}{\partial z} \right)\mathrm{d}x\mathrm{d}y\mathrm{d}z$$

$$\iiint\limits_{\Omega} v\left(\frac{\partial^2 u}{\partial x^2} + \frac{\partial^2 u}{\partial y^2} + \frac{\partial^2 u}{\partial z^2} \right)\mathrm{d}x\mathrm{d}y\mathrm{d}z = \oiint\limits_{\Sigma} v\frac{\partial u}{\partial \boldsymbol{n}}\mathrm{d}S - \iiint\limits_{\Omega} \left(\frac{\partial u}{\partial x}\cdot\frac{\partial v}{\partial x} + \frac{\partial u}{\partial y}\cdot\frac{\partial v}{\partial y} + \frac{\partial u}{\partial z}\cdot\frac{\partial v}{\partial z} \right)\mathrm{d}x\mathrm{d}y\mathrm{d}z$$

将上面两个式子相减，即得

$$\iiint\limits_{\Omega} \left[u\left(\frac{\partial^2 v}{\partial x^2} + \frac{\partial^2 v}{\partial y^2} + \frac{\partial^2 v}{\partial z^2} \right) - v\left(\frac{\partial^2 u}{\partial x^2} + \frac{\partial^2 u}{\partial y^2} + \frac{\partial^2 u}{\partial z^2} \right) \right]\mathrm{d}x\mathrm{d}y\mathrm{d}z = \oiint\limits_{\Sigma} \left(u\frac{\partial v}{\partial \boldsymbol{n}} - v\frac{\partial u}{\partial \boldsymbol{n}} \right)\mathrm{d}S$$

例 6 利用 Gauss 公式推证阿基米德原理：浸没在液体中的物体所受液体的压力的合力（即浮力）的方向铅直向上，其大小等于这物体所排开的液体的重力.

证明 取液面为 xOy 面，z 轴沿铅直向下，设液体的密度为 ρ ，在物体表面 Σ 上取元素 $\mathrm{d}S$ 上一点，并设 Σ 在点 (x,y,z) 处的外法线的方向余弦为 $\cos\alpha, \cos\beta, \cos\gamma$ ，则 $\mathrm{d}S$ 所受液体的压力在坐标轴 x, y, z 上的分量分别为

$$-\rho z\cos\alpha\mathrm{d}S, \quad -\rho z\cos\beta, \quad -\rho z\cos\gamma$$

利用 Gauss 公式计算 Σ 所受的压力，则

$$F_x = \oiint\limits_{\Sigma} (-\rho z\cos\alpha)\mathrm{d}S = \iiint\limits_{\Omega} 0\mathrm{d}v = 0$$

$$F_y = \oiint\limits_{\Sigma} (-\rho z\cos\beta)\mathrm{d}S = \iiint\limits_{\Omega} 0\mathrm{d}v = 0$$

$$F_z = \oiint\limits_{\Sigma} (-\rho z\cos\gamma)\mathrm{d}S = \iiint\limits_{\Omega} (-\rho)\mathrm{d}v = -\rho|\Omega|$$

其中 $|\Omega|$ 为物体的体积. 因此在液体中的物体所受液体的压力的合力，其方向铅直向下，大小等于这物体排开液体的所受的重力，即阿基米德原理得证.

三、Stokes（斯托克斯）公式

右手规则　设 Γ 是分段光滑的空间有向闭曲线，Σ 是以 Γ 为边界的分片光滑的有向曲面，当右手除拇指外的四指依 Γ 的绕行方向时，拇指所指的方向与 Σ 上法向量的指向相同，这时称 Γ 是有向曲面 Σ 的正向边界曲线.

Stokes 公式是 Green 公式的推广. Green 公式表达了平面闭区域上的二重积分与其边界曲线上曲线积分间的关系，而 Stokes 公式则把曲面 Σ 上的曲面积分与沿着 Σ 边界曲线的曲线积分联系起来. 下面的公式就叙述了这种关系.

定理 6.2　设 Γ 为分段光滑的空间有向闭曲线，Σ 是以 Γ 为边界的分片光滑的有向曲面，Γ 的正向与 Σ 的侧符合右手规则，函数 $P(x,y,z)$，$Q(x,y,z)$，$R(x,y,z)$ 在包含曲面 Σ 在内的一个空间区域内具有一阶连续偏导数，则有

$$\iint_{\Sigma}\left(\frac{\partial R}{\partial y}-\frac{\partial Q}{\partial z}\right)\mathrm{d}y\mathrm{d}z+\left(\frac{\partial P}{\partial z}-\frac{\partial R}{\partial x}\right)\mathrm{d}z\mathrm{d}x+\left(\frac{\partial Q}{\partial x}-\frac{\partial P}{\partial y}\right)\mathrm{d}x\mathrm{d}y=\oint_{\Gamma}P\mathrm{d}x+Q\mathrm{d}y+R\mathrm{d}z \qquad (5)$$

上式叫作 Stokes 公式.

证明　设 Σ 与平行于 z 轴的直线的交点不多于一点，并 Σ 取上侧，有向曲线 C 为 Σ 的正向边界曲线 Γ 在 xOy 的投影，且所围区域为 D_{xy}，如图 10.24 所示.

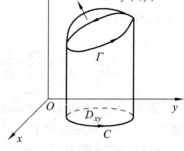

图 10.24

证明的思路是：设法把曲面积分

$$\iint_{\Sigma}\frac{\partial P}{\partial x}\mathrm{d}z\mathrm{d}x-\frac{\partial P}{\partial y}\mathrm{d}x\mathrm{d}y$$

化为闭区域 D_{xy} 上的二重积分，然后通过 Green 公式使它与曲线积分相联系.

根据对面积的和对坐标的曲面积分之间的关系，有

$$\iint_{\Sigma}\frac{\partial P}{\partial z}\mathrm{d}z\mathrm{d}x-\frac{\partial P}{\partial y}\mathrm{d}x\mathrm{d}y=\iint_{\Sigma}\left(\frac{\partial P}{\partial z}\cos\beta-\frac{\partial P}{\partial y}\cos\gamma\right)\mathrm{d}S$$

当 Σ 为 $z=f(x,y)$，$(x,y)\in D_{xy}$ 时，有向曲面 Σ 的法向量的方向余弦为

$$\cos\alpha=\frac{-f_x}{\sqrt{1+f_x^2+f_y^2}},\quad \cos\beta=\frac{-f_y}{\sqrt{1+f_x^2+f_y^2}},\quad \cos\gamma=\frac{1}{\sqrt{1+f_x^2+f_y^2}}$$

因此 $\cos\beta=-f_y\cos\gamma$，于是

$$\iint_{\Sigma}\frac{\partial P}{\partial z}\mathrm{d}z\mathrm{d}x-\frac{\partial P}{\partial y}\mathrm{d}x\mathrm{d}y=-\iint_{\Sigma}\left(\frac{\partial P}{\partial y}+\frac{\partial P}{\partial z}f_y\right)\cos\gamma\mathrm{d}S$$

即

$$\iint\limits_{\Sigma} \frac{\partial P}{\partial z} \mathrm{d}z\mathrm{d}x - \frac{\partial P}{\partial y} \mathrm{d}x\mathrm{d}y = -\iint\limits_{\Sigma} \left(\frac{\partial P}{\partial y} + \frac{\partial P}{\partial z} f_y \right) \mathrm{d}x\mathrm{d}y$$

上式右端的曲面积分化为二重积分时，把 $P(x,y,z)$ 中的 z 用 $f(x,y)$ 来代替. 因为由复合函数的微分法，有

$$\frac{\partial}{\partial y} P[x,y,f(x,y)] = \frac{\partial P}{\partial y} + \frac{\partial P}{\partial z} \cdot f_y$$

所以，我们得到

$$\iint\limits_{\Sigma} \frac{\partial P}{\partial z} \mathrm{d}z\mathrm{d}x - \frac{\partial P}{\partial y} \mathrm{d}x\mathrm{d}y = -\iint\limits_{D_{xy}} \frac{\partial}{\partial y} P[x,y,f(x,y)]\mathrm{d}x\mathrm{d}y \qquad (6)$$

根据 Green 公式，上式右端的二重积分可化为沿闭区域 D_{xy} 的边界 C 的曲线积分：

$$-\iint\limits_{D_{xy}} \frac{\partial}{\partial y} P[x,y,f(x,y)]\mathrm{d}x\mathrm{d}y = \oint_C P[x,y,f(x,y)]\mathrm{d}x$$

于是立即可得

$$\iint\limits_{\Sigma} \frac{\partial P}{\partial z} \mathrm{d}z\mathrm{d}x - \frac{\partial P}{\partial y} \mathrm{d}x\mathrm{d}y = \oint_C P[x,y,f(x,y)]\mathrm{d}x$$

因为函数 $P[x,y,f(x,y)]$ 在曲线 C 上点 (x,y) 处的值与函数 $P(x,y,z)$ 在曲线 Γ 上对应点 (x,y,z) 处的值是一样的，并且两曲线上的对应小弧段在 x 轴上的投影也一样. 根据曲线积分的定义，上式右端的曲线积分等于曲线 Γ 上的曲线积分 $\int_\Gamma P(x,y,z)\mathrm{d}x$，因此

$$\iint\limits_{\Sigma} \frac{\partial P}{\partial z} \mathrm{d}z\mathrm{d}x - \frac{\partial P}{\partial y} \mathrm{d}x\mathrm{d}y = \oint_\Gamma P(x,y,z)\mathrm{d}x \qquad (7)$$

同理可证

$$\iint\limits_{\Sigma} \frac{\partial Q}{\partial x} \mathrm{d}x\mathrm{d}y - \frac{\partial Q}{\partial z} \mathrm{d}y\mathrm{d}z = \oint_\Gamma Q(x,y,z)\mathrm{d}y$$

$$\iint\limits_{\Sigma} \frac{\partial R}{\partial y} \mathrm{d}y\mathrm{d}z - \frac{\partial R}{\partial x} \mathrm{d}z\mathrm{d}x = \oint_\Gamma R(x,y,z)\mathrm{d}z$$

于是立即可得

$$\iint\limits_{\Sigma} \left(\frac{\partial R}{\partial y} - \frac{\partial Q}{\partial z} \right) \mathrm{d}y\mathrm{d}z + \left(\frac{\partial P}{\partial z} - \frac{\partial R}{\partial x} \right) \mathrm{d}z\mathrm{d}x + \left(\frac{\partial Q}{\partial x} - \frac{\partial P}{\partial y} \right) \mathrm{d}x\mathrm{d}y = \oint_\Gamma P\mathrm{d}x + Q\mathrm{d}y + R\mathrm{d}z$$

证毕.

注：（1）如果 Σ 取下侧，Γ 也相应地改成相反的方向，那么式（7）两端同时改变符号，式（7）仍成立.

（2）如果曲面与平行于 z 轴的直线的交点多于一个，则可作辅助曲线把曲面分成几部分，然后应用公式（7）并相加. 因为沿辅助曲线而方向相反的两个曲线积分相加时正好抵消，所以对于这一类曲面，公式（7）也成立.

（3）为了便于记忆，把 Stokes 公式写成：

$$\iint_{\Sigma} \begin{vmatrix} \mathrm{d}y\mathrm{d}z & \mathrm{d}z\mathrm{d}x & \mathrm{d}x\mathrm{d}y \\ \dfrac{\partial}{\partial x} & \dfrac{\partial}{\partial y} & \dfrac{\partial}{\partial z} \\ P & Q & R \end{vmatrix} = \oint_{\Gamma} P\mathrm{d}x + Q\mathrm{d}y + R\mathrm{d}z \qquad (8)$$

另一种形式：

$$\iint_{\Sigma} \begin{vmatrix} \cos\alpha & \cos\beta & \cos\gamma \\ \dfrac{\partial}{\partial x} & \dfrac{\partial}{\partial y} & \dfrac{\partial}{\partial z} \\ P & Q & R \end{vmatrix} \mathrm{d}S = \oint_{\Gamma} P\mathrm{d}x + Q\mathrm{d}y + R\mathrm{d}z \qquad (9)$$

其中 $\boldsymbol{n} = (\cos\alpha, \cos\beta, \cos\gamma)$.

（4）Stokes 公式的实质：表达了有向曲面上的曲面积分与其边界曲线上的曲线积分之间的关系.

（5）当 Σ 是 xOy 面的平面闭区域时，Stokes 公式就变成 Green 公式. 因此，格林公式是 Stokes 公式的一个特殊情形.

例 7 计算曲线积分 $\oint_{\Gamma} z\mathrm{d}x + x\mathrm{d}y + y\mathrm{d}z$，其中 Γ 是平面 $x+y+z=1$ 被三坐标面所截成的三角形的整个边界，如图 10.25 所示，它的正向与这个三角形上侧的法向量之间符合右手规则.

解 根据 Stokes 公式，有

$$\oint_{\Gamma} z\mathrm{d}x + x\mathrm{d}y + y\mathrm{d}z = \iint_{\Sigma} \mathrm{d}y\mathrm{d}z + \mathrm{d}z\mathrm{d}x + \mathrm{d}x\mathrm{d}y$$

由于 Σ 的法向量的三个方向余弦都为正，再由对称性知：

$$\iint_{\Sigma} \mathrm{d}y\mathrm{d}z + \mathrm{d}z\mathrm{d}x + \mathrm{d}x\mathrm{d}y = 3\iint_{D_{xy}} \mathrm{d}\sigma$$

于是

$$\oint_{\Gamma} z\mathrm{d}x + x\mathrm{d}y + y\mathrm{d}z = \frac{3}{2}$$

例 8 计算曲线积分

$$\oint_{\Gamma}(y^2-z^2)\mathrm{d}x+(z^2-x^2)\mathrm{d}y+(x^2-y^2)\mathrm{d}z$$

其中 Γ 是平面 $x+y+z=\dfrac{3}{2}$ 截立方体：$0\leqslant x\leqslant 1,0\leqslant y\leqslant 1,0\leqslant z\leqslant 1$ 的表面所得的截痕，若从 Ox 轴的正向看去，取逆时针方向（见图 10.26）．

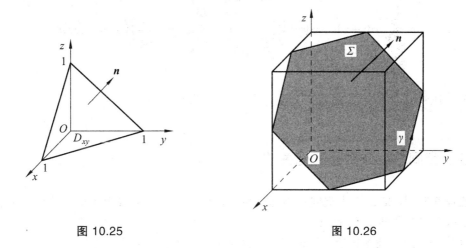

图 10.25　　　　　　　　　图 10.26

解　取 Σ 为平面 $x+y+z=\dfrac{3}{2}$ 的上侧被 Γ 所围成的部分．则

$$\boldsymbol{n}=\frac{1}{\sqrt{3}}(1,1,1)$$

即 $\cos\alpha=\cos\beta=\cos\gamma=\dfrac{1}{\sqrt{3}}$，因此

$$I=\iint_{\Sigma}\begin{vmatrix}\dfrac{1}{\sqrt{3}}&\dfrac{1}{\sqrt{3}}&\dfrac{1}{\sqrt{3}}\\[2mm]\dfrac{\partial}{\partial x}&\dfrac{\partial}{\partial y}&\dfrac{\partial}{\partial z}\\[2mm]y^2-z^2&z^2-x^2&x^2-y^2\end{vmatrix}\mathrm{d}S=-\frac{4}{\sqrt{3}}\iint_{\Sigma}(x+y+z)\mathrm{d}S$$

因为在 Σ 上 $x+y+z=\dfrac{3}{2}$，所以

$$I=-\frac{4}{\sqrt{3}}\cdot\frac{3}{2}\iint_{\Sigma}\mathrm{d}S=-2\sqrt{3}\iint_{D_{xy}}\sqrt{3}\mathrm{d}x\mathrm{d}y=-\frac{9}{2}$$

例 9　利用 Stokes 公式计算 $\oint_{\Gamma}y\mathrm{d}x+z\mathrm{d}y+x\mathrm{d}z$，其中 Γ 为圆周 $x^2+y^2+z^2=a^2$，$x+y+z=0$，若从 x 轴的正向看去，这圆周是取逆时针的方向．

解　设 Σ 为平面 $x+y+z=0$ 上 Γ 所围成的部分，则 Σ 上侧的单位法向量为

$$n = (\cos\alpha, \cos\beta, \cos\gamma) = \left(\frac{1}{\sqrt{3}}, \frac{1}{\sqrt{3}}, \frac{1}{\sqrt{3}}\right)$$

于是

$$\oint_\Gamma y\mathrm{d}x + z\mathrm{d}y + x\mathrm{d}z = \iint_\Sigma \begin{vmatrix} \dfrac{1}{\sqrt{3}} & \dfrac{1}{\sqrt{3}} & \dfrac{1}{\sqrt{3}} \\ \dfrac{\partial}{\partial x} & \dfrac{\partial}{\partial y} & \dfrac{\partial}{\partial z} \\ y & z & x \end{vmatrix} \mathrm{d}S = -\frac{3}{\sqrt{3}} \iint_\Sigma \mathrm{d}S = -\sqrt{3}\pi a^2$$

这其中用到 $\iint_\Sigma \mathrm{d}S$ 表示 Σ 的面积，Σ 是半径为 a 的圆.

四、空间曲线与路径的无关性

定理 6.3 设 $\Omega \subset \mathscr{R}^3$ 为空间单连通区域，若函数 P, Q, R 在 Ω 上连续，且有一阶连续偏导数，则以下四个条件是等价的：

（1）对于 Ω 内任意按段光滑的封闭曲线 L 有

$$\oint_L P\mathrm{d}x + Q\mathrm{d}y + R\mathrm{d}z = 0$$

（2）对于 Ω 内任意按段光滑的封闭曲线 l 有

$$\int_l P\mathrm{d}x + Q\mathrm{d}y + R\mathrm{d}z$$

与路径无关；

（3）$P\mathrm{d}x + Q\mathrm{d}y + R\mathrm{d}z$ 是 Ω 内某一函数 u 的全微分，即

$$\mathrm{d}u = P\mathrm{d}x + Q\mathrm{d}y + R\mathrm{d}z$$

（4）$\dfrac{\partial P}{\partial y} = \dfrac{\partial Q}{\partial x}$，$\dfrac{\partial Q}{\partial z} = \dfrac{\partial R}{\partial y}$，$\dfrac{\partial R}{\partial x} = \dfrac{\partial P}{\partial z}$ 在 Ω 内处处成立.

例 10 验证曲线积分

$$\int_L (y+z)\mathrm{d}x + (z+x)\mathrm{d}y + (x+y)\mathrm{d}z$$

与路径无关，并求被积表达式的原函数 $u(x, y, z)$.

解 由于 $P = y+z$，$Q = z+x$，$R = x+y$，则

$$\frac{\partial P}{\partial y} = \frac{\partial Q}{\partial x} = \frac{\partial Q}{\partial z} = \frac{\partial R}{\partial y} = \frac{\partial R}{\partial x} = \frac{\partial P}{\partial z} = 1$$

所以曲线积分与路径无关.

下面求

$$u(x, y, z) = \int_{M_0 M} (y+z)\mathrm{d}x + (z+x)\mathrm{d}y + (x+y)\mathrm{d}z$$

如图 10.27 所示，取 M_0M ，从 M_0 沿平行于 x 轴的直线到 $M_1(x, y_0, z_0)$ ，再沿平行于 y 轴的直线到 $M_2(x, y, z_0)$ ，最后沿平行于 z 轴的直线到 $M(x, y, z)$. 于是

$$u(x, y, z) = \int_{x_0}^{x} (y_0 + z_0) \mathrm{d}x + \int_{y_0}^{y} (z_0 + x) \mathrm{d}y + \int_{z_0}^{z} (x + y) \mathrm{d}z$$
$$= (y_0 + z_0)x - (y_0 + z_0)x_0 + (z_0 + x)y - (z_0 + x)y_0 + (x + y)z - (x + y)z_0$$
$$= xy + xz + yz + C$$

其中 $C = -x_0 y_0 - x_0 z_0 - y_0 z_0$ 是一个常数. 若取 M_0 为原点，则

$$u(x, y, z) = xy + xz + yz$$

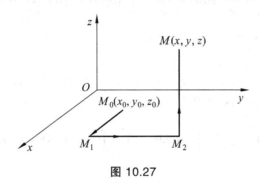

图 10.27

五、环流量与旋度

定义 6.1　设向量场

$$A(x, y, z) = P(x, y, z)\boldsymbol{i} + Q(x, y, z)\boldsymbol{j} + R(x, y, z)\boldsymbol{k}$$

则沿场 A 中某一封闭的有界曲线 C 上的曲线积分

$$\Gamma = \oint_C A \cdot \mathrm{d}s = \oint_C P\mathrm{d}x + Q\mathrm{d}y + R\mathrm{d}z$$

称为向量场 A 沿曲线 C 按所取方向的**环流量**.

利用 Stokes 公式，有

$$\Gamma = \oint_C A \cdot \mathrm{d}s = \iint_{\Sigma} \begin{vmatrix} \boldsymbol{i} & \boldsymbol{j} & \boldsymbol{k} \\ \dfrac{\partial}{\partial x} & \dfrac{\partial}{\partial y} & \dfrac{\partial}{\partial z} \\ P & Q & R \end{vmatrix} \cdot \mathrm{d}s$$

定义 6.2　设向量场

$$A(x, y, z) = P(x, y, z)\boldsymbol{i} + Q(x, y, z)\boldsymbol{j} + R(x, y, z)\boldsymbol{k}$$

在坐标轴上的投影为

$$\frac{\partial R}{\partial y} - \frac{\partial Q}{\partial z}, \quad \frac{\partial P}{\partial z} - \frac{\partial R}{\partial x}, \quad \frac{\partial Q}{\partial x} - \frac{\partial P}{\partial y}$$

的向量叫做向量场 $\boldsymbol{A}$ 的**旋度**，记作 $\mathrm{rot}\,\boldsymbol{A}$，即

$$\mathrm{rot}\,\boldsymbol{A} = \left(\frac{\partial R}{\partial y} - \frac{\partial Q}{\partial z}\right)\boldsymbol{i} + \left(\frac{\partial P}{\partial z} - \frac{\partial R}{\partial x}\right)\boldsymbol{j} + \left(\frac{\partial Q}{\partial x} - \frac{\partial P}{\partial y}\right)\boldsymbol{k}$$

因此，可以写出 Stokes 公式的又一种形式

$$\iint\limits_{\Sigma} \left[\left(\frac{\partial R}{\partial y} - \frac{\partial Q}{\partial z}\right)\cos\alpha + \left(\frac{\partial P}{\partial z} - \frac{\partial R}{\partial x}\right)\cos\beta + \left(\frac{\partial Q}{\partial x} - \frac{\partial P}{\partial y}\right)\cos\gamma\right]\mathrm{d}s$$

$$= \oint\limits_{\Gamma} (P\cos\lambda + Q\cos\mu + R\cos\nu)\mathrm{d}s$$

其中 Σ 的单位法向量为 $\boldsymbol{n} = \cos\alpha\,\boldsymbol{i} + \cos\beta\,\boldsymbol{j} + \cos\gamma\,\boldsymbol{k}$，$\Gamma$ 的单位切向量为 $\boldsymbol{t} = \cos\lambda\,\boldsymbol{i} + \cos\mu\,\boldsymbol{j} + \cos\nu\,\boldsymbol{k}$。这样我们又可得 Stokes 公式的向量形式

$$\iint\limits_{\Sigma} \mathrm{rot}\,\boldsymbol{A}\cdot\boldsymbol{n}\,\mathrm{d}S = \oint\limits_{\Gamma} \boldsymbol{A}\cdot\boldsymbol{t}\,\mathrm{d}s \quad \text{或} \quad \iint\limits_{\Sigma} (\mathrm{rot}\,\boldsymbol{A})_n\,\mathrm{d}S = \oint\limits_{\Gamma} A_t\,\mathrm{d}s$$

其中

$$(\mathrm{rot}\,\boldsymbol{A})_n = \mathrm{rot}\,\boldsymbol{A}\cdot\boldsymbol{n} = \left(\frac{\partial R}{\partial y} - \frac{\partial Q}{\partial z}\right)\cos\alpha + \left(\frac{\partial P}{\partial z} - \frac{\partial R}{\partial x}\right)\cos\beta + \left(\frac{\partial Q}{\partial x} - \frac{\partial P}{\partial y}\right)\cos\gamma$$

$$A_t = \boldsymbol{A}\cdot\boldsymbol{n} = P\cos\lambda + Q\cos\mu + R\cos\nu$$

所以

$$\Gamma = \iint\limits_{\Sigma} \mathrm{rot}\,\boldsymbol{A}\cdot\mathrm{d}\boldsymbol{S} = \oint\limits_{\Gamma} A_t\,\mathrm{d}s$$

现在，Stokes 公式可叙述为：向量场 $\boldsymbol{A}$ 沿有向闭曲线 Γ 的环流量等于向量场 $\boldsymbol{A}$ 的旋度场通过 Γ 所张的曲面的通量.（Γ 的正向与 Σ 的侧符合右手法则）

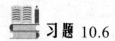 习题 10.6

1. 利用 Gauss 公式计算下列曲面积分.

（1）$\oiint\limits_{\Sigma} x^2\mathrm{d}y\mathrm{d}z + y^2\mathrm{d}z\mathrm{d}x + z^2\mathrm{d}x\mathrm{d}y$，其中 Σ 为平面 $x=0$，$y=0$，$z=0$，$x=a$，$y=a$，$z=a$ 所围成的立体表面的外侧.

（2）$\oiint\limits_{\Sigma} xz^2\mathrm{d}y\mathrm{d}z + (x^2y - z^3)\mathrm{d}z\mathrm{d}x + (2xy + y^2z)\mathrm{d}x\mathrm{d}y$，其中 Σ 为上半球体 $x^2 + y^2 \leqslant a^2$，$0 \leqslant z \leqslant \sqrt{a^2 - x^2 - y^2}$ 的表面的外侧.

（3）$\iint\limits_{\varSigma} x^3 \mathrm{d}y\mathrm{d}z + y^3 \mathrm{d}z\mathrm{d}x + z^3 \mathrm{d}x\mathrm{d}y$，其中 $\varSigma$ 是单位球面 $x^2 + y^2 + z^2 = 1$ 的外侧.

（4）$\iint\limits_{\varSigma} yz\mathrm{d}y\mathrm{d}z + zx\mathrm{d}z\mathrm{d}x + xy\mathrm{d}x\mathrm{d}y$，其中 $\varSigma$ 是单位球面 $x^2 + y^2 + z^2 = 1$ 的外侧.

（5）$\iint\limits_{\varSigma} x^2 \mathrm{d}y\mathrm{d}z + y^2 \mathrm{d}z\mathrm{d}x + z^2 \mathrm{d}x\mathrm{d}y$，其中 $\varSigma$ 是锥面 $x^2 + y^2 = z^2$ 与平面 $z = h$ 所围成的空间区域 $(0 \leqslant z \leqslant h)$ 的表面，方向取外侧.

2. 利用 Gauss 公式计算椭球面 $\dfrac{x^2}{a^2} + \dfrac{y^2}{b^2} + \dfrac{z^2}{c^2} = 1$ 所围区域的体积.

3. 设某种流体的速度为 $\boldsymbol{v} = x\boldsymbol{i} + y\boldsymbol{j} + z\boldsymbol{k}$，求单位时间内流体流过曲面 $\varSigma : y = x^2 + z^2$ $(0 \leqslant y \leqslant h^2)$ 的流量，其中 $\varSigma$ 取左侧.

4. 应用 Gauss 公式计算三重积分 $\iiint\limits_{V} (xy + yz + zx)\mathrm{d}x\mathrm{d}y\mathrm{d}z$，其中 V 是由 $x \geqslant 0, y \geqslant 0, 0 \leqslant z \leqslant 1$ 与 $x^2 + y^2 \leqslant 1$ 所确定的空间区域.

5. 计算 $\iint\limits_{\varSigma} \dfrac{x\mathrm{d}y\mathrm{d}z + y\mathrm{d}z\mathrm{d}x + z\mathrm{d}x\mathrm{d}y}{(x^2 + y^2 + z^2)^{\frac{3}{2}}}$，其中 $\varSigma$ 为一封闭曲面的外侧（曲面不经过坐标原点）.

6. 应用 Stokes 公式计算下列积分.

（1）$\oint\limits_{L} (2y + z)\mathrm{d}x + (x - z)\mathrm{d}y + (y - x)\mathrm{d}z$，其中 $\varSigma$ 为平面 $x + y + z = 1$ 与各坐标面的交线，取逆时针方向为正向.

（2）$\oint\limits_{L} (y^2 + z^2)\mathrm{d}x + (x^2 + z^2)\mathrm{d}y + (x^2 + y^2)\mathrm{d}z$，其中 L 为 $x + y + z = 1$ 与三个坐标面的交线，它的走向使所围平面区域上侧在曲线的左侧.

（3）$\oint\limits_{L} (z - y)\mathrm{d}x + (x - z)\mathrm{d}y + (y - z)\mathrm{d}z$，其中 L 为以 $A(a,0,0), B(0,a,0), C(0,0,a)$ 为顶点的三角形沿 $\widehat{ABCA}$ 的方向.

（4）$\oint\limits_{L} x^2 y^3 \mathrm{d}x + \mathrm{d}y + z\mathrm{d}z$，其中 L 为圆：$\begin{cases} x^2 + y^2 = a^2 \\ z = 0 \end{cases}$，且从 z 轴正向看去取逆时针方向.

（5）$\oint\limits_{L} yz\mathrm{d}x + 3zx\mathrm{d}y - xy\mathrm{d}z$，其中 L 是曲线 $\begin{cases} x^2 + y^2 = 4y \\ 3y - z + 1 = 0 \end{cases}$，且从 z 轴正向看去取逆时针方向.

7. 证明沿曲线 AB 的曲线积分 $\int_{AB} (3x^2 - y + z^2)\mathrm{d}x + (-x + 4y^3)\mathrm{d}y + 2xz\mathrm{d}z$ 与路径无关，只与起点 A 和终点 B 有关. 并求原函数.

8. 计算 $\int_{L} (x^2 - yz)\mathrm{d}x + (y^2 - xz)\mathrm{d}y + (z^2 - xy)\mathrm{d}z$，其中 L 为由点 $A(a,0,0)$ 至点 $B(a,0,h)$ 的螺线 $x = a\cos\varphi$，$y = a\sin\varphi$，$z = \dfrac{h}{2\pi}\varphi$ $(0 \leqslant \varphi \leqslant 2\pi)$.

9. 证明：由曲面 $\varSigma$ 所围成的立体 V 的体积等于

$$V = \frac{1}{3}\iint\limits_{\varSigma} (x\cos\alpha + y\cos\beta + z\cos\gamma)\mathrm{d}S$$

其中 $\cos\alpha, \cos\beta, \cos\gamma$ 为曲面 $\varSigma$ 的外法线方向余弦.

复习题十

一、选择题.

1. 设 L 为 $x = x_0$，$0 \leq y \leq \dfrac{3}{2}$，则 $\displaystyle\int_L 4\mathrm{d}s$ 的值为（　　　）.

　（A）$4x_0$　　　　　　（B）6　　　　　　（C）$6x_0$

2. 设 L 为直线 $y = y_0$ 上从点 $A(0, y_0)$ 到点 $B(3, y_0)$ 的有向直线段，则 $\displaystyle\int_L 2\mathrm{d}y = $（　　　）.

　（A）6　　　　　　（B）$6y_0$　　　　　　（C）0

3. 若 L 是上半椭圆 $\begin{cases} x = a\cos t \\ y = b\sin t \end{cases}$ 取顺时针方向，则 $\displaystyle\int_L y\mathrm{d}x - x\mathrm{d}y$ 的值为（　　　）.

　（A）0　　　　　　　（B）$\dfrac{\pi}{2}ab$　　　　　　（C）πab

4. 设 $P(x, y)$，$Q(x, y)$ 在单连通区域 D 内有一阶连续偏导数，则在 D 内与 $\displaystyle\int_L P\mathrm{d}x + Q\mathrm{d}y$ 路径无关的条件 $\dfrac{\partial Q}{\partial x} = \dfrac{\partial P}{\partial y}$，$(x, y) \in D$ 是（　　　）.

　（A）充分条件　　　（B）必要条件　　　（C）充要条件

5. 设 Σ 为球面 $x^2 + y^2 + z^2 = 1$，Σ_1 为其上半球面，则（　　　）式正确.

　（A）$\displaystyle\iint\limits_{\Sigma} z\mathrm{d}S = 2\iint\limits_{\Sigma_1} z\mathrm{d}S$　　　　　　（B）$\displaystyle\iint\limits_{\Sigma} z\mathrm{d}x\mathrm{d}y = 2\iint\limits_{\Sigma_1} z\mathrm{d}x\mathrm{d}y$

　（C）$\displaystyle\iint\limits_{\Sigma} z^2\mathrm{d}x\mathrm{d}y = 2\iint\limits_{\Sigma_1} z^2\mathrm{d}x\mathrm{d}y$

6. 若 Σ 为 $z = 2 - (x^2 + y^2)$ 在 xOy 面上方部分的曲面，则 $\displaystyle\iint\limits_{\Sigma} \mathrm{d}s$ 等于（　　　）.

　（A）$\displaystyle\int_0^{2\pi}\mathrm{d}\theta\int_0^r \sqrt{1 + 4r^2} \cdot r\mathrm{d}r$　　　　　　（B）$\displaystyle\int_0^{2\pi}\mathrm{d}\theta\int_0^2 \sqrt{1 + 4r^2} \cdot r\mathrm{d}r$

　（C）$\displaystyle\int_0^{2\pi}\mathrm{d}\theta\int_0^{\sqrt{2}} \sqrt{1 + 4r^2} \cdot r\mathrm{d}r$

7. 若 Σ 为球面 $x^2 + y^2 + z^2 = R^2$ 的外侧，则 $\displaystyle\iint\limits_{\Sigma} x^2 y^2 z\mathrm{d}x\mathrm{d}y$ 等于（　　　）.

　（A）$\displaystyle\iint\limits_{D_{xy}} x^2 y^2 \sqrt{R^2 - x^2 - y^2}\mathrm{d}x\mathrm{d}y$　　　　　（B）$2\displaystyle\iint\limits_{D_{xy}} x^2 y^2 \sqrt{R^2 - x^2 - y^2}\mathrm{d}x\mathrm{d}y$　　　　（C）0

8. 曲面积分 $\displaystyle\iint\limits_{\Sigma} z^2\mathrm{d}x\mathrm{d}y$ 在数值上等于（　　　）.

　（A）向量 $z^2\boldsymbol{i}$ 穿过曲面 Σ 的流量　　　（B）面密度为 z^2 的曲面 Σ 的质量

　（C）向量 $z^2\boldsymbol{k}$ 穿过曲面 Σ 的流量

9. 设 Σ 是球面 $x^2 + y^2 + z^2 = R^2$ 的外侧，D_{xy} 是 xOy 面上的圆域 $x^2 + y^2 \leq R^2$，下述等式正确的是（　　　）.

　（A）$\displaystyle\iint\limits_{\Sigma} x^2 y^2 z\mathrm{d}S = \iint\limits_{D_{xy}} x^2 y^2 \sqrt{R^2 - x^2 - y^2}\mathrm{d}x\mathrm{d}y$

（B）$\iint\limits_{\Sigma}(x^2+y^2)\mathrm{d}x\mathrm{d}y=\iint\limits_{D_{xy}}(x^2+y^2)\mathrm{d}x\mathrm{d}y$

（C）$\iint\limits_{\Sigma}z\mathrm{d}x\mathrm{d}y=2\iint\limits_{D_{xy}}\sqrt{R^2-x^2-y^2}\mathrm{d}x\mathrm{d}y$

10. 若 Σ 是空间区域 Ω 的外表面，下述计算中运用奥-高公式正确的是（　　）.

（A）$\oiint\limits_{\Sigma_{外侧}}x^2\mathrm{d}y\mathrm{d}z+(z+2y)\mathrm{d}x\mathrm{d}y=\iiint\limits_{\Omega}(2x+2)\mathrm{d}x\mathrm{d}y\mathrm{d}z$

（B）$\oiint\limits_{\Sigma_{外侧}}(x^3-yz)\mathrm{d}y\mathrm{d}z-2x^2y\mathrm{d}z\mathrm{d}x+z\mathrm{d}x\mathrm{d}y=\iiint\limits_{\Omega}(3x^2-2x^2+1)\mathrm{d}x\mathrm{d}y\mathrm{d}z$

（C）$\oiint\limits_{\Sigma_{内侧}}x^2\mathrm{d}y\mathrm{d}z+(z+2y)\mathrm{d}x\mathrm{d}y=\iiint\limits_{\Omega}(2x+1)\mathrm{d}x\mathrm{d}y\mathrm{d}z$

二、计算下列各题.

1. 求 $\int_{\Gamma}z\mathrm{d}s$，其中 Γ 为曲线 $\begin{cases} x=t\cos t \\ y=t\sin t \\ z=t \end{cases} (0\leqslant t\leqslant t_0)$.

2. 求 $\int_{L}(\mathrm{e}^x\sin y-2y)\mathrm{d}x+(\mathrm{e}^x\cos y-2)\mathrm{d}y$，其中 L 为上半圆周 $(x-a)^2+y^2=a^2\ (y\geqslant 0)$，沿逆时针方向.

三、计算下列各题.

1. 求 $\iint\limits_{\Sigma}\dfrac{\mathrm{d}s}{x^2+y^2+z^2}$，其中 Σ 是界于平面 $z=0$ 及 $z=H$ 之间的圆柱面 $x^2+y^2=R^2$.

2. 求 $\iint\limits_{\Sigma}(y^2-z)\mathrm{d}y\mathrm{d}z+(z^2-x)\mathrm{d}z\mathrm{d}x+(x^2-y)\mathrm{d}x\mathrm{d}y$，其中 Σ 为锥面 $z=\sqrt{x^2+y^2}\ (0\leqslant z\leqslant h)$ 的外侧.

3. $\iint\limits_{\Sigma}\dfrac{x\mathrm{d}y\mathrm{d}z+y\mathrm{d}z\mathrm{d}x+z\mathrm{d}x\mathrm{d}y}{\sqrt{(x^2+y^2+z^2)^3}}$，其中 Σ 为曲面 $1-\dfrac{z}{5}=\dfrac{(x-2)^2}{16}+\dfrac{(y-1)^2}{9}\ (z\geqslant 0)$ 的上侧.

四、证明：$\dfrac{x\mathrm{d}x+y\mathrm{d}y}{x^2+y^2}$ 在整个 xOy 平面除去 y 的负半轴及原点的开区域 G 内是某个二元函数的全微分，并求出一个这样的二元函数.

五、求均匀曲面 $z=\sqrt{a^2-x^2-y^2}$ 的重心的坐标.

六、求向量 $\boldsymbol{A}=x\boldsymbol{i}+y\boldsymbol{j}+z\boldsymbol{k}$ 通过区域 Ω：$0\leqslant x\leqslant 1$，$0\leqslant y\leqslant 1$，$0\leqslant z\leqslant 1$ 的边界曲面流向外侧的通量.

七、流体在空间流动，流体的密度 μ 处处相同（$\mu=1$），已知流速函数 $V=xz^2\boldsymbol{i}+yx^2\boldsymbol{j}+zy^2\boldsymbol{k}$，求流体在单位时间内流过曲面 Σ：$x^2+y^2+z^2=2z$ 的流量（流向外侧）和沿曲线 L：$x^2+y^2+z^2=2z$，$z=1$ 的环流量（从 z 轴正向看去逆时针方向）.

第十一章

无穷级数

无穷级数是数与函数的重要表达形式之一，是研究微积分理论及其应用的强有力工具. 研究无穷级数及其和，可以说是研究数列及其极限的另一种形式，尤其在研究极限的存在性及计算极限方面显示出很大的优越性. 它在表达函数、研究函数的性质、计算函数值以及求解微分方程等方面都有重要的应用，在解决经济、管理等方面的问题中有着十分广泛的应用.

本章先介绍常数项级数，再介绍函数项级数及级数的求和问题等.

第一节 常数项级数的概念和性质

在一些实际问题中，经常会需要计算无穷多个数的和. 比如：

某项投资每年可获 A 元，假设年利率为 r，那么在计算该项投资回报的现值时，理论上应为如下无穷多个数的和：

$$\frac{A}{1+r}, \quad \frac{A}{(1+r)^2}, \quad \frac{A}{(1+r)^3}, \quad \cdots, \quad \frac{A}{(1+r)^n}, \quad \cdots$$

对无穷级数的求和这一无穷过程困惑了数学家长达几个世纪. 有的无穷级数之和是一个数，比如

$$\frac{1}{2}+\frac{1}{4}+\frac{1}{8}+\frac{1}{16}+\cdots=1$$

这一结果可通过图 11.1 中的单位正方形被无数次平分后所得的面积得出；而有时的无穷和却是无穷大，比如

$$1+\frac{1}{2}+\frac{1}{3}+\frac{1}{4}+\cdots=\infty$$

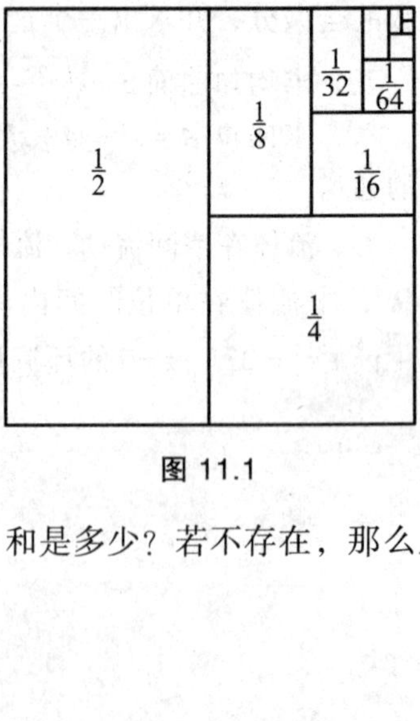

图 11.1

（这一结果我们马上就可以证明）.

类似这样的问题还有许多，如这样的和存在吗？若存在，和是多少？若不存在，那么应满足什么条件才存在？等等的数学问题.

一、常数项级数的概念

定义 1.1 若给定一个数列 $u_1, u_2, \cdots, u_n, \cdots$，则由该数列构成的表达式

$$u_1 + u_2 + \cdots + u_n + \cdots \tag{1}$$

称为**常数项无穷级数**，简称（**无穷**）**级数**，记作 $\displaystyle\sum_{n=1}^{\infty} u_n$，即

$$\sum_{n=1}^{\infty} u_n = u_1 + u_2 + \cdots + u_n + \cdots$$

其中第 n 项 u_n 称为级数的**一般项**.

该级数定义仅仅是一个形式化的定义，它并未明确无限多个数量相加的意义. 无限多个数量的相加并不能简单地认为是一项又一项地累加起来就能完成，因为这一累加过程是无法完成的. 为了给出级数中无限多个数量相加的数学定义，下面引入部分和概念：

把级数 $\displaystyle\sum_{n=1}^{\infty} u_n$ 的前 n 项之和

$$u_1 + u_2 + \cdots + u_n \tag{2}$$

称为该级数的**前 n 项部分和**，记为 s_n，即 $s_n = u_1 + u_2 + \cdots + u_n$. 当 n 依次取 $1,2,3,\cdots$ 时，它们构成一个新的数列 $\{s_n\}$：

$$s_1 = u_1$$
$$s_2 = u_1 + u_2$$
$$s_3 = u_1 + u_2 + u_3$$
$$\cdots\cdots\cdots\cdots$$
$$s_n = u_1 + u_2 + u_3 + \cdots + u_n$$
$$\cdots\cdots\cdots\cdots$$

称此数列为级数 $\displaystyle\sum_{n=1}^{\infty} u_n$ 的**前 n 项部分和数列**.

根据前 n 项部分和数列是否有极限，我们给出级数（1）收敛与发散的概念.

定义 1.2 当 n 无限增大时，如果级数 $\displaystyle\sum_{n=1}^{\infty} u_n$ 的前 n 项部分和数列 $\{s_n\}$ 有极限 s，即

$$\lim_{n \to \infty} s_n = s$$

则称级数 $\displaystyle\sum_{n=1}^{\infty} u_n$ **收敛**，这时极限 s 称为级数 $\displaystyle\sum_{n=1}^{\infty} u_n$ 的**和**，并记为

$$s = u_1 + u_2 + u_3 + \cdots + u_n + \cdots$$

如果前 n 项部分和数列 $\{s_n\}$ 没有极限，则称级数 $\displaystyle\sum_{n=1}^{\infty} u_n$ **发散**.

当级数 $\sum\limits_{n=1}^{\infty} u_n$ 收敛于 s 时，则其前 n 项部分和 s_n 是级数 $\sum\limits_{n=1}^{\infty} u_n$ 的和 s 的近似值，它们的差

$$r_n = s - s_n = u_{n+1} + u_{n+2} + \cdots + u_{n+k} + \cdots$$

称为级数 $\sum\limits_{n=1}^{\infty} u_n$ 的**余项**. 显然 $\lim\limits_{n \to \infty} r_n = 0$，而 $|r_n|$ 是用 s_n 近似代替 s 所产生的误差.

注：（1）由级数定义，级数 $\sum\limits_{n=1}^{\infty} u_n$ 与其前 n 项部分和数列 $\{s_n\}$ 同时收敛或同时发散，且

收敛时 $\sum\limits_{n=1}^{\infty} u_n = \lim\limits_{n \to \infty} s_n$.

（2）收敛的级数有和 s，发散的级数没有"和".

例 1　讨论级数 $\sum\limits_{n=1}^{\infty} \dfrac{1}{n(n+2)}$ 的敛散性.

解　因为级数的前 n 项部分和数列

$$s_n = \sum_{k=1}^{n} \frac{1}{k(k+2)} = \frac{1}{1 \cdot 3} + \frac{1}{2 \cdot 4} + \cdots + \frac{1}{n(n+2)}$$

$$= \frac{1}{2} \cdot \left[\left(\frac{1}{1} - \frac{1}{3} \right) + \left(\frac{1}{2} - \frac{1}{4} \right) + \left(\frac{1}{3} - \frac{1}{5} \right) + \cdots + \left(\frac{1}{n-2} - \frac{1}{n} \right) + \left(\frac{1}{n-1} - \frac{1}{n+1} \right) + \left(\frac{1}{n} - \frac{1}{n+2} \right) \right]$$

$$= \frac{1}{2} \cdot \left(\frac{1}{1} + \frac{1}{2} - \frac{1}{n+1} - \frac{1}{n+2} \right) = \frac{3}{4} - \frac{1}{2(n+1)} - \frac{1}{2(n+2)}$$

从而

$$\lim_{n \to \infty} s_n = \lim_{n \to \infty} \left(\frac{3}{4} - \frac{1}{2(n+1)} - \frac{1}{2(n+2)} \right) = \frac{3}{4}$$

因此，级数 $\sum\limits_{n=1}^{\infty} \dfrac{1}{n(n+2)}$ 是收敛的，且收敛于 $\dfrac{3}{4}$.

例 2　讨论等比级数（又称为**几何级数**）

$$\sum_{k=0}^{\infty} aq^k = a + aq + aq^2 + \cdots + aq^n + \cdots \quad (a \neq 0)$$

的敛散性.

解　（1）当 $|q| = 1$ 时，若 $q = 1$，则级数的前 n 项部分和为

$$s_n = \sum_{k=0}^{n-1} a \cdot 1^k = a + a + a + \cdots + a = na \to \infty \quad (n \to \infty)$$

若 $q = -1$，有

$$s_n = \sum_{k=0}^{n-1} (-1)^k \cdot a = a - a + a - a + \cdots + (-1)^{n-2} a + (-1)^{n-1} a$$

显然，$\lim\limits_{n \to \infty} s_n$ 不存在. 因此当 $|q| = 1$ 时，等比级数是发散的.

（2）当 $|q| \neq 1$ ，则级数的前 n 项部分和

$$s_n = \sum_{k=0}^{n-1} aq^k = a + aq + aq^2 + \cdots + aq^{n-1} = \frac{a - aq^n}{1 - q}$$

若 $|q| < 1$ ，因 $\lim_{n \to \infty} q^n = 0$ ，故 $\lim_{n \to \infty} s_n = \frac{a}{1-q}$ ，即等比级数收敛，且和为 $\frac{a}{1-q}$ ；

若 $|q| > 1$ ，因 $\lim_{n \to \infty} q^n = \infty$ ，从而 $\lim_{n \to \infty} s_n = \infty$ ，即等比级数发散.

综合上述有以下结果：

当 $|q| \geq 1$ 时，级数 $\sum_{k=0}^{\infty} aq^k$ 发散；当 $|q| < 1$ 时，级数 $\sum_{k=0}^{\infty} aq^k$ 收敛，且收敛于 $\frac{a}{1-q}$.

例 3 讨论级数 $\sum_{n=1}^{\infty} \frac{1}{\sqrt{n+1}+\sqrt{n}}$ 的敛散性.

解 该级数的前 n 项部分和

$$\begin{aligned} s_n &= \sum_{k=1}^{n} \frac{1}{\sqrt{k+1}+\sqrt{k}} = \sum_{k=1}^{n} [\sqrt{k+1} - \sqrt{k}] \\ &= (\sqrt{2} - \sqrt{1}) + (\sqrt{3} - \sqrt{2}) + (\sqrt{4} - \sqrt{3}) + \cdots + (\sqrt{n+1} - \sqrt{n}) \\ &= \sqrt{n+1} - \sqrt{1} \end{aligned}$$

由此可得

$$\lim_{n \to \infty} s_n = \lim_{n \to \infty} (\sqrt{n+1} - \sqrt{1}) = +\infty$$

因此，级数 $\sum_{n=1}^{n} \frac{1}{\sqrt{n+1}+\sqrt{n}}$ 是发散的.

二、级数的基本性质

性质 1 设 k 是任意的非零常数，则级数 $\sum_{n=1}^{\infty} u_n$ 与级数 $\sum_{n=1}^{\infty} ku_n$ 同时收敛或同时发散；当级数 $\sum_{n=1}^{\infty} u_n$ 收敛时，有

$$\sum_{n=1}^{\infty} ku_n = k \sum_{n=1}^{\infty} u_n$$

即级数的每一项同乘以一个不为零的常数后，它的敛散性不变.

证明 设级数 $\sum_{n=1}^{\infty} u_n$ 与级数 $\sum_{n=1}^{\infty} ku_n$ 的前 n 项部分和分别为 s_n, σ_n ，则

$$\sigma_n = ku_1 + ku_2 + \cdots + ku_n = k(u_1 + u_2 + \cdots + u_n) = ks_n$$

于是

$$\lim_{n\to\infty}\sigma_n = \lim_{n\to\infty}ks_n = k\lim_{n\to\infty}s_n$$

当 $k \neq 0$ 时，$\lim\limits_{n\to\infty}\sigma_n$ 与 $\lim\limits_{n\to\infty}s_n$ 同时存在或同时不存在，即级数 $\sum\limits_{n=1}^{\infty}u_n$ 与级数 $\sum\limits_{n=1}^{\infty}ku_n$ 同时收敛或同时发散.

当级数 $\sum\limits_{n=1}^{\infty}u_n$ 收敛时，由 $\lim\limits_{n\to\infty}\sigma_n = \lim\limits_{n\to\infty}ks_n = k\lim\limits_{n\to\infty}s_n$，即得

$$\sum_{n=1}^{\infty}ku_n = k\sum_{n=1}^{\infty}u_n$$

性质 2　设级数 $\sum\limits_{n=1}^{\infty}u_n$，$\sum\limits_{n=1}^{\infty}v_n$ 分别收敛于 s 与 σ，则级数 $\sum\limits_{n=1}^{\infty}(u_n \pm v_n)$ 也收敛，且收敛于 $s \pm \sigma$.

证明　设级数 $\sum\limits_{n=1}^{\infty}u_n$，$\sum\limits_{n=1}^{\infty}v_n$ 的前 n 项部分和分别为 s_n，σ_n，则级数 $\sum\limits_{n=1}^{\infty}(u_n \pm v_n)$ 的前 n 项部分和为

$$\begin{aligned}z_n &= (u_1 \pm v_1) + (u_2 \pm v_2) + \cdots + (u_n \pm v_n)\\&= (u_1 + u_2 + \cdots + u_n) \pm (v_1 + v_2 + \cdots + v_n) = s_n \pm \sigma_n\end{aligned}$$

所以

$$\lim_{n\to\infty}z_n = \lim_{n\to\infty}(s_n \pm \sigma_n) = \lim_{n\to\infty}s_n \pm \lim_{n\to\infty}\sigma_n = s \pm \sigma$$

即级数 $\sum\limits_{n=1}^{\infty}(u_n \pm v_n)$ 收敛且收敛于 $s \pm \sigma$.

由性质 2，容易得到以下几个结论：

（1）若 $\sum\limits_{n=1}^{\infty}u_n$ 与 $\sum\limits_{n=1}^{\infty}v_n$ 收敛，则有：

$\sum$ 分配律：$\sum\limits_{n=1}^{\infty}(u_n \pm v_n) = \sum\limits_{n=1}^{\infty}u_n \pm \sum\limits_{n=1}^{\infty}v_n$.

$\sum$ 的一种结合律：$\sum\limits_{n=1}^{\infty}u_n \pm \sum\limits_{n=1}^{\infty}v_n = \sum\limits_{n=1}^{\infty}(u_n \pm v_n)$.

（2）若级数 $\sum\limits_{n=1}^{\infty}u_n$ 收敛，而级数 $\sum\limits_{n=1}^{\infty}v_n$ 发散，则级数 $\sum\limits_{n=1}^{\infty}(u_n \pm v_n)$ 必发散.

证明　假设 $\sum\limits_{n=1}^{\infty}(u_n \pm v_n)$ 收敛，已知 $\sum\limits_{n=1}^{\infty}u_n$ 收敛，则由性质 2 可得 $\sum\limits_{n=1}^{\infty}[(u_n \pm v_n) - u_n]$ 亦收敛，即 $\pm\sum\limits_{n=1}^{\infty}v_n$ 收敛，这与已知相矛盾，故级数 $\sum\limits_{n=1}^{\infty}(u_n \pm v_n)$ 发散.

（3）若级数 $\sum\limits_{n=1}^{\infty}u_n$，$\sum\limits_{n=1}^{\infty}v_n$ 均发散，那么 $\sum\limits_{n=1}^{\infty}(u_n \pm v_n)$ 可能收敛，也可能发散.

例如，取 $u_n = 1$，$v_n = (-1)^n$，则

$$\sum_{n=1}^{\infty}(u_n \pm v_n) = \sum_{n=1}^{\infty}[1+(-1)^n] = 2+2+\cdots+2+\cdots$$

显然它是发散的.

又如，$u_n = 1, v_n = -1$，则

$$\sum_{n=1}^{\infty}(u_n \pm v_n) = \sum_{n=1}^{\infty}[1-1] = 0+0+\cdots+0+\cdots$$

显然它是收敛的.

例 4 求级数 $\sum_{n=1}^{\infty}\left(\dfrac{1}{n(n+2)} + \dfrac{1}{2^n}\right)$ 的和.

解 由例 2 得

$$\sum_{n=1}^{\infty}\frac{1}{2^n} = 1$$

又由例 1 得

$$\sum_{n=1}^{\infty}\frac{1}{n(n+2)} = \frac{3}{4}$$

因此由性质 1 可得

$$\sum_{n=1}^{\infty}\left(\frac{1}{n(n+2)} + \frac{1}{2^n}\right) = 1 + \frac{3}{4} = \frac{7}{4}$$

性质 3 在一个级数的前面去掉有限项、加上有限项或改变有限项，不会影响级数的敛散性；在收敛时，一般来说级数的收敛值是会改变的.

证明 设级数为

$$u_1 + u_2 + \cdots + u_k + u_{k+1} + u_{k+2} + \cdots + u_{k+n} + \cdots$$

则去掉其前 k 项得到新级数

$$u_{k+1} + u_{k+2} + \cdots + u_{k+n} + \cdots$$

那么该新级数的前 n 项部分和为

$$\sigma_n = u_{k+1} + u_{k+2} + \cdots + u_{k+n} = s_{k+n} - s_k$$

其中 s_{k+n} 是原级数的前 $k+n$ 项的部分和，而 s_k 是原级数的前 k 项之和（它是一个常数）. 因此当 $n \to \infty$ 时，σ_n 与 s_{k+n} 有相同的敛散性，且在收敛时，其收敛的和有下列关系式

$$\sigma = s - s_k$$

成立，其中 $\sigma = \lim_{n \to \infty} \sigma_n, s = \lim_{n \to \infty} s_n, s_k = \sum_{i=1}^{k} u_i$.

类似地，可以证明在级数的前面增加有限项、改变有限项也不会改变级数的敛散性.

性质 4 将收敛级数中任意加括号之后所得到的新级数仍收敛于原来收敛级数的和.

证明 设级数

$$\sum_{k=1}^{\infty} u_k = u_1 + u_2 + \cdots + u_n + \cdots$$

收敛于 s，它任意加括号后所成的新级数为

$$(u_1 + \cdots + u_{n_1}) + (u_{n_1+1} + \cdots + u_{n_2}) + \cdots + (u_{n_{k-1}} + \cdots + u_{n_k}) + \cdots = \sum_{k=1}^{\infty} v_k$$

用 σ_k 表示这一新级数 $\sum_{k=1}^{\infty} v_k$ 的前 k 项部分和，而实际它是原级数 $\sum_{n=1}^{\infty} u_n$ 的前 n_k 项部分和 s_{n_k}
（其中 $k < n_k$）；显然，当 $n_k \to \infty$ 时，有 $k \to \infty$，则有

$$\lim_{k \to \infty} \sigma_k = \lim_{n_k \to \infty} s_{n_k} = s$$

即新级数 $\sum_{k=1}^{\infty} v_k$ 是收敛的且收敛于 s.

注：级数任意加括号与去括号之后所得新级数的敛散性比较复杂，下列事实以后常会用到：① 如果级数按某一方法加括号之后所形成的新级数是发散的，则该级数也一定发散.（显然这是性质 4 的逆否命题）. ② 收敛的级数去括号之后所形成的新级数不一定收敛.

例如，级数

$$(1-1) + (1-1) + \cdots$$

收敛于 0，但去括号之后所得新级数

$$1-1+1-1+\cdots+ (-1)^{n-1} + (-1)^n + \cdots$$

是发散的.

这一事实也可以反过来表述：即使级数加括号之后收敛，它也不一定就收敛.

性质 5（级数收敛的必要条件） 级数 $\sum_{n=1}^{\infty} u_n$ 收敛的必要条件是 $\lim_{n \to \infty} u_n = 0$.

证明 设级数 $\sum_{n=1}^{\infty} u_n$ 的前 n 项部分和为 s_n，即

$$s_n = \sum_{k=1}^{n} u_k$$

它的一般项 u_n 与前 n 项部分和有关系式

$$u_n = s_n - s_{n-1}$$

假设该级数收敛于和 s，则

$$\lim_{n \to \infty} u_n = \lim_{n \to \infty}(s_n - s_{n-1}) = \lim_{n \to \infty} s_n - \lim_{n \to \infty} s_{n-1} = s - s = 0$$

注：（1）级数的一般项趋向于零并不是级数收敛的充分条件.
（2）级数的一般项不趋向于零则级数一定发散（即性质 5 的逆否命题）.

例5 证明调和级数 $\sum\limits_{n=1}^{\infty}\dfrac{1}{n}$ 是发散的.

证明 假设级数 $\sum\limits_{n=1}^{\infty}\dfrac{1}{n}$ 是收敛的且收敛于 s，则级数 $\sum\limits_{n=1}^{\infty}\dfrac{1}{n}$ 的前 n 项部分和 s_n 满足

$$\lim_{n\to\infty}s_n=s \quad \text{及} \quad \lim_{n\to\infty}s_{2n}=s$$

即

$$\lim_{n\to\infty}(s_{2n}-s_n)=0$$

另一方面，观察

$$s_{2n}-s_n=\frac{1}{n+1}+\frac{1}{n+2}+\cdots+\frac{1}{n+n}$$

$$>\frac{1}{n+n}+\frac{1}{n+n}+\cdots+\frac{1}{n+n}=\frac{n}{n+n}=\frac{1}{2}$$

矛盾，故级数 $\sum\limits_{n=1}^{\infty}\dfrac{1}{n}$ 是发散的.

注：当 n 越来越大时，调和级数的通项变得越来越小，但它们的和慢慢地且非常缓慢地增大，且超过任何有限值. 有几个数据展示给读者会有助于更好地理解这个级数：该级数的前 1 000 项和约为 7.485；前 100 万项和约为 14.357；前 10 亿项和约为 21；前 10 000 亿项约为 28. 要使得这个级数的前若干项的和超过 100，至少把 10^{43} 项加起来.

 习题 11.1

1. 常数项级数 $\sum\limits_{n=1}^{\infty}u_n$ 一定有和吗？什么是常数项级数 $\sum\limits_{n=1}^{\infty}u_n$ 的和、部分和、余项？

2. $\lim\limits_{n\to\infty}u_n=0$ 是级数 $\sum\limits_{n=1}^{\infty}u_n$ 收敛的什么条件？（充分？必要？充分必要？）（举例说明）

3. 级数 $\sum\limits_{n=1}^{\infty}u_n$ 和 $\sum\limits_{n=1}^{\infty}v_n$ 均发散，则级数 $\sum\limits_{n=1}^{\infty}(u_n+v_n)$ 的敛散性是否确定？若确定，证明你的结论；若不确定，举例说明之.

4. 判别下列各级数是收敛的还是发散的.

（1）$\sum\limits_{n=1}^{\infty}\sqrt{n+1}-\sqrt{n}$； （2）$\sum\limits_{n=1}^{\infty}\dfrac{1}{4n}$；

（3）$\dfrac{1}{1\cdot3}+\dfrac{1}{3\cdot5}+\dfrac{1}{5\cdot7}+\cdots+\dfrac{1}{(2n-1)(2n+1)}+\cdots$；

（4）$\sin\dfrac{\pi}{6}+\sin\dfrac{2\pi}{6}+\sin\dfrac{3\pi}{6}+\cdots+\sin\dfrac{n\pi}{6}+\cdots$.

5. 证明级数 $\sum\limits_{n=1}^{\infty}\dfrac{1}{n(n+1)(n+2)}$ 收敛，并求它的和.

第二节 正项级数的审敛法

一般情况下，利用定义或级数的性质来判别级数的敛散性是很困难的，那么是否有更简单易行的判别方法呢？由于级数的敛散性可较好地归结为正项级数的敛散性问题，因而正项级数的敛散性判定就显得十分重要。

定义 2.1 若级数 $\sum\limits_{n=1}^{\infty} u_n$ 中的每一项都是非负的（即 $u_n \geqslant 0$，$n=1,2,\cdots$），则称级数 $\sum\limits_{n=1}^{\infty} u_n$ 为正项级数.

由正项级数的特性很容易得到下面的结论.

定理 2.1 正项级数 $\sum\limits_{n=1}^{\infty} u_n$ 收敛的充分必要条件是：它的前 n 项部分和数列 $\{s_n\}$ 有界.

证明 充分性. 级数 $\sum\limits_{n=1}^{\infty} u_n$ 的前 n 项部分和数列 $\{s_n\}$ 满足：

$$s_n = s_{n-1} + u_n \quad (n=1,2,3,\cdots)$$

显然 $\{s_n\}$ 是单调增加的，且 $\{s_n\}$ 有界. 因此由数列的单调有界准则可知数列 $\{s_n\}$ 是收敛的，即级数 $\sum\limits_{n=1}^{\infty} u_n$ 收敛.

必要性. 若正项级数 $\sum\limits_{n=1}^{\infty} u_n$ 是一个收敛的级数，设其收敛于 s，又其前 n 项部分和数列 $\{s_n\}$ 是单调增加的，则 $0 \leqslant s_n \leqslant s \leqslant M$，其中 M 是一正常数，即数列 $\{s_n\}$ 有界.

借助于正项级数收敛的充分必要条件，我们可建立一系列具有较强实用性的正项级数审敛法.

定理 2.2（比较审敛法） 设 $\sum\limits_{n=1}^{\infty} u_n$ 和 $\sum\limits_{n=1}^{\infty} v_n$ 都是正项级数，且

$$u_n \leqslant v_n \quad (n=1,2,\cdots) \tag{1}$$

则有 （1）当 $\sum\limits_{n=1}^{\infty} v_n$ 收敛时，$\sum\limits_{n=1}^{\infty} u_n$ 亦收敛；

（2）当 $\sum\limits_{n=1}^{\infty} u_n$ 发散时，$\sum\limits_{n=1}^{\infty} v_n$ 亦发散.

证明 （1）设 $\sum\limits_{n=1}^{\infty} v_n$ 收敛于 σ，且 $u_n \leqslant v_n$，则 $\sum\limits_{n=1}^{\infty} u_n$ 的部分和 s_n 满足

$$s_n = u_1 + u_2 + \cdots + u_n \leqslant v_1 + v_2 + \cdots + v_n \leqslant \sigma$$

即单调增加的部分和数列 $\{s_n\}$ 有上界. 由定理 2.1 可得 $\sum\limits_{n=1}^{\infty} u_n$ 收敛.

（2）设 $\sum\limits_{n=1}^{\infty} u_n$ 发散，则它的前 n 项部分和

$$s_n = u_1 + u_2 + \cdots + u_n \to +\infty \quad (n \to \infty)$$

因 $u_n \leqslant v_n$，则级数 $\sum\limits_{n=1}^{\infty} v_n$ 的前 n 项部分和

$$\sigma_n = v_1 + v_2 + \cdots + v_n \geqslant u_1 + u_2 + \cdots + u_n = s_n$$

所以当 $n \to \infty$ 时 $\sigma_n \to +\infty$，即 $\sum\limits_{n=1}^{\infty} v_n$ 发散.

由于级数的每一项同乘以一个非零常数，以及去掉级数的有限项不改变级数的敛散性，因而比较审敛法又可表述如下：

推论 1 设 C 为正数，N 为正整数，$\sum\limits_{n=1}^{\infty} u_n$ 和 $\sum\limits_{n=1}^{\infty} v_n$ 都是正项级数，且

$$u_n \leqslant Cv_n \quad (n = N, N+1, \cdots) \tag{2}$$

则有（1）当 $\sum\limits_{n=1}^{\infty} v_n$ 收敛时，$\sum\limits_{n=1}^{\infty} u_n$ 亦收敛；

（2）当 $\sum\limits_{n=1}^{\infty} u_n$ 发散时，$\sum\limits_{n=1}^{\infty} v_n$ 亦发散.

例 1 讨论 **p-级数**

$$\sum_{n=1}^{\infty} \frac{1}{n^p} = 1 + \frac{1}{2^p} + \frac{1}{3^p} + \cdots + \frac{1}{n^p} + \cdots$$

的敛散性，其中 $p > 0$.

解 （1）若 $0 < p \leqslant 1$，则 $n^p \leqslant n$，可得

$$\frac{1}{n^p} \geqslant \frac{1}{n}$$

又因调和级数 $\sum\limits_{n=1}^{\infty} \frac{1}{n}$ 发散，由定理 2.2 知 $\sum\limits_{n=1}^{\infty} \frac{1}{n^p}$ 发散.

（2）若 $p > 1$，对于满足 $n-1 \leqslant x \leqslant n$ 的 x（其中 $n \geqslant 2$），则有

$$(n-1)^p \leqslant x^p \leqslant n^p$$

继而可得

$$\frac{1}{x^p} \geqslant \frac{1}{n^p}$$

又

$$\frac{1}{n^p} = \int_{n-1}^{n} \frac{\mathrm{d}x}{n^p} \leqslant \int_{n-1}^{n} \frac{\mathrm{d}x}{x^p} = \frac{1}{1-p} x^{1-p} \Big|_{n-1}^{n} = \frac{1}{p-1}\left(\frac{1}{(n-1)^{p-1}} - \frac{1}{n^{p-1}}\right)$$

下面考虑级数 $\dfrac{1}{p-1} \sum\limits_{n=2}^{\infty}\left[\dfrac{1}{(n-1)^{p-1}} - \dfrac{1}{n^{p-1}}\right]$. 它的部分和

$$s_n = \frac{1}{p-1} \sum_{k=2}^{n+1} \left[\frac{1}{(k-1)^{p-1}} - \frac{1}{k^{p-1}} \right] = \frac{1}{p-1} \left[1 - \frac{1}{(n+1)^{p-1}} \right] \to \frac{1}{p-1} \quad (n \to \infty)$$

故 $\dfrac{1}{p-1} \displaystyle\sum_{n=2}^{\infty} \left[\dfrac{1}{(n-1)^{p-1}} - \dfrac{1}{n^{p-1}} \right]$ 收敛,由比较审敛法可得 $\displaystyle\sum_{n=2}^{\infty} \dfrac{1}{n^p}$ 收敛,再由级数的性质可得 $\displaystyle\sum_{n=1}^{\infty} \dfrac{1}{n^p}$ 亦收敛.

综上所述,当 $0 < p \leqslant 1$ 时, p - 级数 $\displaystyle\sum_{n=1}^{\infty} \dfrac{1}{n^p}$ 是发散的;当 $p > 1$ 时, p - 级数 $\displaystyle\sum_{n=1}^{\infty} \dfrac{1}{n^p}$ 是收敛的. p -级数是一个很重要的级数,在解题中往往会充当比较审敛法的比较对象,其他的比较对象主要有几何级数、调和级数等.

推论 2*(比较审敛法的极限形式) 设 $\displaystyle\sum_{n=1}^{\infty} u_n, \sum_{n=1}^{\infty} v_n$ 为两个正项级数,如果两级数的通项 u_n, v_n 满足

$$\lim_{n \to \infty} \frac{u_n}{v_n} = l \qquad (0 < l < +\infty) \tag{3}$$

则级数 $\displaystyle\sum_{n=1}^{\infty} u_n$ 与 $\displaystyle\sum_{n=1}^{\infty} v_n$ 同时收敛或同时发散.

若 $\displaystyle\lim_{n \to \infty} \dfrac{u_n}{v_n} = l > 0$ 或 $\displaystyle\lim_{n \to \infty} \dfrac{u_n}{v_n} = +\infty$,且级数 $\displaystyle\sum_{n=1}^{\infty} v_n$ 发散,则级数 $\displaystyle\sum_{n=1}^{\infty} u_n$ 发散.

证明 由极限的定义,取 $\varepsilon = \dfrac{l}{2}$,存在着自然数 N,当 $n > N$ 时,有不等式

$$\left| \frac{u_n}{v_n} - l \right| < \frac{l}{2}$$

成立,则

$$\frac{l}{2} < \frac{u_n}{v_n} < \frac{3l}{2}$$

即

$$\frac{l}{2} v_n < u_n < \frac{3l}{2} v_n$$

再由推论 1 即得结论.

例 2 判别级数:(1) $\displaystyle\sum_{n=1}^{\infty} \dfrac{n}{n^2 - 2}$;(2) $\displaystyle\sum_{n=1}^{\infty} \ln \left(1 + \dfrac{1}{n^2} \right)$ 的敛散性.

解 (1)因 $\dfrac{n}{n^2 - 2} > \dfrac{n}{n^2} = \dfrac{1}{n}$,且 $\displaystyle\sum_{n=1}^{\infty} \dfrac{1}{n}$ 发散,故级数 $\displaystyle\sum_{n=1}^{\infty} \dfrac{n}{n^2 - 2}$ 发散;

(2)因 $\ln \left(1 + \dfrac{1}{n^2} \right) < \dfrac{1}{n^2}$,且 $\displaystyle\sum_{n=1}^{\infty} \dfrac{1}{n^2}$ 收敛,故级数 $\displaystyle\sum_{n=1}^{\infty} \ln \left(1 + \dfrac{1}{n^2} \right)$ 收敛.

例 3 讨论级数 $\displaystyle\sum_{n=1}^{\infty} \dfrac{1}{1 + a^n}$ $(a > 0)$ 的敛散性.

解　（1）当 $a>1$ 时，级数 $\sum\limits_{n=1}^{\infty}\dfrac{1}{1+a^n}$ 的通项 $\dfrac{1}{1+a^n}<\dfrac{1}{a^n}$，而 $\sum\limits_{n=1}^{\infty}\dfrac{1}{a^n}$ 是一个公比为 $\dfrac{1}{a}$ 的等比级数，且有 $\dfrac{1}{a}<1$，则 $\sum\limits_{n=1}^{\infty}\dfrac{1}{a^n}$ 收敛，故级数 $\sum\limits_{n=1}^{\infty}\dfrac{1}{1+a^n}$ 收敛.

（2）当 $a=1$ 时，级数 $\sum\limits_{n=1}^{\infty}\dfrac{1}{1+a^n}$ 的通项 $\dfrac{1}{1+a^n}=\dfrac{1}{2}$，且 $\sum\limits_{n=1}^{\infty}\dfrac{1}{2}$ 发散，故级数 $\sum\limits_{n=1}^{\infty}\dfrac{1}{1+a^n}$ 发散.

（3）当 $0<a<1$ 时，级数 $\sum\limits_{n=1}^{\infty}\dfrac{1}{1+a^n}$ 的通项 $\dfrac{1}{1+a^n}>\dfrac{1}{2}$，而 $\sum\limits_{n=1}^{\infty}\dfrac{1}{2}$ 发散，故级数 $\sum\limits_{n=1}^{\infty}\dfrac{1}{1+a^n}$ 发散.

例 4　设 $a_n\leqslant c_n\leqslant b_n$ $(n=1,2,\cdots)$，且级数 $\sum\limits_{n=1}^{\infty}a_n$ 及 $\sum\limits_{n=1}^{\infty}b_n$ 都收敛，证明级数 $\sum\limits_{n=1}^{\infty}c_n$ 收敛.

证明　因 $a_n\leqslant c_n\leqslant b_n$ $(n=1,2,\cdots)$，则

$$0\leqslant c_n-a_n\leqslant b_n-a_n$$

而级数 $\sum\limits_{n=1}^{\infty}a_n$ 及 $\sum\limits_{n=1}^{\infty}b_n$ 都收敛，由级数收敛的性质知 $\sum\limits_{n=1}^{\infty}(b_n-a_n)$ 收敛，再由比较审敛法得 $\sum\limits_{n=1}^{\infty}(c_n-a_n)$ 收敛. 而

$$\sum_{n=1}^{\infty}c_n=\sum_{n=1}^{\infty}[(c_n-a_n)+a_n]$$

故可得级数 $\sum\limits_{n=1}^{\infty}c_n$ 收敛.

定理 2.3（比值审敛法，又称达朗贝尔审敛法）　若正项级数 $\sum\limits_{n=1}^{\infty}u_n$ 满足

$$\lim_{n\to\infty}\frac{u_{n+1}}{u_n}=\rho \tag{4}$$

则（1）当 $\rho<1$ 时，级数 $\sum\limits_{n=1}^{\infty}u_n$ 收敛；

（2）当 $\rho>1$（或 $\rho=+\infty$）时，级数 $\sum\limits_{n=1}^{\infty}u_n$ 发散；

（3）当 $\rho=1$ 时，级数 $\sum\limits_{n=1}^{\infty}u_n$ 的敛散性用此法无法判定.

证明　（1）当 $\rho<1$ 时，则可取一足够小的正数 ε，使得 $\rho+\varepsilon=r<1$；又因 $\lim\limits_{n\to\infty}\dfrac{u_{n+1}}{u_n}=\rho$，据极限的定义，对正数 ε，存在自然数 N，当 $n>N$ 时，使得

$$\left|\frac{u_{n+1}}{u_n}-\rho\right|<\varepsilon$$

成立，即
$$-\varepsilon + \rho < \frac{u_{n+1}}{u_n} < \varepsilon + \rho$$

则有
$$\frac{u_{n+1}}{u_n} < \rho + \varepsilon = r$$

即
$$u_{n+1} < r u_n \quad (n = N+1,\ N+2,\cdots)$$

即
$$u_{N+1} < r u_N$$
$$u_{N+2} < r u_{N+1} < r^2 u_N$$
$$u_{N+3} < r u_{N+2} < r^2 u_{N+1} < r^3 u_N$$
$$\cdots$$

则相加有

$$u_{N+1} + u_{N+2} + u_{N+3} + \cdots < r u_N + r^2 u_N + r^3 u_N + \cdots$$

因 $0 < r < 1$，得级数 $\sum\limits_{n=N+1}^{\infty} u_n$ 收敛，再由级数得性质得 $\sum\limits_{n=1}^{\infty} u_n$ 收敛.

（2）当 $\rho > 1$ 时，存在充分小的正数 ε，使得 $\rho - \varepsilon > 1$，同（1）由极限定义，当 $n > N$ 时，有

$$\frac{u_{n+1}}{u_n} > \rho - \varepsilon > 1$$

即
$$u_{n+1} > u_n$$

因此当 $n > N$ 时，级数 $\sum\limits_{n=N+1}^{\infty} u_n$ 的一般项是逐渐增大的，故它不趋向于零，由级数收敛的必要条件知 $\sum\limits_{n=1}^{\infty} u_n$ 发散.

（3）当 $\rho = 1$ 时，级数可能收敛，也可能发散.

如对于 p - 级数 $\sum\limits_{n=1}^{\infty} \frac{1}{n^p}$，不论 p 取何值，总有

$$\lim_{n \to \infty} \frac{u_{n+1}}{u_n} = \lim_{n \to \infty} \frac{\dfrac{1}{(n+1)^p}}{\dfrac{1}{n^p}} = \lim_{n \to \infty} \left(\frac{n}{n+1} \right)^p = 1$$

但是，该级数却在 $p > 1$ 时收敛，$p \leqslant 1$ 时发散.

例 5 判定下列级数的敛散性.

（1）$\sum\limits_{n=1}^{\infty} \frac{1}{n!}$； （2）$\sum\limits_{n=1}^{\infty} \frac{n^n}{n!}$； （3）$\sum\limits_{n=1}^{\infty} \frac{1}{(2n-1) \cdot 2n}$.

解 （1）因 $u_n = \frac{1}{n!}$，故

$$\rho = \lim_{n \to \infty} \frac{u_{n+1}}{u_n} = \lim_{n \to \infty} \frac{\frac{1}{(n+1)!}}{\frac{1}{n!}} = \lim_{n \to \infty} \frac{1}{n+1} = 0 < 1$$

则由比值审敛法知级数 $\sum_{n=1}^{\infty} \frac{1}{n!}$ 是收敛的.

（2）因 $u_n = \frac{n^n}{n!}$，故

$$\rho = \lim_{n \to \infty} \frac{u_{n+1}}{u_n} = \lim_{n \to \infty} \frac{(n+1)^{n+1} \cdot n!}{n^n \cdot (n+1)!} = \lim_{n \to \infty} \left(1 + \frac{1}{n}\right)^n = e > 1$$

则由比值审敛法知级数 $\sum_{n=1}^{\infty} \frac{n^n}{n!}$ 是发散的.

（3）因 $u_n = \frac{1}{(2n-1) \cdot 2n}$，故

$$\rho = \lim_{n \to \infty} \frac{u_{n+1}}{u_n} = \lim_{n \to \infty} \frac{(2n-1) \cdot 2n}{2(n+1) \cdot (2n+1)} = 1$$

用比值法无法确定该级数的敛散性. 注意到 $2n > 2n - 1 \geqslant n$，可得 $(2n-1) \cdot 2n > n^2$，即

$$\frac{1}{(2n-1) \cdot 2n} < \frac{1}{n^2}$$

而级数 $\sum_{n=1}^{\infty} \frac{1}{n^2}$ 收敛，则由比较判别法知级数 $\sum_{n=1}^{\infty} \frac{1}{(2n-1) \cdot 2n}$ 收敛.

定理 2.4* （根值审敛法或柯西审敛法） 若正项级数 $\sum_{n=1}^{\infty} u_n$ 满足

$$\lim_{n \to \infty} \sqrt[n]{u_n} = \rho \tag{5}$$

则（1）当 $\rho < 1$ 时，级数 $\sum_{n=1}^{\infty} u_n$ 收敛；

（2）当 $\rho > 1$（或 $\rho = +\infty$）时，级数 $\sum_{n=1}^{\infty} u_n$ 发散；

（3）当 $\rho = 1$ 时，级数 $\sum_{n=1}^{\infty} u_n$ 的敛散性用此法无法判定.

证明 （1）当 $\rho < 1$ 时，可取一足够小的正数 ε，使得 $\rho + \varepsilon = r < 1$. 据极限定义，存在自然数 N，当 $n > N$ 时有

$$\sqrt[n]{u_n} < \rho + \varepsilon = r$$

即
$$u_n < r^n$$

而等比级数 $\sum\limits_{n=N+1}^{\infty} r^n$ $(0<r<1)$ 是收敛的，由比较判别法知 $\sum\limits_{n=N+1}^{\infty} u_n$ 收敛；再由级数的性质得级

数 $\sum\limits_{n=1}^{\infty} u_n$ 收敛.

（2）当 $\rho > 1$ 时，同（1）存在充分小的正数 ε，使得 $\rho - \varepsilon > 1$，据极限定义，当 $n > N$ 时有

$$\sqrt[n]{u_n} > \rho - \varepsilon > 1$$

即
$$u_n > 1$$

因此级数的一般项不趋向于零，由级数收敛的必要条件知 $\sum\limits_{n=1}^{\infty} u_n$ 发散.

（3）当 $\rho = 1$ 时，级数可能收敛，也可能发散.

如级数 $\sum\limits_{n=1}^{\infty} \dfrac{1}{n^2}$ 是收敛，而级数 $\sum\limits_{n=1}^{\infty} \dfrac{1}{n}$ 是发散的，但

$$\lim_{n\to\infty} \sqrt[n]{u_n} = \lim_{n\to\infty} \sqrt[n]{\frac{1}{n^2}} = \lim_{n\to\infty} \left(\frac{1}{\sqrt[n]{n}}\right)^2 = 1$$

$$\lim_{n\to\infty} \sqrt[n]{u_n} = \lim_{n\to\infty} \sqrt[n]{\frac{1}{n}} = \lim_{n\to\infty} \frac{1}{\sqrt[n]{n}} = 1$$

例 6 判别级数 $\sum\limits_{n=1}^{\infty} \dfrac{n^2}{\left(2+\dfrac{1}{n}\right)^n}$ 的敛散性.

解 因 $u_n = \dfrac{n^2}{\left(2+\dfrac{1}{n}\right)^n}$，则

$$\rho = \lim_{n\to\infty} \sqrt[n]{u_n} = \lim_{n\to\infty} \sqrt[n]{\frac{n^2}{\left(2+\dfrac{1}{n}\right)^n}} = \frac{1}{2} < 1$$

故级数 $\sum\limits_{n=1}^{\infty} \dfrac{n^2}{\left(2+\dfrac{1}{n}\right)^n}$ 收敛.

注：对于利用比值审敛法与根值审敛法失效的情形（即 $\rho = 1$ 时），其级数的敛散性应另

寻它法加以判定，通常可用构造更精细的比较级数来判别.

1. 用比较审敛法判别下列级数的敛散性.

（1）$\sum\limits_{n=1}^{\infty}\dfrac{1}{3n+5}$；　　　　（2）$\sum\limits_{n=1}^{\infty}\dfrac{3}{2^n+5}$；　　　　（3）$\sum\limits_{n=1}^{\infty}\dfrac{n+1}{n\cdot 2^n}$；

（4）$\sum\limits_{n=1}^{\infty}\dfrac{1}{n\cdot\sqrt[n]{n}}$；　　　（5）$\sum\limits_{n=1}^{\infty}\dfrac{1}{1+a^n}\ (a>0)$；　　（6）$\sum\limits_{n=1}^{\infty}\sin\dfrac{\pi}{2n}$.

2. 用比值审敛法判别下列级数的敛散性.

（1）$\sum\limits_{n=1}^{\infty}\dfrac{n!}{4n}$；　　　　（2）$\sum\limits_{n=1}^{\infty}\dfrac{n!}{(2n-1)!!}$；　　　（3）$\sum\limits_{n=1}^{\infty}\dfrac{2^n\cdot n!}{n^n}$；

（4）$\sum\limits_{n=1}^{\infty}\dfrac{a^n}{\ln(n+1)}\ (a>0)$；　（5）$\sum\limits_{n=1}^{\infty}n\tan\dfrac{\pi}{2^{n+1}}$；　　（6）$\sum\limits_{n=1}^{\infty}\dfrac{n^{n+1}}{(n+1)!}$.

3. 用根值审敛法判别下列级数的敛散性.

（1）$\sum\limits_{n=1}^{\infty}\dfrac{n^3}{3^n}$；　　　　（2）$\sum\limits_{n=1}^{\infty}(\sqrt[n]{2}-1)^n$；　　　（3）$\sum\limits_{n=1}^{\infty}\left(\dfrac{n}{2n-1}\right)^{2n}$；

（4）$\sum\limits_{n=1}^{\infty}\left(2n\sin\dfrac{1}{n}\right)^{\frac{n}{2}}$；　（5）$\sum\limits_{n=1}^{\infty}\left(\dfrac{n}{n+1}\right)^{n^2}$；　　（6）$\sum\limits_{n=1}^{\infty}\dfrac{1}{[\ln(n+1)]^n}$.

4. 判别下列级数的敛散性.

（1）$\sum\limits_{n=1}^{\infty}\dfrac{n^2+1}{(n+1)(n+2)(n+3)}$；　（2）$\sum\limits_{n=1}^{\infty}\dfrac{n^p}{n!}$；　　（3）$\sum\limits_{n=1}^{\infty}\left[n(\sqrt[n]{3}-1)\right]^n$；

（4）$\sum\limits_{n=1}^{\infty}\dfrac{1}{3^{\sqrt{n}}}$；　　　（5）$\sum\limits_{n=1}^{\infty}a^n\sin\dfrac{\pi}{b^n}\ (1<a<b)$；　（6）$\sum\limits_{n=1}^{\infty}\sqrt{n}\left(1-\cos\dfrac{\pi}{n}\right)$.

第三节　交错级数及其审敛法

定义 3.1　级数中的各项是正、负交错的，即具有如下形式

$$\sum_{n=1}^{\infty}(-1)^{n-1}u_n \quad\text{或}\quad \sum_{n=1}^{\infty}(-1)^n u_n \tag{1}$$

的级数称为**交错级数**，其中 $u_n\geqslant 0\ (n=1,2,3,\cdots)$.

因两者的表示只差一个负号，它们的敛散性完全相同，故下面一般只讨论 $\sum\limits_{n=1}^{\infty}(-1)^{n-1}u_n$ 这一形式.

定理 3.1（交错级数的审敛法，又称莱布尼兹定理）　如果交错级数 $\sum\limits_{n=1}^{\infty}(-1)^{n-1}u_n$ 满足条件：

（1）$u_n\geqslant u_{n+1}\ (n=1,2,\cdots)$；

（2）$\lim\limits_{n\to\infty}u_n=0$，

则交错级数 $\sum\limits_{n=1}^{\infty}(-1)^{n-1}u_n$ 收敛，且其和 $s\leqslant u_1$，其余项 r_n 的绝对值 $|r_n|\leqslant u_{n+1}$。

证明 （1）先证 $\lim\limits_{n\to\infty}s_{2n}$ 存在。

级数 $\sum\limits_{n=1}^{\infty}(-1)^{n-1}u_n$ 的前 $2n$ 项的部分和 s_{2n} 可表示为以下两种形式：

$$s_{2n}=(u_1-u_2)+(u_3-u_4)+\cdots+(u_{2n-1}-u_{2n}) \tag{2}$$
$$s_{2n}=u_1-(u_2-u_3)-(u_4-u_5)-\cdots-(u_{2n-2}-u_{2n-1})-u_{2n} \tag{3}$$

由条件（1）$u_n\geqslant u_{n+1}$，即

$$u_n-u_{n+1}\geqslant 0 \quad (n=1,2,\cdots)$$

则式（2）表明：数列 s_{2n} 是非负的且单调增加的；而式（3）表明：$s_{2n}<u_1$，即数列 s_{2n} 有上界。因此由单调有界准则，当 n 无限增大时，s_{2n} 必有极限。不妨设极限为 s，显然 $s\leqslant u_1$，即

$$\lim\limits_{n\to\infty}s_{2n}=s\leqslant u_1$$

（2）再证 $\lim\limits_{n\to\infty}s_{2n+1}=s$。

因 $s_{2n+1}=s_{2n}+u_{2n+1}$，由条件（2）$\lim\limits_{n\to\infty}u_{2n+1}=0$ 可知

$$\lim\limits_{n\to\infty}s_{2n+1}=\lim\limits_{n\to\infty}s_{2n}+\lim\limits_{n\to\infty}u_{2n+1}=s+0=s$$

因级数前 n 项部分和数列 s_n 的两个子数列满足：前 $2n$ 项的部分和数列 s_{2n} 与前 $2n+1$ 项的部分和 s_{2n+1} 都趋向于同一极限 s，故它的前 n 项部分和数列 s_n 在当 $n\to\infty$ 时的极限存在且仍为 s，且 $s\leqslant u_1$。

（3）最后证明 $|r_n|\leqslant u_{n+1}$。

级数 $\sum\limits_{n=1}^{\infty}(-1)^{n-1}u_n$ 的余项可以写成

$$r_n=\pm(u_{n+1}-u_{n+2}+\cdots)$$

其绝对值为

$$|r_n|=u_{n+1}-u_{n+2}+\cdots$$

此式表明，其右端也是一个交错级数，且也满足此定理的两个条件，故 $|r_n|$ 应小于它的首项，即 $|r_n|\leqslant u_{n+1}$。

例 1 判别交错级数 $\sum\limits_{n=1}^{\infty}(-1)^{n-1}\dfrac{1}{n}$ 的敛散性。

证明 因级数 $\sum_{n=1}^{\infty} (-1)^{n-1} \dfrac{1}{n}$ 的通项 u_n 满足：

$$u_n = \frac{1}{n} > \frac{1}{n+1} = u_{n+1}$$

且

$$\lim_{n \to \infty} u_n = \lim_{n \to \infty} \frac{1}{n} = 0$$

满足定理 3.1 的条件，故此交错级数收敛，并且其和 $s < 1$.

例2 判别交错级数 $\sum_{n=1}^{\infty} (-1)^{n-1} \dfrac{\ln n}{n}$ 的敛散性.

证明 因级数 $\sum_{n=1}^{\infty} (-1)^{n-1} \dfrac{\ln n}{n}$ 的通项 $u_n = \dfrac{\ln n}{n}$，令 $f(x) = \dfrac{\ln x}{x}$ $(x > 3)$，则

$$f'(x) = \frac{1 - \ln x}{x^2} < 0 \quad (x > 3)$$

即当 $n > 3$ 时，数列 $\left\{ \dfrac{\ln n}{n} \right\}$ 是递减数列；又由洛必达法则有

$$\lim_{n \to \infty} \frac{\ln n}{n} = \lim_{x \to +\infty} \frac{\ln x}{x} = \lim_{x \to +\infty} \frac{1}{x} = 0$$

满足定理 3.1 的条件，故此交错级数收敛.

下面介绍任意项级数的绝对收敛与条件收敛

定义 3.2 如级数 $\sum_{n=1}^{\infty} u_n$ 中的每一项 u_n $(n = 1, 2, \cdots)$ 为任意实数，称该级数为**任意项级数**.

对于该级数，我们可以构造一个正项级数 $\sum_{n=1}^{\infty} |u_n|$，通过级数 $\sum_{n=1}^{\infty} |u_n|$ 的敛散性来推断级数 $\sum_{n=1}^{\infty} u_n$ 的敛散性.

定义 3.3 级数 $\sum_{n=1}^{\infty} u_n$ 为任意项级数, 则有

（1）如果级数 $\sum_{n=1}^{\infty} |u_n|$ 收敛，则称级数 $\sum_{n=1}^{\infty} u_n$ **绝对收敛**；

（2）如果级数 $\sum_{n=1}^{\infty} |u_n|$ 发散，而级数 $\sum_{n=1}^{\infty} u_n$ 收敛，则称级数 $\sum_{n=1}^{\infty} u_n$ **条件收敛**.

定理 3.2 如果级数 $\sum_{n=1}^{\infty} |u_n|$ 收敛，则级数 $\sum_{n=1}^{\infty} u_n$ 亦收敛.

证明 设级数 $\sum_{n=1}^{\infty} |u_n|$ 收敛，令

$$v_n = \frac{1}{2}(u_n + |u_n|) \quad (n = 1, 2, \cdots)$$

显然 $v_n \geq 0$，且 $v_n \leq |u_n|$；由比较审敛法知正项级数 $\sum\limits_{n=1}^{\infty} v_n$ 收敛，从而 $\sum\limits_{n=1}^{\infty} 2v_n$ 亦收敛. 另一方面，$u_n = 2v_n - |u_n|$，则由级数性质知级数 $\sum\limits_{n=1}^{\infty} u_n = \sum\limits_{n=1}^{\infty} (2v_n - |u_n|)$ 收敛.

例 3 讨论级数 $\sum\limits_{n=1}^{\infty} (-1)^{n-1} \dfrac{1}{\sqrt{n}}$ 的敛散性.

解 因级数 $\sum\limits_{n=1}^{\infty} \dfrac{1}{\sqrt{n}}$ 是 $p = \dfrac{1}{2}$ 的 p-级数，故而发散. 而交错级数 $\sum\limits_{n=1}^{\infty} (-1)^{n-1} \dfrac{1}{\sqrt{n}}$ 可由交错级数审敛法得其是收敛的，故级数 $\sum\limits_{n=1}^{\infty} (-1)^{n-1} \dfrac{1}{\sqrt{n}}$ 不是绝对收敛，而是条件收敛的.

例 4 判定任意项级数 $\sum\limits_{n=1}^{\infty} \dfrac{\sin(n\alpha)}{n^2}$，$\alpha \in (-\infty, +\infty)$ 的收敛性.

解 因对级数的通项取绝对值，得

$$\left| \frac{\sin(n\alpha)}{n^2} \right| \leq \frac{1}{n^2}$$

而 $\sum\limits_{n=1}^{\infty} \dfrac{1}{n^2}$ 收敛，由比较审敛法知 $\sum\limits_{n=1}^{\infty} \left| \dfrac{\sin(n\alpha)}{n^2} \right|$ 亦收敛，再由定理 3.2 得级数 $\sum\limits_{n=1}^{\infty} \dfrac{\sin(n\alpha)}{n^2}$ 收敛，且是绝对收敛.

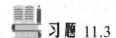 习题 11.3

1. 判别下列级数是否收敛，如果收敛，判别是条件收敛还是绝对收敛.

（1）$\sum\limits_{n=1}^{\infty} (-1)^n \dfrac{n+1}{(n+1)\sqrt{n+1} - 1}$；

（2）$\sum\limits_{n=1}^{\infty} (-1)^n \left(\dfrac{2n+1}{3n+1} \right)^n$；

（3）$\sum\limits_{n=1}^{\infty} (-1)^n \dfrac{3 \cdot 5 \cdot 7 \cdots (2n+1)}{2 \cdot 5 \cdot 8 \cdots (3n-1)}$；

（4）$\sum\limits_{n=1}^{\infty} (-1)^{n-1} \tan \dfrac{1}{n\sqrt{n}}$；

（5）$\sum\limits_{n=1}^{\infty} \sin\left(n\pi + \dfrac{\pi}{n} \right)$；

（6）$\sum\limits_{n=1}^{\infty} \left(1 - \dfrac{\ln n}{n} \right)^n$.

2. 设 $\sum\limits_{n=1}^{\infty} a_n$ 为收敛的正项级数，证明级数 $\sum\limits_{n=1}^{\infty} (-1)^n \left(n \tan \dfrac{1}{n} \right) a_{2n}$ 绝对收敛.

第四节　幂级数

前面我们讨论了数项级数的敛散性问题，基本上知道了级数满足什么条件时必收敛等，但遗憾的是只有很少的级数在收敛时能得到其收敛值. 在这一节我们借助幂级数的和问题来讨论数项级数的和问题.

一、函数项级数的一般概念

设有定义在区间 I 上的函数列

$$u_1(x), \quad u_2(x), \quad \cdots, \quad u_n(x), \quad \cdots$$

由该函数列构成的表达式

$$\sum_{n=1}^{\infty} u_n(x) = u_1(x) + u_2(x) + \cdots + u_n(x) + \cdots \qquad (1)$$

称为**函数项级数**. 而

$$s_n(x) = u_1(x) + u_2(x) + \cdots + u_n(x) \qquad (2)$$

称为函数项级数（1）的**前 n 项部分和**.

对于确定的值 $x_0 \in I$，如常数项级数

$$\sum_{n=1}^{\infty} u_n(x_0) = u_1(x_0) + u_2(x_0) + \cdots + u_n(x_0) + \cdots \qquad (3)$$

收敛，则称函数项级数 $\sum_{n=1}^{\infty} u_n(x)$ 在点 x_0 收敛，点 x_0 是函数项级数 $\sum_{n=1}^{\infty} u_n(x)$ 的**收敛点**；若 $\sum_{n=1}^{\infty} u_n(x_0)$ 发散，则称函数项级数 $\sum_{n=1}^{\infty} u_n(x)$ 在点 x_0 发散，点 x_0 是函数项级数 $\sum_{n=1}^{\infty} u_n(x)$ 的**发散点**.函数项级数的全体收敛点的集合称为它的**收敛域**；函数项级数 $\sum_{n=1}^{\infty} u_n(x)$ 的全体发散点的集合称为它的**发散域**.

设函数项级数 $\sum_{n=1}^{\infty} u_n(x)$ 的收敛域为 D，则对 D 内任意一点 x，$\sum_{n=1}^{\infty} u_n(x)$ 收敛，其收敛的和自然依赖于 x，即其收敛和应为 x 的函数，记为 $s(x)$；称函数 $s(x)$ 为函数项级数 $\sum_{n=1}^{\infty} u_n(x)$ 的**和函数**. $s(x)$ 的定义域就是级数的收敛域，并记为

$$s(x) = u_1(x) + u_2(x) + \cdots + u_n(x) + \cdots$$

则在收敛域 D 上有

$$\lim_{n \to \infty} s_n(x) = s(x)$$

把 $r_n(x) = s(x) - s_n(x)$ 叫做函数项级数 $\sum_{n=1}^{\infty} u_n(x)$ 的**余项**. 对收敛域上的每一点 x，有 $\lim_{n \to \infty} r_n(x) = 0$.

由以上的定义可知，函数项级数在区域上的敛散性问题是指在该区域上的每一点的敛散

性，因而其实质还是常数项级数的敛散性问题. 因此，我们仍可以用数项级数的审敛法来判别函数项级数的敛散性.

例1 讨论几何级数

$$\sum_{n=0}^{\infty} x^n = 1 + x + x^2 + \cdots + x^n + \cdots$$

的敛散性.

解 由第一节例1的讨论得：当 $|x| < 1$ 时，级数 $\sum_{n=0}^{\infty} x^n$ 收敛且收敛于 $\dfrac{1}{1-x}$；当 $|x| \geqslant 1$ 时，级数 $\sum_{n=0}^{\infty} x^n$ 发散. 因此该级数的收敛域为区间 $(-1, 1)$，发散域为 $(-\infty, -1] \bigcup [1, +\infty)$. 而在 $(-1, 1)$ 内级数 $\sum_{n=0}^{\infty} x^n$ 的和函数为 $\dfrac{1}{1-x}$.

几何级数是一个非常重要的级数，在以后有着很重要的应用.

二、幂级数及其收敛性

函数项级数中最简单且最常见的一类级数是各项均为幂函数的函数项级数，称其为**幂级数**，它的形式是

$$\sum_{n=0}^{\infty} a_n x^n = a_0 + a_1 x + a_2 x^2 + \cdots + a_n x^n + \cdots \tag{4}$$

其中常数 $a_0, a_1, a_2, \cdots, a_n, \cdots$ 称为**幂级数的系数**.

注：幂级数的表示形式也可以是

$$\sum_{n=0}^{\infty} a_n (x-x_0)^n = a_0 + a_1(x-x_0) + a_2(x-x_0)^2 + \cdots + a_n(x-x_0)^n + \cdots \tag{5}$$

它是幂级数的一般形式，作变量代换 $t = x - x_0$ 即可以把它化为（4）的形式. 因此在以后的讨论中，如不做特殊说明，我们用幂级数（4）作为主要的讨论对象.

定理4.1（阿贝尔定理）

（1）若幂级数 $\sum_{n=0}^{\infty} a_n x_0^n$ $(x_0 \neq 0)$ 收敛，则对于满足不等式 $|x| < |x_0|$ 的一切 x，幂级数 $\sum_{n=0}^{\infty} a_n x^n$ 绝对收敛；

（2）若幂级数 $\sum_{n=0}^{\infty} a_n x_0^n$ $(x_0 \neq 0)$ 发散，则对于满足不等式 $|x| > |x_0|$ 的一切 x，幂级数 $\sum_{n=0}^{\infty} a_n x^n$ 发散.

证明 （1）先设 $x_0 \neq 0$ 是幂级数 $\sum_{n=0}^{\infty} a_n x^n$ 的收敛点，即级数 $\sum_{n=0}^{\infty} a_n x_0^n$ 收敛，则由级数收敛的必要条件，有 $\lim_{n \to \infty} a_n x_0^n = 0$. 则存在一个正数 M 使得

$$\left|a_n x_0^n\right| \leqslant M \qquad (n=0,1,2,\cdots)$$

又因为级数 $\sum\limits_{n=0}^{\infty} a_n x^n$ 的通项满足

$$\left|a_n x^n\right| = \left|a_n x_0^n \cdot \frac{x^n}{x_0^n}\right| = \left|a_n x_0^n\right| \cdot \left|\frac{x}{x_0}\right|^n \leqslant M \cdot \left|\frac{x}{x_0}\right|^n$$

则当 $|x| < |x_0|$ 时，即 $\left|\dfrac{x}{x_0}\right| < 1$，等比级数 $\sum\limits_{n=0}^{\infty} M \cdot \left|\dfrac{x}{x_0}\right|^n$ 收敛. 因此由比较审敛法知级数 $\sum\limits_{n=0}^{\infty}\left|a_n x^n\right|$ 收敛，

故幂级数 $\sum\limits_{n=0}^{\infty} a_n x^n$ 绝对收敛.

（2）用反证法证明第二部分.

因级数 $\sum\limits_{n=0}^{\infty} a_n x_0^n$ 发散，假设另有一点 x_1 满足 $|x_1| > |x_0|$，使得级数 $\sum\limits_{n=0}^{\infty} a_n x_1^n$ 收敛，根据（1）

的结论，级数 $\sum\limits_{n=0}^{\infty} a_n x_0^n$ 也应收敛，这与定理的已知条件相矛盾，故结论（2）成立.

阿贝尔定理很好地揭示了幂级数的收敛域与发散域的结构：定理 4.1 结论表明，如果幂

级数 $\sum\limits_{n=0}^{\infty} a_n x^n$ 在 $x = x_0 \neq 0$ 处收敛，则可断定在开区间 $(-|x_0|, |x_0|)$ 之内的任何 x，幂级数 $\sum\limits_{n=0}^{\infty} a_n x^n$

必收敛；如果幂级数 $\sum\limits_{n=0}^{\infty} a_n x^n$ 在 $x = x_0 \neq 0$ 处发散，则可断定在闭区间 $[-|x_0|, |x_0|]$ 之外的任何 x，

幂级数 $\sum\limits_{n=0}^{\infty} a_n x^n$ 必发散. 至此断定幂级数的发散点不可能位于原点与收敛点之间（因原点必是

幂级数的收敛点）.

设幂级数 $\sum\limits_{n=0}^{\infty} a_n x^n$ 在数轴上既有收敛点（且不仅仅只是原点），也有发散点，于是，我们

可以这样来寻找幂级数的收敛域与发散域. 首先从原点出发，沿数轴向右搜寻，最初只遇到

收敛点，然后就只遇到发散点，设这两部分的界点为 P，而点 P 则可能是收敛点，也可能是

发散点；再从原点出发，沿数轴向左方搜寻，相仿也可找到另一个收敛域与发散域的分界点

P'，位于点 P' 与 P 之间的区域就是幂级数的收敛域，位于这两点之外的区域就是幂级数的发

散域，且两个分界点关于原点对称（见图 11.2）. 至此我们可得到如下重要推论：

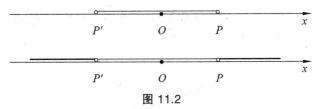

图 11.2

推论 如果幂级数 $\sum\limits_{n=0}^{\infty} a_n x^n$ 不是仅在一点收敛，也不是在整个数轴上都收敛，则必存在一

个确定的正数 R 存在，使得

（1）当 $|x| < R$ 时，幂级数 $\sum\limits_{n=0}^{\infty} a_n x^n$ 绝对收敛；

（2）当 $|x| > R$ 时，幂级数 $\sum\limits_{n=0}^{\infty} a_n x^n$ 发散；

（3）当 $x = \pm R$ 时，幂级数 $\sum\limits_{n=0}^{\infty} a_n x^n$ 可能收敛，也可能发散.

我们把此正数 R 称为幂级数的**收敛半径**. $(-R, R)$ 称为幂级数的**收敛区间**. 若幂级数的收敛域为 D，则

$$(-R, R) \subseteq D \subseteq [-R, R]$$

即幂级数的收敛域是收敛区间与收敛端点的并集.

特别地，如果幂级数只在 $x = 0$ 处收敛，则规定收敛半径 $R = 0$，此时的收敛域只有一个点 $x = 0$；如果幂级数对一切 x 都收敛，则规定收敛半径 $R = +\infty$，此时的收敛域为 $(-\infty, +\infty)$.

下面给出幂级数的收敛半径求法的结论.

定理 4.2 设幂级数 $\sum\limits_{n=0}^{\infty} a_n x^n$ 的所有系数 $a_n \neq 0$，且

$$\lim_{n \to \infty} \left| \frac{a_{n+1}}{a_n} \right| = \rho$$

则（1）当 $\rho \neq 0$ 时，该幂级数的收敛半径 $R = \dfrac{1}{\rho}$；

（2）当 $\rho = 0$ 时，该幂级数的收敛半径 $R = +\infty$；

（3）当 $\rho = +\infty$ 时，该幂级数的收敛半径 $R = 0$.

证明 对幂级数 $\sum\limits_{n=0}^{\infty} a_n x^n$ 的各项取绝对值，所成的级数为正项级数，利用比值审敛法有

$$\lim_{n \to \infty} \left| \frac{a_{n+1} x^{n+1}}{a_n x^n} \right| = \lim_{n \to \infty} \left| \frac{a_{n+1}}{a_n} \right| \cdot |x| = \rho |x|$$

则（1）当 $\lim\limits_{n \to \infty} \left| \dfrac{a_{n+1}}{a_n} \right| = \rho$ 存在，且 $\rho \neq 0$ 时，有：当 $\rho |x| < 1$，即 $|x| < \dfrac{1}{\rho}$ 时，级数 $\sum\limits_{n=0}^{\infty} |a_n x^n|$ 收敛；

当 $\lim\limits_{n \to \infty} \left| \dfrac{a_{n+1} x^{n+1}}{a_n x^n} \right| = \rho |x| > 1$，即 $|x| > \dfrac{1}{\rho}$ 时，级数 $\sum\limits_{n=0}^{\infty} |a_n x^n|$ 发散，且当 n 充分大时，由极限的保号性得

$$\left| a_{n+1} x^{n+1} \right| > \left| a_n x^n \right|$$

从而幂级数 $\sum\limits_{n=0}^{\infty} a_n x^n$ 发散. 因此该幂级数的收敛半径 $R = \dfrac{1}{\rho}$.

（2）当 $\rho = 0$ 时，则对任意的 $x \neq 0$，有

$$\lim_{n \to \infty} \frac{\left| a_{n+1} x^{n+1} \right|}{\left| a_n x^n \right|} = 0 < 1$$

所以级数 $\sum\limits_{n=0}^{\infty} \left| a_n x^n \right|$ 收敛，即幂级数 $\sum\limits_{n=0}^{\infty} a_n x^n$ 绝对收敛；而 $x = 0$ 一定是幂级数的收敛点. 故幂级数 $\sum\limits_{n=0}^{\infty} a_n x^n$ 的收敛半径 $R = +\infty$.

（3）当 $\rho = +\infty$ 时，则对任意的 $x \neq 0$，有

$$\lim_{n \to \infty} \frac{\left| a_{n+1} x^{n+1} \right|}{\left| a_n x^n \right|} = +\infty$$

则当 n 充分大时 $\left| a_{n+1} x^{n+1} \right| > \left| a_n x^n \right|$，即 $\sum\limits_{n=0}^{\infty} \left| a_n x^n \right|$ 发散，所以幂级数 $\sum\limits_{n=0}^{\infty} a_n x^n$ 只在 $x = 0$ 处收敛，故该幂级数的收敛半径 $R = 0$.

例2 求下列幂级数的收敛半径、收敛区间与收敛域：

（1）$\sum\limits_{n=1}^{\infty} (-1)^{n-1} \dfrac{x^n}{n}$；　　　　（2）$\sum\limits_{n=1}^{\infty} \dfrac{2n-1}{2^n} x^{2n-2}$；　　　　（3）$\sum\limits_{n=1}^{\infty} (-1)^n \dfrac{2^n}{\sqrt{n}} \left(x - \dfrac{1}{2} \right)^n$.

解　（1）因 $a_n = (-1)^{n-1} \dfrac{1}{n}$，则

$$\rho = \lim_{n \to \infty} \left| \frac{a_{n+1}}{a_n} \right| = \lim_{n \to \infty} \frac{n}{n+1} = 1$$

故收敛半径为 $R = 1$；又在 $x = -1$ 时，幂级数成为 $\sum\limits_{n=1}^{\infty} \left(-\dfrac{1}{n} \right)$，显然是发散的，而在 $x = 1$ 时，幂级数成为 $\sum\limits_{n=1}^{\infty} (-1)^{n-1} \dfrac{1}{n}$，显然它是收敛的，故收敛区间为 $(-1, 1)$，收敛域为 $(-1, 1]$.

（2）此幂级数缺少奇次幂项，可用比值审敛法的原理来求收敛半径.

因 $u_n = \dfrac{2n-1}{2^n} x^{2n-2}$，则

$$\lim_{n \to \infty} \left| \frac{u_{n+1}(x)}{u_n(x)} \right| = \lim_{n \to \infty} \frac{2n+1}{4n-2} |x|^2 = \frac{1}{2} |x|^2$$

由比值审敛法的结果：

当 $\dfrac{1}{2} |x|^2 < 1$，即 $|x| < \sqrt{2}$ 时，幂级数收敛；

当 $\dfrac{1}{2} |x|^2 > 1$，即 $|x| > \sqrt{2}$ 时，幂级数发散.

对于左、右端点 $x = \pm\sqrt{2}$，此时幂级数成为 $\sum\limits_{n=1}^{\infty}\dfrac{2n-1}{2^n}(\pm\sqrt{2})^{2n-2} = \sum\limits_{n=1}^{\infty}\dfrac{2n-1}{2}$，显然它是发散的. 因此收敛区间、收敛域都为 $(-\sqrt{2},\sqrt{2})$，收敛半径 $R = \sqrt{2}$.

（3）因 $u_n = (-1)^n\dfrac{2^n}{\sqrt{n}}\left(x-\dfrac{1}{2}\right)^n$，则

$$\lim_{n\to\infty}\left|\dfrac{u_{n+1}(x)}{u_n(x)}\right| = \lim_{n\to\infty}\dfrac{2\sqrt{n}}{\sqrt{n+1}}\left|x-\dfrac{1}{2}\right| = 2\left|x-\dfrac{1}{2}\right|$$

由比值审敛法的结果：

当 $2\left|x-\dfrac{1}{2}\right| < 1$，即 $0 < x < 1$ 时，幂级数收敛；

当 $2\left|x-\dfrac{1}{2}\right| > 1$，即 $x < 0$ 或 $x > 1$ 时，幂级数发散.

对于左端点 $x = 0$，此时幂级数成为 $\sum\limits_{n=1}^{\infty}(-1)^n\dfrac{2^n}{\sqrt{n}}\left(-\dfrac{1}{2}\right)^n = \sum\limits_{n=1}^{\infty}\dfrac{1}{\sqrt{n}}$，显然它是发散的；对于右端点 $x = 1$，此时幂级数成为 $\sum\limits_{n=1}^{\infty}(-1)^n\dfrac{2^n}{\sqrt{n}}\left(1-\dfrac{1}{2}\right)^n = \sum\limits_{n=1}^{\infty}(-1)^n\dfrac{1}{\sqrt{n}}$，它是收敛的. 因此收敛区间为 $(0,1)$，收敛域为 $(0,1]$，收敛半径 $R = \dfrac{1}{2}$.

例3 求函数项级数 $\sum\limits_{n=1}^{\infty}n2^{2n}(1-x)^n x^n$ 的收敛域.

解 当然此问题可用例2的方法，现介绍另一方法.

令 $t = (1-x)x$，则原函数项级数变成了幂级数 $\sum\limits_{n=1}^{\infty}n2^{2n}t^n$，因 $u_n = n2^{2n}$，则

$$\rho = \lim_{n\to\infty}\left|\dfrac{(n+1)2^{2(n+1)}}{n2^{2n}}\right| = \lim_{n\to\infty}\dfrac{4(n+1)}{n} = 4$$

故幂级数 $\sum\limits_{n=1}^{\infty}n2^{2n}t^n$ 的收敛半径 $R_t = \dfrac{1}{4}$.

在左端点 $t = -\dfrac{1}{4}$，幂级数变为 $\sum\limits_{n=1}^{\infty}n2^{2n}\left(-\dfrac{1}{4}\right)^n = \sum\limits_{n=1}^{\infty}(-1)^n n$，它是发散的；在右端点 $t = \dfrac{1}{4}$，

幂级数成为 $\sum\limits_{n=1}^{\infty}n2^{2n}\left(\dfrac{1}{4}\right)^n = \sum\limits_{n=1}^{\infty}n$，它也是发散的. 因此幂级数 $\sum\limits_{n=1}^{\infty}n2^{2n}t^n$ 的收敛区间为

$$-\dfrac{1}{4} < t < \dfrac{1}{4}$$

即

$$-\dfrac{1}{4} < (1-x)x < \dfrac{1}{4}$$

则原函数项级数 $\sum\limits_{n=1}^{\infty} n2^{2n}(1-x)^n x^n$ 的收敛域为 $\left(\dfrac{1-\sqrt{2}}{2}, \dfrac{1+\sqrt{2}}{2} \right)$，且 $x \neq \dfrac{1}{2}$.

三、幂级数的运算性质

下面我们不加证明地给出幂级数的一些运算性质及分析性质.

性质 1（加法和减法运算） 设幂级数 $\sum\limits_{n=0}^{\infty} a_n x^n$ 及 $\sum\limits_{n=0}^{\infty} b_n x^n$ 的收敛区间分别为 $(-R_1, R_1)$ 与 $(-R_2, R_2)$，则当 $|x| < R$ 时

$$\sum_{n=0}^{\infty} a_n x^n \pm \sum_{n=0}^{\infty} b_n x^n = \sum_{n=0}^{\infty} (a_n \pm b_n) x^n$$

其中 $R = \min\{R_1, R_2\}$.

性质 2（乘法运算） 设幂级数 $\sum\limits_{n=0}^{\infty} a_n x^n$ 及 $\sum\limits_{n=0}^{\infty} b_n x^n$ 的收敛区间分别为 $(-R_1, R_1)$ 与 $(-R_2, R_2)$，则当 $|x| < R$ 时

$$\left(\sum_{n=0}^{\infty} a_n x^n \right) \cdot \left(\sum_{n=0}^{\infty} b_n x^n \right) = \sum_{n=0}^{\infty} c_n x^n$$

其中 $R = \min\{R_1, R_2\}$，$c_n = a_0 b_n + a_1 b_{n-1} + \cdots + a_n b_0$.

性质 3（连续性） 幂级数 $\sum\limits_{n=0}^{\infty} a_n x^n$ 的和函数 $s(x)$ 在收敛域 D 上连续.

性质 4（可导性） 幂级数 $\sum\limits_{n=0}^{\infty} a_n x^n$ 的和函数 $s(x)$ 在收敛区间 $(-R, R)$ 内可导，且有逐项可导公式

$$s'(x) = \left(\sum_{n=0}^{\infty} a_n x^n \right)' = \sum_{n=0}^{\infty} (a_n x^n)' = \sum_{n=1}^{\infty} n \cdot a_n x^{n-1}, \quad x \in (-R, R)$$

性质 5（可积性） 幂级数 $\sum\limits_{n=0}^{\infty} a_n x^n$ 的和函数 $s(x)$ 在收敛区间 $(-R, R)$ 内可积，且有逐项可积公式

$$\int_0^x s(x)\mathrm{d}x = \int_0^x \left(\sum_{n=0}^{\infty} a_n x^n \right) \mathrm{d}x = \sum_{n=0}^{\infty} \int_0^x a_n x^n \mathrm{d}x = \sum_{n=0}^{\infty} \frac{a_n}{n+1} x^{n+1}, \quad x \in (-R, R)$$

注：（1）通俗地说，幂级数通过逐项求导与逐项积分后所得到的新的幂级数在原收敛区间内依然收敛，但在收敛区间端点处的敛散性会发生改变，因而要重新判定。

（2）上述性质常用于求幂级数的和函数及数项级数的和值，此时会用到一个基本的结果：

$$1 + x + x^2 + \cdots + x^{n-1} + \cdots = \frac{1}{1-x} \quad (-1 < x < 1)$$

例 4 求幂级数 $\sum\limits_{n=0}^{\infty}(-1)^{n-1}\dfrac{x^n}{n}$ 的和函数及数项级数 $\sum\limits_{n=0}^{\infty}(-1)^{n-1}\dfrac{1}{n}$ 的和.

解 由例 2（1）的结果知，幂级数 $\sum\limits_{n=0}^{\infty}(-1)^{n-1}\dfrac{x^n}{n}$ 的收敛域为 $(-1,1]$，设其和函数为 $s(x)$，则

$$s(x)=x-\frac{x^2}{2}+\frac{x^3}{3}-\frac{x^4}{4}+\cdots+(-1)^{n-1}\frac{x^n}{n}+\cdots, \quad x\in(-1,1)$$

则由逐项可导性，得

$$s'(x)=1-x+x^2-\cdots+(-1)^{n-1}x^{n-1}+\cdots=\frac{1}{1-(-x)}=\frac{1}{1+x}$$

两边积分，即得幂级数的和函数

$$s(x)=\int_0^x\frac{1}{1+x}\mathrm{d}x=\ln(1+x)$$

再令和函数中的 $x=1$，可得数项级数 $\sum\limits_{n=0}^{\infty}(-1)^{n-1}\dfrac{1}{n}$ 的和为 $\ln 2$.

例 5 求幂级数 $\sum\limits_{n=0}^{\infty}nx^n$ 的和函数及数项级数 $\sum\limits_{n=0}^{\infty}n\left(\dfrac{1}{2}\right)^n$ 的和值.

解 易知幂级数的收敛半径为 $R=1$，故设

$$s(x)=x+2x^2+3x^3+\cdots+nx^n+\cdots \quad (-1<x<1)$$

由幂级数的可导性得

$$s(x)=x(1+2x+3x^2+\cdots+nx^{n-1}+\cdots)=x(x+x^2+x^3+\cdots+x^n+\cdots)'$$

$$=x\left(\frac{x}{1-x}\right)'=x\frac{1}{(1-x)^2}$$

故当 $-1<x<1$ 时，有

$$\sum_{n=0}^{\infty}nx^n=\frac{x}{(1-x)^2}$$

令 $x=\dfrac{1}{2}$，得

$$\sum_{n=0}^{\infty}n\left(\frac{1}{2}\right)^n=\frac{\dfrac{1}{2}}{\left(1-\dfrac{1}{2}\right)^2}=2$$

1. 求下列幂级数的收敛域.

（1）$\sum_{n=1}^{\infty}(3^n+\sqrt[3]{n})(x-1)^{2n}$;　　　　（2）$\sum_{n=1}^{\infty}(-1)^n\dfrac{x^{2n+1}}{2n+1}$;　　　　（3）$\sum_{n=1}^{\infty}\dfrac{2n-1}{2^n}x^{2n-1}$;

（4）$\sum_{n=1}^{\infty}\left(x^n+\dfrac{1}{2^n x^n}\right)$;　　　　（5）$\sum_{n=1}^{\infty}\dfrac{(x-1)^{2n}}{n\cdot 9^n}$;　　　　（6）$\sum_{n=1}^{\infty}\dfrac{(x-5)^n}{\sqrt{n}}$.

2. 求下列级数在各自收敛域上的和函数.

（1）$\sum_{n=1}^{\infty}(-1)^{n-1}\dfrac{x^{2n-1}}{2n-1}$;　　　　（2）$\sum_{n=1}^{\infty}n(n+1)x^n$;

（3）$\sum_{n=1}^{\infty}\dfrac{(x+1)^n}{n2^n}$;　　　　（4）$\sum_{n=1}^{\infty}\dfrac{n(n+1)}{2^{n-1}}x^{n-1}$.

第五节　函数展开成幂级数

前面我们讨论了幂级数的收敛域及简单的幂级数在收敛域上的和函数（利用幂级数的运算性质和分析运算性质求得），然而尽管幂级数的运算性质的利用价值很大，但对较复杂的幂级数在收敛域上和函数的求法却有较大的局限性. 在本节我们通过函数的幂级数的展开式（先解决函数在区间上展开成幂级数，反之即成为该幂级数的和函数），可以较好地解决和函数问题.

一、泰勒（Tayler）级数

由第四章中介绍的泰勒中值定理可知，如果 $f(x)$ 在包含 $x=x_0$ 的区间 (a,b) 上有 $n+1$ 阶导数，则当 $x\in(a,b)$ 时，$f(x)$ 可展开为关于 $(x-x_0)$ 的一个 n 次多项式与一个拉格朗日余项的和，即

$$f(x)=s_{n+1}(x)+R_n(x)$$

其中 $s_{n+1}(x)=\sum_{k=0}^{n}\dfrac{f^{(k)}(x_0)}{k!}(x-x_0)^k$，$R_n(x)=\dfrac{f^{(n+1)}(\xi)}{(n+1)!}(x-x_0)^{n+1}$，$\xi$ 在 x 与 x_0 之间.

定义 5.1　如果 $f(x)$ 在包含 $x=x_0$ 的区间 (a,b) 上具有任意阶导数，则称下列幂级数

$$\sum_{k=0}^{\infty}\dfrac{f^{(k)}(x_0)}{k!}(x-x_0)^k=f(x_0)+\dfrac{f'(x_0)}{1!}(x-x_0)+\dfrac{f''(x_0)}{2!}(x-x_0)^2+\cdots+$$

$$\dfrac{f^{(n)}(x_0)}{n!}(x-x_0)^n+\cdots \tag{1}$$

为函数 $f(x)$ 在 $x=x_0$ 处的**泰勒（Tayler）级数**.

称幂级数

$$\sum_{k=0}^{\infty} \frac{f^{(k)}(0)}{k!} x^k = f(0) + \frac{f'(0)}{1!} x + \frac{f''(0)}{2!} x^2 + \cdots + \frac{f^{(n)}(0)}{n!} x^n + \cdots \qquad (2)$$

为函数 $f(x)$ 的**麦克劳林（Maclaurin）级数**.

对这个泰勒级数或麦克劳林级数，我们还不知其是否收敛，以及在什么条件下收敛. 如果收敛，则在其收敛域内收敛于哪一个函数以及是否唯一等，下面我们一一解决这些问题.

设泰勒级数的前 $n+1$ 项部分和为 $s_{n+1}(x)$ ，即

$$s_{n+1}(x) = \sum_{k=0}^{n} \frac{f^{(k)}(x_0)}{k!} (x-x_0)^k$$

其中 $0! = 1$ ， $f^{(0)}(x_0) = f(x_0)$. 比较泰勒级数与泰勒中值定理可得：

定理 5.1 设幂级数 $\sum_{k=0}^{n} \frac{f^{(k)}(x_0)}{k!} (x-x_0)^k$ 的收敛半径为 R ，且 $f(x)$ 在 $(-R,R)$ 上具有任意阶导数，则泰勒级数（1）收敛于 $f(x)$ 的充分必要条件为在 $(-R,R)$ 内

$$R_n(x) = \frac{f^{(n+1)}(\xi)}{(n+1)!} (x-x_0)^{n+1} \to 0 \qquad (n \to \infty)$$

即

$$\lim_{n \to \infty} R_n(x) = 0 \Leftrightarrow \lim_{n \to \infty} s_{n+1}(x) = f(x)$$

证明 由泰勒中值定理知

$$f(x) = \sum_{k=0}^{n} \frac{f^{(k)}(x_0)}{k!} (x-x_0)^k + R_n(x)$$

两边令 $n \to \infty$ ，有

$$f(x) = \lim_{n \to \infty} \left[\sum_{k=0}^{n} \frac{f^{(k)}(x_0)}{k!} (x-x_0)^k + R_n(x) \right] \qquad (3)$$

（1）如果 $\sum_{k=0}^{\infty} \frac{f^{(k)}(x_0)}{k!} (x-x_0)^k$ 在 $(-R,R)$ 上收敛于 $f(x)$ ，即

$$\lim_{n \to \infty} \left[\sum_{k=0}^{n} \frac{f^{(k)}(x_0)}{k!} (x-x_0)^k \right] = f(x) \qquad (4)$$

比较式（3）与式（4）可得

$$\lim_{n \to \infty} R_n(x) = 0$$

（2）如果在 $(-R,R)$ 上 $\lim_{n \to \infty} R_n(x) = 0$ ，则由式（3）可得

$$\lim_{n \to \infty}\left[\sum_{k=0}^{n} \frac{f^{(k)}(x_0)}{k!}(x-x_0)^k\right] = \sum_{k=0}^{\infty} \frac{f^{(k)}(x_0)}{k!}(x-x_0)^k = f(x)$$

因此，当 $\lim\limits_{n \to \infty} R_n(x) = 0$ 时，函数 $f(x)$ 的泰勒级数 $\sum\limits_{k=0}^{\infty} \dfrac{f^{(k)}(x_0)}{k!}(x-x_0)^k$ 就是 $f(x)$ 的另一种精确的表达式，即

$$f(x) = f(x_0) + \frac{f'(x_0)}{1!}(x-x_0) + \frac{f''(x_0)}{2!}(x-x_0)^2 + \cdots + \frac{f^{(n)}(x_0)}{n!}(x-x_0)^n + \cdots$$

我们称其为函数 $f(x)$ 在 $x = x_0$ 处可展开成泰勒级数.

特别地，当 $x_0 = 0$ 时

$$f(x) = f(0) + \frac{f'(0)}{1!}x + \frac{f''(0)}{2!}x^2 + \cdots + \frac{f^{(n)}(0)}{n!}x^n + \cdots$$

称为函数 $f(x)$ 可展开成麦克劳林级数.

显然，将函数 $f(x)$ 在 $x = x_0$ 处展开成泰勒级数，再通过变量替换 $t = x - x_0$，化归为函数 $f(x) = f(t + x_0) = F(t)$ 在 $t = 0$ 处的麦克劳林展开式. 因此，我们将着重讨论函数的麦克劳林展开式.

定理 5.2 函数 $f(x)$ 的麦克劳林展开式是唯一的.

证明 设 $f(x)$ 在 $x = 0$ 的某邻域 $(-R, R)$ 内可展开成 x 的麦克劳林级数，即

$$f(x) = a_0 + a_1 x + a_2 x^2 + \cdots + a_n x^n + \cdots$$

其中 a_n 是常数 $(n = 1, 2, \cdots)$，由幂级数的逐项求导性，得

$$f'(x) = 1 \cdot a_1 + 2 \cdot a_2 x + \cdots + n \cdot a_n x^{n-1} + \cdots$$
$$f''(x) = 2 \cdot 1 \cdot a_2 + \cdots + n \cdot (n-1) a_n x^{n-2} + \cdots$$
$$\cdots\cdots\cdots\cdots$$

$$f^{(n)}(x) = n \cdot (n-1) \cdots\cdots 1 \cdot a_n + (n+1) \cdot n \cdots\cdots 2 \cdot a_{n+1}x + \cdots$$

$$\cdots\cdots\cdots\cdots$$

把 $x = 0$ 代入上述等式，即有

$$f(0) = a_0, \quad f'(0) = 1 \cdot a_1, \quad f''(0) = 2 \cdot 1 \cdot a_2, \quad \cdots, \quad f^{(n)}(0) = n \cdot (n-1) \cdots\cdots 1 \cdot a_n, \quad \cdots$$

从而

$$a_0 = f(0), \quad a_1 = \frac{f'(0)}{1!}, \quad a_2 = \frac{f''(0)}{2!}, \quad \cdots, \quad a_n = \frac{f^{(n)}(0)}{n!}, \quad \cdots$$

则函数 $f(x)$ 在 $x = 0$ 处的幂级数展开式为

$$f(x) = f(0) + \frac{f'(0)}{1!}x + \frac{f''(0)}{2!}x^2 + \cdots + \frac{f^{(n)}(0)}{n!}x^n + \cdots$$

它就是函数的麦克劳林展开式. 也就是说函数在 $x = 0$ 处的幂级数展开式仅麦克劳林展开式这一种.

二、函数展开成幂级数的方法

1. 直接展开法

由以上的讨论可知, 将函数展开成麦克劳林级数可按以下步骤进行:

（1）计算出 $f^{(n)}(0)$ $(n = 1, 2, 3, \cdots)$; 若函数的某阶导数不存在, 则不能展开;

（2）写出对应的麦克劳林级数

$$f(0) + \frac{f'(0)}{1!} x + \frac{f''(0)}{2!} x^2 + \cdots + \frac{f^{(n)}(0)}{n!} x^n + \cdots$$

并求得其收敛区间 $(-R, R)$.

（3）验证当 $x \in (-R, R)$ 时, 对应函数的拉格朗日余项

$$R_n(x) = \frac{f^{(n+1)}(\theta \cdot x)}{(n+1)!} x^{n+1} \quad (0 < \theta < 1)$$

在 $n \to \infty$ 时, 是否趋向于零. 若 $\lim\limits_{n \to \infty} R_n(x) = 0$, 则由（2）写得的级数就是该函数的麦克劳林展开式; 若 $\lim\limits_{n \to \infty} R_n(x) \neq 0$, 则该函数无法展开成麦克劳林级数.

下面先讨论基本初等函数的麦克劳林级数.

例 1 将函数 $f(x) = e^x$ 展开成麦克劳林级数.

解 因 $f^{(n)}(x) = e^x$, 得

$$f^{(n)}(0) = 1 \quad (n = 1, 2, 3, \cdots)$$

则对应于 e^x 的麦克劳林级数为

$$1 + \frac{x}{1!} + \frac{x^2}{2!} + \cdots + \frac{x^n}{n!} + \cdots$$

又因

$$\rho = \lim_{n \to \infty} \left| \frac{a_{n+1}}{a_n} \right| = \lim_{n \to \infty} \left| \frac{\dfrac{1}{(n+1)!}}{\dfrac{1}{n!}} \right| = \lim_{n \to \infty} \frac{1}{n+1} = 0$$

故收敛半径 $R = +\infty$, 收敛区间为 $(-\infty, +\infty)$.

对于任意 $x \in (-\infty, +\infty)$, e^x 的麦克劳林级数的余项

$$|R_n(x)| = \left| \frac{e^{\theta \cdot x}}{(n+1)!} \cdot x^{n+1} \right| \leqslant e^{|x|} \cdot \frac{|x|^{n+1}}{(n+1)!} \quad (0 < \theta < 1)$$

其中 $e^{|x|}$ 是与 n 无关的有限数. 下面考虑辅助幂级数 $\sum\limits_{n=1}^{\infty}\dfrac{|x|^{n+1}}{(n+1)!}$ 的敛散性. 由比值审敛法

$$\lim_{n\to\infty}\left|\frac{u_{n+1}(x)}{u_n(x)}\right|=\lim_{n\to\infty}\left|\frac{\dfrac{|x|^{n+2}}{(n+2)!}}{\dfrac{|x|^{n+1}}{(n+1)!}}\right|=\lim_{n\to\infty}\frac{|x|}{n+2}=0$$

故级数 $\sum\limits_{n=1}^{\infty}\dfrac{|x|^{n+1}}{(n+1)!}$ 收敛, 由级数收敛的必要条件知

$$\lim_{n\to\infty}\frac{|x|^{n+1}}{(n+1)!}=0$$

因此 $\lim\limits_{n\to\infty}R_n(x)=0$, 故

$$e^x=1+\frac{x}{1!}+\frac{x^2}{2!}+\cdots+\frac{x^n}{n!}+\cdots \quad (-\infty<x<+\infty) \tag{5}$$

例 2 将函数 $f(x)=\sin x$ 在 $x=0$ 处展开成幂级数.

解 因 $f^{(n)}(x)=\sin\left(x+n\cdot\dfrac{\pi}{2}\right)(n=0,1,2,\cdots)$, 则

$$f^{(n)}(0)=\sin\left(n\cdot\frac{\pi}{2}\right)=\begin{cases}0, & (n=0,2,4,\cdots)\\ (-1)^{\frac{n-1}{2}}, & (n=1,3,5,\cdots)\end{cases}$$

于是对应于 $\sin x$ 的幂级数为

$$\frac{x}{1!}-\frac{x^3}{3!}+\frac{x^5}{5!}-\cdots+(-1)^{n-1}\frac{x^{2n-1}}{(2n-1)!}+\cdots$$

利用比值审敛法易求出该幂级数的收敛半径为 $R=+\infty$.

对任意的 $x\in(-\infty,+\infty)$, 该幂级数的拉格朗日余项 $R_n(x)$ 满足

$$\left|R_n(x)\right|=\left|(-1)^n\cdot\frac{\sin\left(\theta x+\dfrac{n\pi}{2}\right)}{(n+1)!}\cdot x^{n+1}\right|\leqslant\frac{|x|^{n+1}}{(n+1)!} \quad (0<\theta<1)$$

因对任意的 $x\in(-\infty,+\infty)$, 级数 $\sum\limits_{n=0}^{\infty}\dfrac{|x|^{n+1}}{(n+1)!}$ 收敛, 则由级数收敛的必要条件知

$$\lim_{n\to\infty}\frac{|x|^{n+1}}{(n+1)!}=0$$

故 $\lim\limits_{n\to\infty} R_n(x)=0$.

最后，我们得到 $\sin x$ 在 $x=0$ 处的展开式

$$\sin x = \frac{x}{1!}-\frac{x^3}{3!}+\frac{x^5}{5!}-\cdots+(-1)^{n-1}\frac{x^{2n-1}}{(2n-1)!}+\cdots,\qquad x\in(-\infty,+\infty) \tag{6}$$

下面再讨论一个十分重要的**牛顿二项式的幂级数展开式**.

例 3　将函数 $f(x)=(1+x)^{\alpha}$ 展开成 x 的幂级数，其中 α 为任意实数.

解　因为

$$f'(x)=\alpha(1+x)^{\alpha-1}$$
$$f''(x)=\alpha(\alpha-1)(1+x)^{\alpha-2}$$
$$\cdots$$
$$f^{(n)}(x)=\alpha(\alpha-1)\cdots(\alpha-n+1)(1+x)^{\alpha-n}$$
$$\cdots$$

则

$$f(0)=1,\qquad f'(0)=\alpha,\qquad f''(0)=\alpha(\alpha-1),\qquad\cdots,\qquad f^{(n)}(0)=\alpha(\alpha-1)\cdots(\alpha-n+1),\qquad\cdots$$

于是对应于该函数的幂级数为

$$1+\frac{\alpha}{1!}\cdot x+\frac{\alpha(\alpha-1)}{2!}x^2+\cdots+\frac{\alpha(\alpha-1)\cdots(\alpha-n+1)}{n!}x^n+\cdots$$

因该级数的通项系数 $a_n=\dfrac{\alpha(\alpha-1)\cdots(\alpha-n+1)}{n!}$，则

$$\rho=\lim\limits_{n\to\infty}\left|\frac{a_{n+1}}{a_n}\right|=\lim\limits_{n\to\infty}\left|\frac{\alpha-n}{n+1}\right|=1$$

因此，对任意实数 α，幂级数的收敛半径为 $R=1$，即在 $(-1,1)$ 内收敛.

下面应该证明该级数的余项趋于零，但这是非常困难的，因此我们直接证明该幂级数收敛的和函数就是 $f(x)=(1+x)^{\alpha}$.

设上述幂级数在 $(-1,1)$ 内的和函数为 $F(x)$，即

$$F(x)=1+\frac{\alpha}{1!}x+\frac{\alpha(\alpha-1)}{2!}x^2+\cdots+\frac{\alpha(\alpha-1)\cdots(\alpha-n+1)}{n!}x^n+\cdots$$

则 $F(0)=1$，且

$$F'(x)=\alpha+\frac{\alpha(\alpha-1)}{1!}x+\cdots+\frac{\alpha(\alpha-1)\cdots(\alpha-n+1)}{(n-1)!}x^{n-1}+\cdots$$

$$=\alpha\left[1+\frac{(\alpha-1)}{1!}x+\cdots+\frac{(\alpha-1)\cdots(\alpha-n+1)}{(n-1)!}x^{n-1}+\cdots\right]$$

两边同乘以因子 $(1+x)$，有

$$(1+x)F'(x) = \alpha\left[1 + \frac{(\alpha-1)}{1!}x + \frac{(\alpha-1)(\alpha-2)}{2!}x^2 + \cdots + \frac{(\alpha-1)\cdots(\alpha-n)}{n!}x^n + \cdots\right] +$$

$$\alpha\left[x + \frac{(\alpha-1)}{1!}x^2 + \cdots + \frac{(\alpha-1)\cdots(\alpha-n+1)}{(n-1)!}x^n + \cdots\right]$$

$$= \alpha\left[1 + \frac{\alpha}{1!}x + \frac{\alpha(\alpha-1)}{2!}x^2 + \cdots + \frac{\alpha(\alpha-1)\cdots(\alpha-n+1)}{n!}x^n + \cdots\right]$$

$$= \alpha F(x)$$

即有

$$(1+x)F'(x) = \alpha F(x)$$

成立

当 $x \in (-1, 1)$ 时，有

$$\frac{F'(x)}{F(x)} = \frac{\alpha}{1+x}$$

则等式两边函数的原函数只差一个任意常数，两边积分得

$$\ln|F(x)| = \alpha\ln|1+x| + C \quad （C \text{ 为任意常数}）$$

从而可得 $$F(x) = C(1+x)^\alpha$$

因为 $F(0) = 1$，则 $$F(x) = (1+x)^\alpha$$

至此可得，$(1+x)^\alpha$ 的 x 的幂级数展开式为

$$(1+x)^\alpha = 1 + \frac{\alpha}{1!}x + \frac{\alpha(\alpha-1)}{2!}x^2 + \cdots + \frac{\alpha(\alpha-1)\cdots(\alpha-n+1)}{n!}x^n + \cdots \qquad （7）$$

注：（1）在区间端点 $x = \pm 1$ 处的敛散性，要看实数 α 的取值而定.
（2）当 α 是正整数时，此展开式即是初等代数的二项式定理.

若引入**广义组合**记号 $\dbinom{\alpha}{n} = \dfrac{\alpha(\alpha-1)\cdots(\alpha-n+1)}{n!}$，则上述展开式可简记为

$$(1+x)^\alpha = 1 + \sum_{n=1}^{\infty}\dbinom{\alpha}{n} \cdot x^n$$

从以上三例我们看到，在求函数幂级数的展开式时有两项工作不易做到：一是求函数的高阶导数 $f^{(n)}(0)$，二是讨论当 $n \to \infty$ 时麦克劳林展开式的余项是否趋向于零. 那么有没有其他更佳的办法得到函数的幂级数展开式呢？

2. 间接展开法

所谓间接展开法，是指利用一些已知函数的幂级数展开式以及应用幂级数的运算性质（主要指加减运算）或分析性质（指逐项求导和逐项求积）将所给函数展开成幂级数.

例 4 将函数 $f(x) = \cos x$ 展开成 x 的幂级数.

解 由例 2 知，$\sin x$ 展开成 x 的幂级数为

$$\sin x = \frac{x}{1!} - \frac{x^3}{3!} + \frac{x^5}{5!} - \cdots + (-1)^{n-1}\frac{x^{2n-1}}{(2n-1)!} + \cdots \quad x \in (-\infty, +\infty)$$

由幂级数的性质，两边关于 x 逐项求导，即得 $\cos x$ 展开成 x 的幂级数

$$\cos x = 1 - \frac{x^2}{2!} + \frac{x^4}{4!} - \cdots + (-1)^{n-1}\frac{x^{2n-2}}{(2n-2)!} + \cdots \quad x \in (-\infty, +\infty) \tag{8}$$

例 5 将函数 $f(x) = \ln(1+x)$ 展开成 x 的幂级数.

解 因 $f'(x) = \dfrac{1}{1+x}$ ，而

$$\frac{1}{1+x} = \frac{1}{1-(-x)} = 1 - x + x^2 - x^3 + \cdots + (-1)^n x^n + \cdots \quad (-1 < x < 1)$$

利用幂级数的性质，对上式从 0 到 x 逐项积分得

$$\ln(1+x) = x - \frac{x^2}{2} + \frac{x^3}{3} - \cdots + (-1)^n\frac{x^{n+1}}{n+1} + \cdots$$

且当 $x = 1$ 时，交错级数

$$1 - \frac{1}{2} + \frac{1}{3} - \cdots + (-1)^n\frac{1}{n+1} + \cdots$$

是收敛的. 所以 $\ln(1+x)$ 的关于 x 的幂级数的展开式为

$$\ln(1+x) = x - \frac{x^2}{2} + \frac{x^3}{3} - \cdots + (-1)^n\frac{x^{n+1}}{n+1} + \cdots \quad (-1 < x \leqslant 1) \tag{9}$$

从上面两例我们可以看到间接展开法的优点：它**不仅避免了求高阶导数及讨论余项是否趋于零的问题，而且还可获得幂级数的收敛半径**.

例 6 将函数 $f(x) = 4^{x+1}$ 展开成 x 的幂级数.

解 因 $4^{x+1} = 4 \cdot e^{x\ln 4}$，利用 e^x 的展开式得

$$4^{x+1} = 4 \cdot \left[1 + \frac{(x\ln 4)}{1!} + \frac{(x\ln 4)^2}{2!} + \cdots + \frac{(x\ln 4)^n}{n!} + \cdots\right]$$

$$= 4 + 8\ln 2 \cdot x + \frac{2^4(\ln 2)^2}{2!}x^2 + \cdots + \frac{2^{n+2}(\ln 2)^n}{n!}x^n + \cdots, \quad x \in (-\infty, +\infty)$$

例 7 将函数 $f(x) = \arctan x$ 展开成 x 的幂级数.

解 因 $(\arctan x)' = \dfrac{1}{1+x^2}$ ，而 $\dfrac{1}{1+x^2}$ 的展开式为

$$\frac{1}{1+x^2} = 1 + (-x^2) + (-x^2)^2 + \cdots + (-x^2)^n + \cdots, \quad x \in (-1,1)$$

两边从 0 到 x 逐项积分得

$$\arctan x = \int_0^x \frac{1}{1+x^2}\,\mathrm{d}x = x - \frac{1}{3}x^3 + \frac{1}{5}x^5 - \cdots + (-1)^n \frac{x^{2n+1}}{2n+1} + \cdots, \quad x \in (-1,1)$$

因为当 $x=1$ 时，级数 $\displaystyle\sum_{n=0}^{\infty}(-1)^n \frac{1}{2n+1}$ 是收敛的，当 $x=-1$ 时，级数 $\displaystyle\sum_{n=0}^{\infty}\frac{1}{2n+1}$ 是发散的，所以 $\arctan x$ 在 $x \in (-1,1]$ 上的幂级数展开式为

$$\arctan x = x - \frac{1}{3}x^3 + \frac{1}{5}x^5 - \cdots + (-1)^n \frac{x^{2n+1}}{2n+1} + \cdots$$

在利用间接展开法求 $f(x)$ 的麦克劳林展开式时，只需利用凑幂级数形式，即把幂级数 $\displaystyle\sum_{n=0}^{\infty}a_n(x-x_0)^n$ 中的 $(x-x_0)$ 看做幂级数 $\displaystyle\sum_{n=0}^{\infty}a_n t^n$ 中的 t ；或作变换 $x-x_0=t$ ，则

$$f(x) = f(t+x_0) = \sum_{n=0}^{\infty}a_n t^n = \sum_{n=0}^{\infty}a_n(x-x_0)^n$$

例 8 将函数 $f(x) = \dfrac{1}{x^2+4x+3}$ 展开成 $(x-1)$ 的幂级数，并求 $f^n(1)$ 。

解 （方法一） 因所求的幂级数具有 $\displaystyle\sum_{n=0}^{\infty}a_n(x-1)^n$ 的形式，故可做如下运算

$$f(x) = \frac{1}{(x+3)(x+1)} = \frac{1}{2}\left(\frac{1}{x+1} - \frac{1}{x+3}\right) = \frac{1}{2}\cdot\frac{1}{2-[-(x-1)]} - \frac{1}{2}\cdot\frac{1}{4-[-(x-1)]}$$

$$= \frac{1}{4}\cdot\frac{1}{1-\left[\frac{-(x-1)}{2}\right]} - \frac{1}{8}\cdot\frac{1}{1-\left[\frac{-(x-1)}{4}\right]} = \frac{1}{4}\sum_{n=0}^{\infty}\left[-\frac{(x-1)}{2}\right]^n - \frac{1}{8}\sum_{n=0}^{\infty}\left[-\frac{(x-1)}{4}\right]^n$$

$$= \sum_{n=0}^{\infty}(-1)^n\left[\frac{1}{2^{n+2}} - \frac{1}{2^{2n+3}}\right]\cdot(x-1)^n \quad (-1 < x < 3)$$

此式即为 $f(x) = \dfrac{1}{x^2+4x+3}$ 的关于 $(x-1)$ 的幂级数展开式.

（方法二） 作变量替换 $t = x-1$ ，则 $x = t+1$ ，有

$$f(x) = \frac{1}{(x+3)(x+1)} = \frac{1}{(t+4)(t+2)} = \frac{1}{2(t+2)} - \frac{1}{2(t+4)}$$

$$= \frac{1}{4\left(1+\frac{t}{2}\right)} - \frac{1}{8\left(1+\frac{t}{4}\right)}$$

因

$$\frac{1}{4\left(1+\frac{t}{2}\right)} = \frac{1}{4}\sum_{n=0}^{\infty}(-1)^n\left(\frac{t}{2}\right)^n \quad \left(-1 < \frac{t}{2} < 1\right)$$

$$\frac{1}{8\left(1+\frac{t}{4}\right)} = \frac{1}{8}\sum_{n=0}^{\infty}(-1)^n\left(\frac{t}{4}\right)^n \quad \left(-1 < \frac{t}{4} < 1\right)$$

于是将 $t = x-1$ 代回即得 $f(x) = \dfrac{1}{x^2+4x+3}$ 的关于 $(x-1)$ 的幂级数展开式

$$f(x) = \frac{1}{4}\sum_{n=0}^{\infty}(-1)^n\left(\frac{t}{2}\right)^n - \frac{1}{8}\sum_{n=0}^{\infty}(-1)^n\left(\frac{t}{4}\right)^n \quad (-2 < t < 2)$$

$$= \sum_{n=0}^{\infty}(-1)^n\left[\frac{1}{2^{n+2}} - \frac{1}{2^{2n+3}}\right]\cdot(x-1)^n \quad (-1 < x < 3)$$

根据麦克劳林展开式的系数公式得

$$\frac{f^n(1)}{n!} = (-1)^n\left[\frac{1}{2^{n+2}} - \frac{1}{2^{2n+3}}\right]$$

即

$$f^n(1) = n!\cdot(-1)^n\left[\frac{1}{2^{n+2}} - \frac{1}{2^{2n+3}}\right]$$

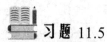 习题 11.5

1. 把下列级数展成 x 的幂级数.

（1）$f(x) = \ln(1+x-2x^2)$；　　　　　　（2）$f(x) = \dfrac{3}{(1-x)(1+2x)}$；

（3）$f(x) = x\ln(x+\sqrt{1+x^2}) - \sqrt{1+x^2}$.

2. 把下列级数在指定点展成幂级数：

（1）$f(x) = \dfrac{1}{x^2+3x+2}$ 在 $x_0 = -4$ 处；　　　　（2）$f(x) = \lg x$，在 $x_0 = 1$ 处.

第六节　函数的幂级数展开式的应用

一、函数值的近似计算

1. 根式计算

例1　计算 $\sqrt{2}$ 的近似值（精确到小数四位）.

分析　求根式的近似值，首先要选取一个函数的幂级数展开式，对于 $\sqrt{2}$，可选展开式

$$(1+x)^\alpha = 1 + \sum_{n=1}^{\infty} \frac{\alpha(\alpha-1)\cdots(\alpha-n+1)}{n!} \cdot x^n$$

要利用此式，需要将 $\sqrt{2}$ 表示成 $A \cdot (1+x)^\alpha$ 的形式. 显然当 $|x|$ 较小时，计算效果会较好. 为此需作相应的变化

$$\sqrt{2} = \frac{1.4}{\sqrt{\dfrac{1.96}{2}}} = \frac{1.4}{\sqrt{1-\dfrac{0.04}{2}}} = 1.4 \times \left(1 - \frac{1}{50}\right)^{-\frac{1}{2}}$$

即可取 $x = -\dfrac{1}{50}$，$\alpha = -\dfrac{1}{2}$.

解　利用幂级数 $(1+x)^\alpha$ 的展开式得

$$\begin{aligned}
\left(1 - \frac{1}{50}\right)^{-\frac{1}{2}} &= 1 + \sum_{n=1}^{\infty} \frac{\left(-\dfrac{1}{2}\right)\left(-\dfrac{1}{2}-1\right)\cdots\left(-\dfrac{1}{2}-n+1\right)}{n!} \cdot \left(-\frac{1}{50}\right)^n \\
&= 1 + \sum_{n=1}^{\infty} \frac{1 \cdot (1+2\cdot1)(1+2\cdot2)\cdots(1+2(n-1))}{2^n \cdot n!} \cdot \left(\frac{1}{50}\right)^n \\
&= 1 + \sum_{n=1}^{\infty} \frac{(2n-1)!!}{(2n)!!} \cdot \left(\frac{1}{50}\right)^n
\end{aligned}$$

所以

$$\sqrt{2} = 1.4 \times \left(1 - \frac{1}{50}\right)^{-\frac{1}{2}} = 1.4 \times \left[1 + \frac{1}{2}\times\frac{1}{50} + \frac{3}{8}\times\frac{1}{50^2} + \frac{5}{16}\times\frac{1}{50^3} + \frac{35}{128}\times\frac{1}{50^4} + \cdots\right]$$

误差

$$\begin{aligned}
|r_n| &= 1.4 \times \sum_{k=n+1}^{\infty} \frac{(2k-1)!!}{(2n)!!}\left(\frac{1}{50}\right)^k < 1.4 \times \left(\frac{1}{50^{n+1}} + \frac{1}{50^{n+2}} + \cdots\right) \\
&= 1.4 \times \frac{1}{50^{n+1}} \times \left(1 + \frac{1}{50} + \frac{1}{50^2} + \cdots\right) = 1.4 \times \frac{1}{50^{n+1}} \times \frac{1}{1 - \dfrac{1}{50}} = \frac{1.4}{50^n \times 49}
\end{aligned}$$

用试根的办法可知，取前四项来做计算即可满足误差要求，此时

$$\sqrt{2} \approx 1.4 \times \left[1 + \frac{1}{2} \times \frac{1}{50} + \frac{3}{8} \times \frac{1}{50^2} + \frac{5}{16} \times \frac{1}{50^3}\right] = 1.414\ 2$$

注：（1）$\sqrt{2}$ 表达式也可选其他形式，如

$$\sqrt{2} = 1.4 \times \sqrt{\frac{2}{1.96}} = 1.4 \times \sqrt{1 + \frac{0.04}{1.96}} = 1.4 \times \left(1 + \frac{1}{49}\right)^{\frac{1}{2}}$$

（2）对误差 $|r_n|$ 的估计也可用其他的方式.

2. 对数的计算

例2 计算 $\ln 2$ 的近似值（精确到小数后第4位）.

解 我们可利用展开式

$$\ln(1+x) = x - \frac{x^2}{2} + \frac{x^3}{3} - \frac{x^4}{4} + \cdots + (-1)^{n-1}\frac{x^n}{n} + \cdots \quad (-1 < x \leqslant 1)$$

令 $x = 1$，即

$$\ln 2 = 1 - \frac{1}{2} + \frac{1}{3} - \frac{1}{4} + \cdots + (-1)^{n-1}\frac{1}{n} + \cdots$$

其误差为

$$|R_n| = |\ln 2 - s_n| = \left|(-1)^n \frac{1}{n+1} + (-1)^{n+1}\frac{1}{n+2} + \cdots\right| = \left|\frac{1}{n+1} - \frac{1}{n+2} + \cdots\right| < \frac{1}{n+1}$$

因此要使精度达到 10^{-4}，需要的项数 n 应满足 $\frac{1}{n+1} < 10^{-4}$，即

$$n > 10^4 - 1 = 9\ 999$$

亦即 n 应要取到 10 000 项. 这个计算量实在是太大了，那么有没有计算 ln2 的更有效方法呢?
　　将展开式

$$\ln(1+x) = x - \frac{x^2}{2} + \frac{x^3}{3} - \frac{x^4}{4} + \cdots + (-1)^{n-1}\frac{x^n}{n} + \cdots \quad (-1 < x \leqslant 1)$$

中的 x 换成 $(-x)$，得

$$\ln(1-x) = -x - \frac{x^2}{2} - \frac{x^3}{3} - \frac{x^4}{4} - \cdots - \frac{x^n}{n} - \cdots \quad (-1 \leqslant x < 1)$$

两式相减，得到如下不含偶次幂的幂级数展开式

$$\ln\frac{1+x}{1-x} = 2\left(\frac{x}{1} + \frac{x^3}{3} + \frac{x^5}{5} + \frac{x^7}{7}\cdots\right) \quad (-1 < x < 1)$$

在上式中令 $\dfrac{1+x}{1-x}=2$，可解得 $x=\dfrac{1}{3}$；用 $x=\dfrac{1}{3}$ 代入上式得

$$\ln 2 = 2\left(\frac{1}{1}\times\frac{1}{3}+\frac{1}{3}\times\frac{1}{3^{3}}+\frac{1}{5}\times\frac{1}{3^{5}}+\frac{1}{7}\times\frac{1}{3^{7}}+\cdots\right)$$

其误差为

$$|R_{2n+1}| = |\ln 2 - s_{2n-1}| = 2\cdot\left|\frac{1}{2n+1}\cdot\frac{1}{3^{2n+1}}+\frac{1}{2n+3}\cdot\frac{1}{3^{2n+3}}+\cdots\right|$$

$$\leqslant 2\cdot\frac{1}{2n+1}\cdot\frac{1}{3^{2n+1}}\left|1+\frac{1}{3^{2}}+\frac{1}{3^{4}}+\cdots\right| < \frac{1}{4(2n+1)\cdot 3^{2n-1}}$$

用试根的方法可确定当 $n=4$ 时满足误差 $|R_{2n-1}|<10^{-4}$，此时的 $\ln 2 \approx 0.693\,14$．显然这一计算方法大大提高了计算速度，这种处理手段通常称作**幂级数收敛的加速技术**．

3. 积分的计算

例 3　计算定积分 $I=\displaystyle\int_{0}^{1}\frac{\sin x}{x}\mathrm{d}x$ 的近似值，精确到 $0.000\,1$．

解　因为 $\displaystyle\lim_{x\to 0}\frac{\sin x}{x}=1$，所以所给积分不是广义积分，只需在 $x=0$ 处定义函数值为 1，它就在 $[0,1]$ 上连续了．将被积函数展开成幂级数，得

$$\frac{\sin x}{x}=1-\frac{x^{2}}{3!}+\frac{x^{4}}{5!}-\cdots+(-1)^{n-1}\frac{x^{2(n-1)}}{(2n-1)!}+\cdots\quad(-\infty<x<\infty)$$

由幂级数的可积性，在区间 $[0,1]$ 上逐项积分，得

$$\int_{0}^{1}\frac{\sin x}{x}\mathrm{d}x=1-\frac{1}{3\cdot 3!}+\frac{1}{5\cdot 5!}-\frac{1}{7\cdot 7!}+\cdots+(-1)^{n-1}\frac{1}{(2n-1)\cdot(2n-1)!}+\cdots$$

因其误差满足

$$|R_{n}| < \frac{1}{7\cdot 7!}=\frac{1}{35\,280}<2.9\times 10^{-5}$$

故只需取前三项的和即可作为定积分的近似值，即

$$\int_{0}^{1}\frac{\sin x}{x}\mathrm{d}x \approx 1-\frac{1}{3\cdot 3!}+\frac{1}{5\cdot 5!}\approx 0.946\,11$$

二、欧拉公式

当 x 是实数时，已有

$$e^x = 1 + \frac{x}{1!} + \frac{x^2}{2!} + \cdots + \frac{x^n}{n!} + \cdots \quad (-\infty < x < +\infty)$$

现在我们把它推广到纯虚数的情形.

定义 6.1

$$e^{ix} = 1 + \frac{ix}{1!} + \frac{(ix)^2}{2!} + \cdots + \frac{(ix)^n}{n!} + \cdots \tag{1}$$

其中 x 是实数, $i^2 = -1$.

由（1）式得

$$e^{ix} = 1 + ix - \frac{x^2}{2!} - \frac{ix^3}{3!} + \frac{x^4}{4!} + \frac{ix^5}{5!} - \cdots + (-1)^n \frac{x^{2n}}{(2n)!} + (-1)^n \frac{ix^{2n+1}}{(2n+1)!} + \cdots$$

$$= \left(1 - \frac{x^2}{2!} + \frac{x^4}{4!} - \frac{x^6}{6!} + \cdots\right) + i\left(x - \frac{x^3}{3!} + \frac{x^5}{5!} - \frac{x^7}{7!} + \cdots\right)$$

即得

$$e^{ix} = \cos x + i \sin x \tag{2}$$

此公式称为**欧拉（Eular）公式**.

它也可表示为

$$e^{\alpha + \beta i} = e^{\alpha}(\cos \beta + i \sin \beta) \tag{3}$$

其中 α, β 是实数, 此公式也称为**复数的指数形式**.

在式（2）中把 x 换为 $-x$, 有

$$e^{-ix} = \cos x - i \sin x \tag{4}$$

式（4）与式（2）相加减可得

$$\begin{cases} \cos x = \dfrac{e^{ix} + e^{-ix}}{2} \\ \sin x = \dfrac{e^{ix} - e^{-ix}}{2i} \end{cases} \tag{5}$$

式（5）也称为**欧拉公式**.

式（3）与式（5）揭示了三角函数与复变量指数函数之间的联系.

1. 利用函数的幂级数展开式求下列各数的近似值.

（1） $\ln 3$（误差不超过 10^{-4}）； （2） $\dfrac{1}{\sqrt[5]{36}}$（误差不超过 10^{-5}）；

（3） $\sinh 0.5$（误差不超过 10^{-4}）； （4） $\sin 3°$（误差不超过 10^{-5}）.

2. 利用函数的幂级数展开式求下列积分的近似值.

（1） $\displaystyle\int_0^{\frac{1}{2}} \dfrac{1}{x^4+1}\,\mathrm{d}x$（误差不超过 10^{-4}）； （2） $\displaystyle\int_0^{\frac{1}{2}} \dfrac{\arctan x}{x}\,\mathrm{d}x$（误差不超过 10^{-3}）；

（3） $\displaystyle\int_0^{\frac{1}{2}} x^2 e^{-x^2}\,\mathrm{d}x$（误差不超过 10^{-4}）； （4） $\displaystyle\int_0^{\frac{1}{2}} \cos(x^2)\,\mathrm{d}x$（误差不超过 10^{-3}）.

3. 利用欧拉公式求出函数 $e^x \sin x$ 的麦克劳林展开式.

第七节　傅里叶级数

一、傅里叶级数

1. 三角函数系

函数列

$$1,\quad \cos x,\quad \sin x,\quad \cos 2x,\quad \sin 2x,\quad \cdots,\quad \cos nx,\quad \sin nx,\quad \cdots \tag{1}$$

称为三角函数系. 2π 是三角函数系（1）中每个函数的周期.

三角函数系具有下列性质：m 与 n 是任意非负整数，则

$$\int_{-\pi}^{\pi} \sin mx \sin nx\,\mathrm{d}x = \begin{cases} 0, & m \neq n \\ \pi, & m = n \neq 0 \end{cases}$$

$$\int_{-\pi}^{\pi} \sin mx \cos nx\,\mathrm{d}x = 0$$

$$\int_{-\pi}^{\pi} \cos mx \cos nx\,\mathrm{d}x = \begin{cases} 0, & m \neq n \\ \pi, & m = n \neq 0 \end{cases}$$

即三角函数系（1）中任意两个不同函数之积在 $[-\pi,\pi]$ 的定积分是 0，而每个函数的平方在 $[-\pi,\pi]$ 的定积分不是 0. 三角函数系（1）的这个性质称为**正交性**.

2. 三角级数

以三角函数系（1）为基础所作成的函数级数

$$\frac{a_0}{2} + a_1 \cos x + b_1 \sin x + a_2 \cos 2x + b_2 \sin 2x + \cdots + a_n \cos nx + b_n \sin nx + \cdots$$

或简写为

$$\frac{a_0}{2} + \sum_{n=1}^{\infty} (a_n \cos nx + b_n \sin nx) \qquad (2)$$

称为**三角级数**，其中 $a_0, a_n, b_n (n = 1, 2, \cdots)$ 都是常数.

问题 1 如果函数 $f(x)$ 在区间 $[-\pi, \pi]$ 能展开成三角级数（2），或三角级数（2）在区间 $[-\pi, \pi]$ 收敛于函数 $f(x)$，即

$$f(x) = \frac{a_0}{2} + \sum_{n=1}^{\infty} (a_n \cos nx + b_n \sin nx) \qquad (3)$$

试问级数（3）的系数 $a_0, a_n, b_n (n = 1, 2, \cdots)$ 与其和函数 $f(x)$ 之间有什么关系？

为了讨论这个问题，不妨假设级数(3)在区间 $[-\pi, \pi]$ 可逐项积分，并且乘以 $\sin mx$ 或 $\cos mx$ 之后仍可逐项积分.

首先，求 a_0.

对式（3）等号两端在区间 $[-\pi, \pi]$ 积分，并将右端逐项积分. 由三角函数系（1）的正交性，有

$$\int_{-\pi}^{\pi} f(x)\mathrm{d}x = \int_{-\pi}^{\pi} \frac{a_0}{2}\mathrm{d}x + \sum_{n=1}^{\infty}\left(a_n \int_{-\pi}^{\pi} \cos nx\mathrm{d}x + b_n \int_{-\pi}^{\pi} \sin nx\mathrm{d}x\right) = a_0 \pi$$

或

$$a_0 = \frac{1}{\pi}\int_{-\pi}^{\pi} f(x)\mathrm{d}x$$

其次，求 $a_k (k \neq 0)$.

将式（3）等号两端乘以 $\cos kx$，并在区间 $[-\pi, \pi]$ 上积分，将右端逐项积分. 由三角函数系（1）的正交性，有

$$\int_{-\pi}^{\pi} f(x) \cos kx\mathrm{d}x = \int_{-\pi}^{\pi} \frac{a_0}{2}\cos kx\mathrm{d}x + \sum_{n=1}^{\infty}\left(a_n \int_{-\pi}^{\pi} \cos nx \cos kx\mathrm{d}x + b_n \int_{-\pi}^{\pi} \sin nx \cos kx\mathrm{d}x\right)$$

$$= a_k \int_{-\pi}^{\pi} \cos^2 kx\mathrm{d}x = a_k \pi$$

或

$$a_k = \frac{1}{\pi}\int_{-\pi}^{\pi} f(x) \cos kx\mathrm{d}x$$

最后，求 b_k.

将式（3）等号两端乘以 $\sin kx$，并在区间 $[-\pi, \pi]$ 积分，将右端逐项积分. 由三角函数系（1）的正交性，有

$$\int_{-\pi}^{\pi} f(x) \sin kx\mathrm{d}x = \int_{-\pi}^{\pi} \frac{a_0}{2}\sin kx\mathrm{d}x + \sum_{n=1}^{\infty}\left(a_n \int_{-\pi}^{\pi} \cos nx \sin kx\mathrm{d}x + b_n \int_{-\pi}^{\pi} \sin nx \sin kx\mathrm{d}x\right)$$

$$= b_k \int_{-\pi}^{\pi} \sin^2 kx\mathrm{d}x = b_k \pi$$

或
$$b_k = \frac{1}{\pi} \int_{-\pi}^{\pi} f(x) \sin kx \, \mathrm{d}x$$

因此，如果函数 $f(x)$ 在区间 $[-\pi, \pi]$ 能展开成三角级数（3），其系数 $a_0, a_n, b_n (n = 1, 2, \cdots)$ 将由函数 $f(x)$ 确定．

3. 傅里叶级数的定义

若函数 $f(x)$ 在区间 $[-\pi, \pi]$ 上可积，则称

$$a_n = \frac{1}{\pi} \int_{-\pi}^{\pi} f(x) \cos nx \, \mathrm{d}x \qquad (n = 0, 1, 2, \cdots) \tag{4}$$

$$b_n = \frac{1}{\pi} \int_{-\pi}^{\pi} f(x) \sin nx \, \mathrm{d}x \qquad (n = 1, 2, 3, \cdots) \tag{5}$$

是函数 $f(x)$ 的**傅里叶系数**．

以函数 $f(x)$ 的傅里叶系数为系数的三角级数

$$\frac{a_0}{2} + \sum_{n=1}^{\infty} (a_n \cos nx + b_n \sin nx)$$

称为函数 $f(x)$ 的**傅里叶级数**，表示为

$$f(x) \sim \frac{a_0}{2} + \sum_{n=1}^{\infty} (a_n \cos nx + b_n \sin nx) \tag{6}$$

问题 2 函数 $f(x)$ 的傅里叶级数（6）在区间 $[-\pi, \pi]$ 上是否收敛？

问题 3 如果函数 $f(x)$ 的傅里叶级数（6）在区间 $[-\pi, \pi]$ 上收敛，那么它的和函数是否就是函数 $f(x)$？

答：答案都是否定的．

问题 4 函数 $f(x)$ 在什么条件下，它的傅里叶级数（6）在区间 $[-\pi, \pi]$ 上收敛，其和函数就是函数 $f(x)$？

二、两个引理

1. 三角多项式

设函数 $f(x)$ 在区间 $[-\pi, \pi]$ 上的傅里叶级数是

$$f(x) \sim \frac{a_0}{2} + \sum_{n=1}^{\infty} (a_n \cos nx + b_n \sin nx)$$

记它的 $2n + 1$ 项的部分和为 $S_n(x)$，即

$$S_n(x) = \frac{a_0}{2} + \sum_{k=1}^{n} (a_k \cos kx + b_k \sin kx) \tag{7}$$

式（7）称为**三角多项式**．

设

$$D_n(x) = \frac{1}{2} + \cos x + \cos 2x + \cdots + \cos nx$$

则有

$$D_n(x) = \frac{\sin\left(n + \frac{1}{2}\right)x}{2\sin\frac{x}{2}}$$

2. 引　理

引理 1　若函数 $f(x)$ 是以 2π 为周期的函数，且在 $[-\pi, \pi]$ 上可积，则式（7）部分和 $S_n(x)$ 可表示为

$$S_n(x) = \frac{1}{\pi} \int_0^\pi [f(x+t) + f(x-t)] D_n(t) \mathrm{d}t \qquad (8)$$

其中

$$D_n(t) = \frac{1}{2} + \cos t + \cos 2t + \cdots + \cos nt = \frac{\sin\left(n + \frac{1}{2}\right)t}{2\sin\frac{t}{2}}$$

证明　将傅里叶系数 a_n 与 b_n 用式（4）与式（5）表示出来，有

$$S_n(x) = \frac{a_0}{2} + \sum_{k=1}^n (a_k \cos kx + b_k \sin kx)$$

$$= \frac{1}{2\pi} \int_{-\pi}^\pi f(u)\mathrm{d}u + \frac{1}{\pi} \sum_{k=1}^n \left[\cos kx \int_{-\pi}^\pi f(u) \cos ku\,\mathrm{d}u + \sin kx \int_{-\pi}^\pi f(u) \sin ku\,\mathrm{d}u \right]$$

$$= \frac{1}{\pi} \int_{-\pi}^\pi f(u) \left[\frac{1}{2} + \sum_{k=1}^n (\cos kx \cos ku + \sin kx \sin ku) \right]\mathrm{d}u$$

$$= \frac{1}{\pi} \int_{-\pi}^\pi f(u) \left[\frac{1}{2} + \sum_{k=1}^n \cos k(u - x) \right]\mathrm{d}u = \frac{1}{\pi} \int_{-\pi}^\pi f(u) \frac{\sin\left(n + \frac{1}{2}\right)(u - x)}{2\sin\frac{1}{2}(u - x)}\mathrm{d}u$$

设 $u - x = t$, $\mathrm{d}u = \mathrm{d}t$, 则

$$S_n(x) = \frac{1}{\pi} \int_{-\pi-x}^{\pi-x} f(x+t) \frac{\sin\left(n + \frac{1}{2}\right)t}{2\sin\frac{1}{2}t}\mathrm{d}t = \frac{1}{\pi} \int_{-\pi-x}^{\pi-x} f(x+t) D_n(t)\mathrm{d}t$$

$$= \frac{1}{\pi} \int_{-\pi}^\pi f(x+t) D_n(t)\mathrm{d}t = \frac{1}{\pi} \left[\int_{-\pi}^0 f(x+t) D_n(t)\mathrm{d}t + \int_0^\pi f(x+t) D_n(t)\mathrm{d}t \right]$$

在上式等号右端第一个积分中，将 t 换成 $-t$, 有

$$\int_{-\pi}^0 f(x+t) D_n(t)\mathrm{d}t = \int_0^\pi f(x-t) D_n(t)\mathrm{d}t$$

于是

$$S_n(x) = \frac{1}{\pi} \int_0^\pi [f(x+t) + f(x-t)] D_n(t) \mathrm{d}t$$

当 $f(x) \equiv 1$ 时，由式（8）得如下推论.

推论 $\dfrac{2}{\pi} \displaystyle\int_0^\pi D_n(t) \mathrm{d}t = 1$.

根据此推论，可将可积函数 $f(x)$ 改写为积分形式，即

$$f(x) \cdot 1 = \frac{2}{\pi} \int_0^\pi f(x) D_n(t) \mathrm{d}t$$

引理 2（黎曼引理）　若函数 $f(x)$ 在 $[a,b]$ 上可积，$\forall p > 0$ ，则

$$\lim_{p \to +\infty} \int_a^b f(x) \cos px \mathrm{d}x = 0, \qquad \lim_{p \to +\infty} \int_a^b f(x) \sin px \mathrm{d}x = 0$$

证明　两个极限的证法相同，下面只给出 $\displaystyle\lim_{p \to +\infty} \int_a^b f(x) \sin px \mathrm{d}x = 0$ 的证明.

对任意有界区间 $[\alpha, \beta]$ ，有

$$\left| \int_\alpha^\beta \sin px \mathrm{d}x \right| = \left| \frac{\cos p\beta - \cos p\alpha}{p} \right| \leqslant \frac{2}{p}$$

已知函数 $f(x)$ 在 $[a,b]$ 上可积，则 $f(x)$ 在 $[a,b]$ 上可积有界，即 $\exists A > 0, \forall x \in [a,b]$ ，有

$$|f(x)| \leqslant A$$

另外，$\forall \varepsilon > 0$ ，存在 $[a,b]$ 的分法 T ，即

$$a = x_0 < x_1 < x_2 < \cdots < x_n = b$$

使 $\displaystyle\sum_{k=1}^n \omega_k \Delta x_k < \frac{\varepsilon}{2}$ ，其中 ω_k 是函数 $f(x)$ 在区间 $[x_{k-1}, x_k]$ 上的振幅. 将正整数 n 暂时固定，于是

$$\left| \int_a^b f(x) \sin px \mathrm{d}x \right| = \left| \sum_{k=1}^n \int_{x_{k-1}}^{x_k} [f(x_k) + f(x) - f(x_k)] \sin px \mathrm{d}x \right|$$

$$= \left| \sum_{k=1}^n \left\{ \int_{x_{k-1}}^{x_k} f(x_k) \sin px \mathrm{d}x + \int_{x_{k-1}}^{x_k} [f(x) - f(x_k)] \sin px \mathrm{d}x \right\} \right|$$

$$\leqslant \sum_{k=1}^n \left\{ |f(x_k)| \left| \int_{x_{k-1}}^{x_k} \sin px \mathrm{d}x \right| + \int_{x_{k-1}}^{x_k} |f(x) - f(x_k)| |\sin px| \mathrm{d}x \right\}$$

$$\leqslant A \sum_{k=1}^n \left| \int_{x_{k-1}}^{x_k} \sin px \mathrm{d}x \right| + \sum_{k=1}^n \int_{x_{k-1}}^{x_k} \omega_k \mathrm{d}x$$

$$\leqslant \frac{2An}{p} + \sum_{k=1}^n \omega_k \Delta x_k < \frac{2An}{p} + \frac{\varepsilon}{2}$$

当 $p > \dfrac{4An}{\varepsilon}$ 或 $\dfrac{2An}{p} < \dfrac{\varepsilon}{2}$ 时，有

$$\left| \int_a^b f(x) \sin px \, dx \right| < \frac{\varepsilon}{2} + \frac{\varepsilon}{2} = \varepsilon$$

即

$$\lim_{p \to +\infty} \int_a^b f(x) \sin px \, dx = 0$$

三、收敛定理

1. 逐段光滑的定义

若函数 $f(x)$ 在区间 $[a,b]$ 除有限个第一类间断点外皆连续，则称函数 $f(x)$ 在 $[a,b]$ **逐段连续**. 若函数 $f(x)$ 与它的导函数 $f'(x)$ 都逐段连续，则称函数 $f(x)$ 在 $[a,b]$ **逐段光滑**.

显然，逐段光滑的函数是可积的.

2. 收敛定理

定理 7.1 若 $f(x)$ 在实数域 $\mathbf{R}$ 上是以 2π 为周期，且在 $[-\pi,\pi]$ 上逐段光滑的函数，则函数 $f(x)$ 的傅里叶级数（6）在 $\mathbf{R}$ 上收敛，其和函数是 $\frac{1}{2}[f(x+0)+f(x-0)]$. 即 $\forall x \in [-\pi,\pi]$，有

$$\frac{1}{2}[f(x+0)+f(x-0)] = \frac{a_0}{2} + \sum_{n=1}^{\infty}(a_n \cos nx + b_n \sin nx) \tag{9}$$

注：若 x 是函数 $f(x)$ 的第一类间断点，则函数 $f(x)$ 的傅里叶级数（9）收敛于函数 $f(x)$ 在点 x 的左、右极限的平均值，即 $\frac{1}{2}[f(x+0)+f(x-0)]$. 若 x 是函数 $f(x)$ 的连续点，则 $f(x+0) = f(x-0) = f(x)$，即函数 $f(x)$ 的傅里叶级数（9）收敛于 $f(x)$.

分析 因为函数 $f(x)$ 以 2π 为周期，所以只需证明，$\forall x \in [-\pi,\pi]$，有

$$\lim_{n \to \infty}\left\{ S_n(x) - \frac{1}{2}[f(x+0)+f(x-0)] \right\} = 0$$

即可. 为此，根据引理 1，将 $S_n(x)$ 改写成积分形式有

$$S_n(x) = \frac{1}{\pi}\int_0^{\pi}[f(x+t)+f(x-t)]D_n(t)\,dt$$

再根据引理 1 的推论，将 $\frac{1}{2}[f(x+0)+f(x-0)]$ 也改写成积分形式，即有

$$\frac{1}{2}[f(x+0)+f(x-0)] \cdot 1 = \frac{1}{2}[f(x+0)+f(x-0)] \cdot \frac{2}{\pi}\int_0^{\pi}D_n(t)\,dt$$

$$= \frac{1}{\pi}\int_0^{\pi}[f(x+0)+f(x-0)]D_n(t)\,dt$$

于是

$$S_n(x) - \frac{1}{2}[f(x+0) + f(x-0)]$$

$$= \frac{1}{\pi}\int_0^\pi [f(x+t) + f(x-t)]D_n(t)\mathrm{d}t - \frac{1}{\pi}\int_0^\pi [f(x+0) + f(x-0)]D_n(t)\mathrm{d}t$$

$$= \frac{1}{\pi}\int_0^\pi [f(x+t) + f(x-t) - f(x+0) - f(x-0)]D_n(t)\mathrm{d}t$$

$$= \frac{1}{\pi}\int_0^\pi [f(x+t) - f(x+0)]D_n(t)\mathrm{d}t + \frac{1}{\pi}\int_0^\pi [f(x-t) - f(x-0)]D_n(t)\mathrm{d}t$$

因此，只需证明上述等式右端的每个积分的极限都是 0 $(n \to \infty)$ 即可.

证明 $\forall x \in [-\pi, \pi]$，由引理 1 及其推论，有

$$S_n(x) - \frac{1}{2}[f(x+0) + f(x-0)]$$

$$= \frac{1}{\pi}\left[\int_0^\pi [f(x+t) - f(x+0)]D_n(t)\mathrm{d}t + \int_0^\pi [f(x-t) - f(x-0)]D_n(t)\mathrm{d}t\right]$$

分别讨论上式等号右端的两个积分.

$$\int_0^\pi [f(x+t) - f(x+0)]D_n(t)\mathrm{d}t = \int_0^\pi [f(x+t) - f(x+0)]\frac{\sin\left(n+\frac{1}{2}\right)t}{2\sin\frac{1}{2}t}\mathrm{d}t$$

$$= \int_0^\pi \frac{f(x+t) - f(x+0)}{2\sin\frac{1}{2}t}\sin\left(n+\frac{1}{2}\right)t\,\mathrm{d}t$$

设 $F(t) = \dfrac{f(x+t) - f(x+0)}{2\sin\frac{1}{2}t}$ $(0 < t \geqslant \pi)$，则

$$\lim_{t \to 0^+} F(t) = \lim_{t \to 0^+} \frac{f(x+t) - f(x+0)}{2\sin\frac{1}{2}t}$$

$$= \lim_{t \to 0^+} \frac{f(x+t) - f(x+0)}{t}\frac{\frac{1}{2}t}{\sin\frac{1}{2}t} = f'(x+0)$$

令 $F(0) = f'(x+0)$，则函数 $F(t)$ 在区间 $[0,\pi]$ 上逐段连续. 于是，函数 $\dfrac{f(x+t) - f(x+0)}{2\sin\frac{1}{2}t}$ 在区间 $[0,\pi]$ 上是 t 的可积函数. 再根据引理 2 $\left(p = n + \dfrac{1}{2}\right)$，有

$$\lim_{n \to \infty} \int_0^\pi [f(x+t) - f(x+0)]D_n(t)\mathrm{d}t$$

$$= \lim_{n \to \infty} \int_0^{\pi} \frac{f(x+t) - f(x+0)}{2\sin\frac{1}{2}t} \sin\left(n + \frac{1}{2}\right)t \mathrm{d}t = 0$$

同理可证

$$\lim_{n \to \infty} \int_0^{\pi} [f(x-t) - f(x-0)] D_n(t) \mathrm{d}t = 0$$

于是

$$\lim_{n \to \infty} \left\{ S_n(x) - \frac{1}{2}[f(x+0) + f(x-0)] \right\} = 0$$

即 $\forall x \in [-\pi, \pi]$，有

$$\frac{1}{2}[f(x+0) + f(x-0)] = \frac{a_0}{2} + \sum_{n=1}^{\infty}(a_n \cos nx + b_n \sin nx)$$

注：定理 7.1 给出了函数 $f(x)$ 可展开成傅里叶级数的充分条件.

例 1　将函数 $f(x) = \begin{cases} x, & -\pi < x \leqslant 0 \\ 0, & 0 < x \leqslant \pi \end{cases}$ 展开成傅里叶级数.

解　首先求傅里叶系数.

$$a_0 = \frac{1}{\pi}\int_{-\pi}^{\pi} f(x)\mathrm{d}x = \frac{1}{\pi}\int_{-\pi}^{0} x\mathrm{d}x = -\frac{\pi}{2}$$

$$a_n = \frac{1}{\pi}\int_{-\pi}^{\pi} f(x)\cos nx\mathrm{d}x = \frac{1}{\pi}\int_{-\pi}^{0} x\cos nx\mathrm{d}x = \frac{1}{\pi}\left[\frac{x\sin nx}{n} + \frac{\cos nx}{n^2}\right]_{-\pi}^{0}$$

$$= \frac{1}{\pi n^2}(1 - \cos nx) = \frac{1}{\pi n^2}\left[1 - (-1)^n\right] = \begin{cases} \dfrac{2}{\pi n^2}, & n \text{ 是奇数} \\ 0, & n \text{ 是偶数} \end{cases}$$

$$b_n = \frac{1}{\pi}\int_{-\pi}^{\pi} f(x)\sin nx\mathrm{d}x = \frac{1}{\pi}\int_{-\pi}^{0} x\sin nx\mathrm{d}x$$

$$= \frac{1}{\pi}\left[-\frac{x\cos nx}{n} + \frac{\sin nx}{n^2}\right]_{-\pi}^{0} = -\frac{\cos nx}{n} = \frac{(-1)^{n+1}}{n}$$

将上述系数代入式（9），有

$$f(x) = -\frac{\pi}{4} + \sum_{n=1}^{\infty}\left\{\frac{1}{\pi n^2}[1 - (-1)^n]\cos nx + \frac{(-1)^{n+1}}{n}\sin nx\right\}$$

$$= -\frac{\pi}{4} + \left(\frac{2}{\pi}\cos x + \sin x\right) - \frac{1}{2}\sin 2x + \left(\frac{2}{\pi 3^2}\cos 3x + \frac{1}{3}\sin 3x\right) - \frac{1}{4}\sin 4x + \cdots \quad (|x| < \pi)$$

当 $x = \pm\pi$ 时，傅里叶级数收敛于

$$\frac{f(-\pi+0) + f(\pi-0)}{2} = \frac{-\pi + 0}{2} = -\frac{\pi}{2}$$

因此傅里叶级数的和函数是以 2π 为周期的周期函数.

例 2 将函数 $\varphi(x) = \begin{cases} 0, & -\pi < x \leq 0 \\ 1, & 0 < x \leq \pi \end{cases}$ 展开成傅里叶级数.

解

$$a_0 = \frac{1}{\pi} \int_{-\pi}^{\pi} \varphi(x) \mathrm{d}x = \frac{1}{\pi} \int_0^{\pi} \mathrm{d}x = 1 = \frac{1}{\pi} \int_{-\pi}^{\pi} f(x+t) D_n(t) \mathrm{d}t$$

$$a_n = \int_{-\pi}^{\pi} \varphi(x) \cos nx \mathrm{d}x = \frac{1}{\pi} \int_0^{\pi} \cos nx \mathrm{d}x = 0$$

$$b_n = \frac{1}{\pi} \int_{-\pi}^{\pi} \varphi(x) \sin nx \mathrm{d}x = \frac{1}{\pi} \int_0^{\pi} \sin nx \mathrm{d}x = \frac{1}{\pi n} (-\cos nx) \Big|_0^{\pi}$$

$$= \frac{1}{\pi n} [1 - (-1)^n] = \begin{cases} \dfrac{2}{\pi n}, & n \text{ 是奇数} \\ 0, & n \text{ 是偶数} \end{cases}$$

将上面傅里叶系数代入（9）式，有

$$\varphi(x) = \frac{1}{2} + \frac{2}{\pi} \left[\sin x + \frac{\sin 3x}{3} + \cdots + \frac{\sin(2n+1)x}{2n+1} + \cdots \right] \quad (0 < |x| < \pi)$$

当 $x = 0$ 时，傅里叶级数收敛于

$$\frac{\varphi(0+0) + \varphi(0-0)}{2} = \frac{1+0}{2} = \frac{1}{2}$$

当 $x = \pm\pi$ 时，傅里叶级数收敛于

$$\frac{\varphi(-\pi+0) + \varphi(\pi-0)}{2} = \frac{0+1}{2} = \frac{1}{2}$$

因此傅里叶级数的和函数是以 2π 为周期的周期函数.

例 3 将函数 $f(x) = x^2$ 在区间 $(0, 2\pi]$ 上展开成傅里叶级数.

解

$$a_0 = \frac{1}{\pi} \int_0^{2\pi} f(x) \mathrm{d}x = \frac{1}{\pi} \int_0^{2\pi} x^2 \mathrm{d}x = \frac{8}{3} \pi^2$$

$$a_n = \frac{1}{\pi} \int_0^{2\pi} f(x) \cos nx \mathrm{d}x = \frac{1}{\pi} \int_0^{2\pi} x^2 \cos nx \mathrm{d}x = \frac{-2}{\pi n} \int_0^{2\pi} x \sin nx \mathrm{d}x = \frac{4}{n^2}$$

$$b_n = \frac{1}{\pi} \int_0^{2\pi} f(x) \sin nx \mathrm{d}x = \frac{1}{\pi} \int_0^{2\pi} x^2 \sin nx \mathrm{d}x = \frac{-4\pi}{n} + \frac{2}{\pi n} \int_0^{2\pi} x \cos nx \mathrm{d}x = -\frac{4\pi}{n}$$

于是

$$x^2 = \frac{4}{3} \pi^2 + 4 \sum_{n=1}^{\infty} \left(\frac{\cos nx}{n^2} - \frac{\pi \sin nx}{n} \right) \quad (0 < x < 2\pi)$$

傅里叶级数的和函数是以 2π 为周期的周期函数.

当 $x = 0$ 时，傅里叶级数收敛于

$$\frac{f(0+0)+f(0-0)}{2}=\frac{0+4\pi^2}{2}=2\pi^2$$

当 $x=2\pi$ 时，傅里叶级数收敛于

$$\frac{f(2\pi+0)-f(2\pi-0)}{2}=\frac{4\pi^2+0}{2}=2\pi^2$$

四、奇偶函数的傅里叶级数

1. 奇偶函数的傅里叶级数

（1）若 $f(x)$ 是以 2π 为周期的偶函数，则 $f(x)\cos nx$ 也是偶函数，而 $f(x)\sin nx$ 是奇函数，于是，函数 $f(x)$ 的傅里叶系数满足

$$a_n=\frac{1}{\pi}\int_{-\pi}^{\pi}f(x)\cos nx\mathrm{d}x=\frac{2}{\pi}\int_{0}^{\pi}f(x)\cos nx\mathrm{d}x \quad (n=0,1,2,\cdots)$$

$$b_n=\frac{1}{\pi}\int_{-\pi}^{\pi}f(x)\sin nx\mathrm{d}x=0 \quad (n=1,2,3,\cdots)$$

显然，偶函数的傅里叶级数只含有余弦函数的项，亦称**余弦级数**.

（2）若 $f(x)$ 是以 2π 为周期的奇函数，则 $f(x)\cos nx$ 也是奇函数，而 $f(x)\sin nx$ 是偶函数. 于是，函数 $f(x)$ 的傅里叶系数满足

$$a_n=\frac{1}{\pi}\int_{-\pi}^{\pi}f(x)\cos nx\mathrm{d}x=0 \quad (n=0,1,2,\cdots)$$

$$b_n=\frac{1}{\pi}\int_{-\pi}^{\pi}f(x)\sin nx\mathrm{d}x=\frac{2}{\pi}\int_{0}^{\pi}f(x)\sin nx\mathrm{d}x \quad (n=1,2,3,\cdots)$$

显然，奇函数的傅里叶级数只含有正弦函数的项，亦称**正弦级数**.

例 4 将函数 $F(x)=|x|$ 在区间 $[-\pi,\pi]$ 上展开成傅里叶级数.

解 函数 $F(x)=|x|$ 在 $[-\pi,\pi]$ 上是偶函数，则

$$a_0=\frac{2}{\pi}\int_{0}^{\pi}x\mathrm{d}x=\pi$$

$$a_n=\frac{2}{\pi}\int_{0}^{\pi}x\cos nx\mathrm{d}x=\frac{2}{\pi n^2}[(-1)^n-1]=\begin{cases}-\dfrac{4}{\pi n^2}, & n\text{ 是奇数}\\ 0, & n\text{ 是偶数}\end{cases}$$

$$b_n=0$$

于是

$$|x|=\frac{\pi}{2}-\frac{4}{\pi}\left(\cos x+\frac{\cos 3x}{3^2}+\frac{\cos 5x}{5^2}+\cdots\right) \quad (|x|\leqslant\pi)$$

特别地，当 $x=\pi$ 时，有

$$\frac{\pi^2}{8} = \sum_{n=1}^{\infty} \frac{1}{(2n-1)^2} = 1 + \frac{1}{3^2} + \frac{1}{5^2} + \frac{1}{7^2} + \cdots$$

例5 将函数 $f(x) = x^2$ 在区间 $[-\pi, \pi]$ 上展开成傅里叶级数.

解 函数 $f(x) = x^2$ 在 $[-\pi, \pi]$ 上是偶函数，则

$$a_0 = \frac{2}{\pi} \int_0^{\pi} x^2 \mathrm{d}x = \frac{2}{3}\pi^2$$

$$a_n = \frac{2}{\pi} \int_0^{\pi} x^2 \cos nx \mathrm{d}x = \frac{4}{\pi n^2} (\pi \cos n\pi) = \begin{cases} \dfrac{4}{n^2}, & n \text{ 是偶数} \\[2mm] -\dfrac{4}{n^2}, & n \text{ 是奇数} \end{cases}$$

$$b_n = 0$$

于是，

$$x^2 = \frac{\pi^2}{3} - 4\left(\frac{\cos x}{1} - \frac{\cos 2x}{2^2} + \frac{\cos 3x}{3^2} - \cdots \right) \quad (|x| \leqslant \pi)$$

特别地，当 $x = \pi$，$x = 0$ 时，分别有

$$\frac{\pi^2}{6} = \sum_{n=1}^{\infty} \frac{1}{n^2} = 1 + \frac{1}{2^2} + \frac{1}{3^2} + \frac{1}{4^2} + \cdots$$

$$\frac{\pi^2}{12} = \sum_{n=1}^{\infty} \frac{(-1)^{n-1}}{n^2} = 1 - \frac{1}{2^2} + \frac{1}{3^2} - \frac{1}{4^2} + \cdots$$

例6 将函数 $f(x) = x$ 在区间 $(-\pi, \pi]$ 上展开成傅里叶级数.

解 函数 $f(x) = x$ 在 $(-\pi, \pi)$ 上是奇函数，则

$$a_n = 0$$

$$b_n = \frac{2}{\pi} \int_0^{\pi} x \sin nx \mathrm{d}x = (-1)^{n+1} \frac{2}{n}$$

于是，

$$x = 2\left(\frac{\sin x}{1} - \frac{\sin 2x}{2} + \frac{\sin 3x}{3} - \cdots \right) \quad (|x| < \pi)$$

特别地，当 $x = \dfrac{\pi}{2}$ 时，有

$$\frac{\pi}{4} = \sum_{n=1}^{\infty} \frac{(-1)^{n+1}}{2n-1} = 1 - \frac{1}{3} + \frac{1}{5} - \frac{1}{7} + \cdots$$

例7 将函数 $g(x) = \begin{cases} -1, & -\pi < x \leqslant 0 \\ 1, & 0 < x \leqslant \pi \end{cases}$ 展开成傅里叶级数.

解 函数 $g(x)$ 在 $(-\pi, \pi) - \{0\}$ 上是奇函数，则

$$a_n = 0$$

$$b_n = \frac{2}{\pi} \int_0^\pi g(x) \sin nx \, dx = \frac{2}{\pi} \int_0^\pi \sin nx \, dx = \frac{2}{\pi n}(1 - \cos n\pi)$$

$$= \frac{2}{\pi n}[1 - (-1)^n] = \begin{cases} 0, & n \text{ 是偶数} \\ \dfrac{4}{\pi n}, & n \text{ 是奇数} \end{cases}$$

于是，

$$g(x) = \frac{4}{\pi}\left(\frac{\sin x}{1} + \frac{\sin 3x}{3} + \frac{\sin 5x}{5} + \cdots\right) \quad (0 < |x| < \pi)$$

2. 函数 $f(x)$ 的偶开拓或奇开拓

将函数 $f(x)$ 在区间 $[0, \pi]$ 上展开成傅里叶级数时，为了便于计算傅里叶系数，需将函数 $f(x)$ 开拓到 $(-\pi, 0)$，使其开拓的函数在区间 $(-\pi, \pi)$ 是偶函数或奇函数. 此时称为**函数 $f(x)$ 的偶开拓或奇开拓**，亦称为**函数 $f(x)$ 的偶式展开或奇式展开**.

由傅里叶系数公式，有

（1）偶式展开：$a_n = \dfrac{2}{\pi} \int_0^\pi f(x) \cos nx \, dx$；

$\qquad\qquad\qquad b_n = 0$.

（2）奇式展开：$a_n = 0$；

$\qquad\qquad\qquad b_n = \dfrac{2}{\pi} \int_0^\pi f(x) \sin nx \, dx$.

例 8　将函数 $f(x) = x^2$ 在区间 $[0, \pi]$ 上展开成傅里叶级数.

解　按偶式展开，开拓的函数 $f(x) = x^2$ 在 $(-\pi, \pi)$ 上是偶函数，它的傅里叶级数是例 5 的结果，即

$$x^2 = \frac{\pi^2}{3} - 4\left(\frac{\cos x}{1} - \frac{\cos 2x}{2^2} + \frac{\cos 3x}{3^2} - \cdots\right) \quad (0 \leqslant x \leqslant \pi)$$

按奇式展开，开拓的函数 $f(x) = \begin{cases} x^2, & 0 \leqslant x \leqslant \pi \\ -x^2, & -\pi < x < 0 \end{cases}$ 在 $(-\pi, \pi)$ 上是奇函数，它的傅里叶系数是

$$a_n = 0$$

$$b_n = \frac{2}{\pi} \int_0^\pi x^2 \sin nx \, dx = \frac{2(-1)^{n+1}\pi}{n} + \frac{4[(-1)^n - 1]}{\pi n^3}$$

于是

$$x^2 = \left(\frac{2\pi}{1} - \frac{8}{\pi}\right)\sin x - \frac{2\pi}{2}\sin 2x + \left(\frac{2\pi}{3} - \frac{8}{\pi 3^3}\right)\sin 3x - \frac{2\pi}{4}\sin 4x + \cdots \quad (0 \leqslant x < \pi)$$

当 $x = \pm\pi$ 时，傅里叶级数收敛于

$$\frac{f(-\pi + 0) + f(\pi - 0)}{2} = \frac{-\pi^2 + \pi^2}{2} = 0$$

五、以 $2l$ 为周期的函数的傅里叶级数

对于周期为 $2l$ 的函数 $f(x)$ 可作以下变量替换. 设 $x=\dfrac{l}{\pi}y$，即 $y=\dfrac{\pi}{l}x$，代入 $f(x)$，并令

$$f(x)=f\left(\frac{l}{\pi}y\right)=\varphi(y)$$

则 $\varphi(y)$ 是以 2π 为周期的周期函数.

事实上，

$$\varphi(y+2\pi)=f\left[\frac{l}{\pi}(y+2\pi)\right]=f\left(\frac{l}{\pi}y+2l\right)=f\left(\frac{l}{\pi}y\right)=\varphi(y)$$

已知 $\varphi(y)$ 在 $[-\pi,\pi]$ 的傅里叶级数是

$$\varphi(y)=\frac{a_0}{2}+\sum_{n=1}^{\infty}(a_n\cos ny+b_n\sin ny)$$

其中

$$a_n=\frac{1}{\pi}\int_{-\pi}^{\pi}\varphi(y)\cos ny\mathrm{d}y,\qquad b_n=\frac{1}{\pi}\int_{-\pi}^{\pi}\varphi(y)\sin ny\mathrm{d}y$$

于是，再将 $y=\dfrac{\pi}{l}x$ 代入上式，就得到函数 $f(x)$ 在区间 $[-l,l]$ 上的傅里叶级数

$$f(x)=\frac{a_0}{2}+\sum_{n=1}^{\infty}\left(a_n\cos\frac{n\pi x}{l}+b_n\sin\frac{n\pi x}{l}\right)\tag{10}$$

其中

$$a_n=\frac{1}{l}\int_{-l}^{l}f(x)\cos\frac{n\pi x}{l}\mathrm{d}x,\quad(n=0,1,2,\cdots)$$

$$b_n=\frac{1}{l}\int_{-l}^{l}f(x)\sin\frac{n\pi x}{l}\mathrm{d}x,\quad(n=1,2,\cdots)$$

例 9　将函数 $f(x)=\begin{cases}0,&-2<x<0\\p,&0\leqslant x\leqslant 2\end{cases}$ （p 是不为 0 的常数）展开成傅里叶级数.

解　这里 $l=2$. 函数 $f(x)$ 的傅里叶系数是

$$a_0=\frac{1}{2}\int_{-2}^{2}f(x)\mathrm{d}x=\frac{1}{2}\int_0^2 p\mathrm{d}x=p$$

$$a_n=\frac{1}{2}\int_{-2}^{2}f(x)\cos\frac{n\pi x}{2}\mathrm{d}x=\frac{1}{2}\int_0^2 p\cos\frac{n\pi x}{2}\mathrm{d}x=\frac{p}{n\pi}\sin\frac{n\pi x}{2}\bigg|_0^2=0$$

$$b_n=\frac{1}{2}\int_{-2}^{2}f(x)\sin\frac{n\pi x}{2}\mathrm{d}x=\frac{1}{2}\int_0^2 p\sin\frac{n\pi x}{2}\mathrm{d}x$$

$$=-\frac{p}{n\pi}\cos\frac{n\pi x}{2}\bigg|_0^2=\frac{p}{n\pi}[1-(-1)^n]$$

于是有

$$f(x) = \frac{p}{2} + \frac{2p}{\pi}\left(\sin\frac{\pi x}{2} + \frac{1}{3}\sin\frac{3\pi x}{2} + \frac{1}{5}\sin\frac{5\pi x}{2} + \cdots\right) \quad (0 < |x| < 2)$$

例 10 将函数 $f(x) = \begin{cases} 1, & 0 < x \leqslant \dfrac{a}{2} \\ -1, & \dfrac{a}{2} < x \leqslant a \end{cases}$ $(a > 0)$ 展成余弦函数（即偶式展开）的傅里叶级数.

解 按偶式展开，有

$$b_n = 0$$

$$a_0 = \frac{2}{a}\left[\int_0^{\frac{a}{2}}\mathrm{d}x + \int_{\frac{a}{2}}^a (-1)\mathrm{d}x\right] = 0$$

$$a_n = \frac{2}{a}\left[\int_0^{\frac{a}{2}}\cos\frac{n\pi x}{a}\mathrm{d}x + \int_{\frac{a}{2}}^a (-1)\sin\frac{n\pi x}{a}\mathrm{d}x\right]$$

$$= \frac{2}{n\pi}\sin\frac{n\pi x}{a}\bigg|_0^{\frac{a}{2}} - \frac{2}{n\pi}\sin\frac{n\pi x}{a}\bigg|_{\frac{a}{2}}^a = \frac{4}{n\pi}\sin\frac{n\pi}{2}$$

所以

$$a_1 = \frac{4}{\pi}, \quad a_3 = -\frac{4}{3\pi}, \quad a_5 = \frac{4}{5\pi}, \quad a_7 = -\frac{4}{7\pi}, \quad \cdots$$

$$a_{2k} = 0 \quad (k = 1, 2, \cdots)$$

于是有

$$f(x) = \frac{4}{\pi}\left(\cos\frac{\pi x}{a} - \frac{1}{3}\cos\frac{3\pi x}{a} + \frac{1}{5}\cos\frac{5\pi x}{a} - \cdots\right) \quad \left(0 < \left|x - \frac{a}{2}\right| < \frac{a}{2}\right)$$

当 $x = \dfrac{a}{2}$ 时，傅里叶级数收敛于

$$\frac{f\left(\dfrac{a}{2} + 0\right) + f\left(\dfrac{a}{2} - 0\right)}{2} = \frac{-1 + 1}{2} = 0$$

傅里叶级数的和函数是以 $2a$ 为周期的周期函数.

1. 把下列函数分别展开成正弦函数和余弦函数.

（1）$f(x) = x^2, (0 < x < 2\pi)$；

（2）$f(x) = \begin{cases} x, & (0 < x \leq 1) \\ 2-x, & (1 < x < 2) \end{cases}$.

2. 把下列函数展开成傅里叶级数.

（1）$f(x) = \dfrac{1}{2}\cos x + |x|, \quad [-\pi, \pi]$；

（2）$f(x) = \begin{cases} -\dfrac{\pi}{2}, & \left(-\pi \leq x < \dfrac{-\pi}{2}\right) \\ x, & \left(\dfrac{-\pi}{2} \leq x < \dfrac{\pi}{2}\right) \\ \dfrac{\pi}{2}, & \left(\dfrac{\pi}{2} \leq x < \pi\right) \end{cases}$.

第八节　级数在经济中的应用

一、银行存款和放款货币问题

设 R 表示最初存款，D 表示存款总额（即最初存款货币总额），r 表示法定准备金占存款的比例，且 $r<1$，当存款与放款一直进行下去时，则

$$D = R + R(1-r) + R(1-r)^2 + \cdots + R(1-r)^n + \cdots$$
$$= R\frac{1}{1-(1-r)} = \frac{R}{r}$$

若记 $K_m = \dfrac{1}{r}$，称为货币乘数。若最初存款是既定的，法定准备金率 r 越低，银行存款和放款的总额越大，这是一个等比级数问题.

例 1　设最初存款为 1 000 万元，法定准备金率为 20%，求银行存款总额和贷款总额.

解　由题意可知 $R = 1\,000, r = 0.2$，存款总额 D_1 由级数

$$1\,000 + 1\,000(1-0.2) + 1\,000(1-0.2)^2 + \cdots$$

决定，其和为

$$D_1 = \frac{1\,000}{1-(1-0.2)} = 5\,000$$

贷款总额 D_2 由级数

$$1\,000(1-0.2) + 1\,000(1-0.2)^2 + \cdots$$

决定，其和为

$$D_2 = \frac{1\,000(1-0.2)}{1-(1-0.2)} = 4\,000$$

二、投资费用

设初期投资为 p，年利率为 r，t 年重复一次投资。这样第一次更新费用的现值为 pe^{-rt}，第二次更新费用的现值为 pe^{-2rt}，以此类推，投资费用 D 为下列等比数列之和：

$$D = p + pe^{-rt} + pe^{-2rt} + \cdots + pe^{-nrt} + \cdots$$

$$= \frac{p}{1-e^{-rt}} = \frac{pe^{rt}}{e^{rt}-1}$$

例 2 建造一座钢桥的费用为 38 万元，每隔 10 年需要刷一次油漆，每次费用为 4 万元，桥的期望寿命是 40 年；建造一座木桥的费用是 20 万元，每隔 2 年需要刷一次油漆，每次费用为 2 万元，期望寿命为 15 年，若年利率为 10%，问建造哪一种桥比较经济？

解 由题意可知桥费用包括两部分：建桥费用+油漆费用

建造一座钢桥：$p = 38$，$r = 0.1$，$t = 40$，则 $rt = 0.1 \times 40 = 4$

建钢桥费用：$D_1 = p + pe^{-4} + pe^{-2 \times 4} + \cdots + pe^{-n \times 4} + \cdots$

$$= \frac{p}{1-e^{-4}} = \frac{pe^4}{e^4-1}$$

其中 $e^4 \approx 54.598$，则 $D_1 = \dfrac{38 \times 54.598}{54.598-1} \approx 38.709$（万元）

油漆钢桥费用为 $D_2 = \dfrac{4 \times e^{0.1 \times 10}}{e^{0.1 \times 10}-1} \approx 6.328$（万元）

所以建钢桥的总费用的现值为 $D_1 + D_2 = 45.037$（万元）

类似地，建造一座木桥的费用为 $D_3 = \dfrac{20 \times e^{0.1 \times 15}}{e^{0.1 \times 15}-1} \approx \dfrac{20 \times 4.482}{4.482-1} \approx 25.744$（万元）

油漆木桥费用为 $D_4 = \dfrac{2 \times e^{0.1 \times 2}}{e^{0.1 \times 2}-1} \approx \dfrac{2 \times 1.2214}{1.2214-1} \approx 11.024$（万元）

所以建木桥的总费用的现值为 $D_3 + D_4 = 36.768$（万元）.

故建木桥比较经济.

复习题十一

一、选择题.

1. 设 α 为常数，则级数 $\sum\limits_{n=1}^{\infty} \left[\dfrac{\sin n\alpha}{n^2} - \dfrac{1}{\sqrt{n}} \right]$ （　　　）.

（A）绝对收敛　　　　　　　　　（B）发散

（C）条件收敛　　　　　　　　　（D）敛散性与 α 的取值有关

2. 设 $u_n = (-1)^n \ln\left(1 + \dfrac{1}{\sqrt{n}}\right)$，则（　　）.

（A）$\displaystyle\sum_{n=1}^{\infty} u_n$ 与 $\displaystyle\sum_{n=1}^{\infty} u_n^2$ 都收敛　　　　（B）$\displaystyle\sum_{n=1}^{\infty} u_n$ 与 $\displaystyle\sum_{n=1}^{\infty} u_n^2$ 都发散

（C）$\displaystyle\sum_{n=1}^{\infty} u_n$ 收敛，而 $\displaystyle\sum_{n=1}^{\infty} u_n^2$ 发散　　　　（D）$\displaystyle\sum_{n=1}^{\infty} u_n$ 发散，$\displaystyle\sum_{n=1}^{\infty} u_n^2$ 收敛

3. 设函数 $f(x) = x^2 (0 \leqslant x < 1)$，而 $s(x) = \displaystyle\sum_{n=1}^{\infty} b_n \sin n\pi x (-\infty < x < +\infty)$，其中 $b_n = 2\displaystyle\int_0^1 f(x) \sin n\pi x \, \mathrm{d}x$

$(n = 1, 2, \cdots)$，则 $s\left(-\dfrac{1}{2}\right)$ 等于（　　）.

（A）$-\dfrac{1}{2}$　　　　（B）$-\dfrac{1}{4}$　　　（C）$\dfrac{1}{4}$　　　　（D）$\dfrac{1}{2}$

4. 设 $\displaystyle\sum_{n=1}^{\infty} (-1)^n a_n$ 条件收敛，则（　　）.

（A）$\displaystyle\sum_{n=1}^{\infty} a_n$ 收敛　　　　（B）$\displaystyle\sum_{n=1}^{\infty} a_n$ 发散

（C）$\displaystyle\sum_{n=1}^{\infty} (a_n - a_{n+1})$ 收敛　　　　（D）$\displaystyle\sum_{n=1}^{\infty} a_{2n}$ 和 $\displaystyle\sum_{n=1}^{\infty} a_{2n+1}$ 都收敛

5. 设级数 $\displaystyle\sum_{n=1}^{\infty} u_n$ 收敛，则必定收敛的级数为（　　）.

（A）$\displaystyle\sum_{n=1}^{\infty} (-1)^n \dfrac{u_n}{n}$　　（B）$\displaystyle\sum_{n=1}^{\infty} u_n^2$　　（C）$\displaystyle\sum_{n=1}^{\infty} (u_{2n-1} - u_{2n})$　　（D）$\displaystyle\sum_{n=1}^{\infty} (u_n + u_{n-1})$

6. 若 $\displaystyle\sum_{n=1}^{\infty} a_n (x-1)^n$ 在 $x = -2$ 处收敛，则此级数在 $x = -1$ 处（　　）.

（A）条件收敛　　　（B）绝对收敛　　　（C）发散　　　（D）收敛性不确定

7. 设幂级数 $\displaystyle\sum_{n=1}^{\infty} a_n x^n$ 的收敛半径为 3，则幂级数 $\displaystyle\sum_{n=1}^{\infty} n a_n (x-1)^{n+1}$ 必定收敛的区间为（　　）.

（A）$(-2, 4)$　　　（B）$[-2, 4]$　　　（C）$(-3, 3)$　　　　（D）$(-4, 2)$

二、判断下列级数的敛散性：

1. $\displaystyle\sum_{n=1}^{\infty} \dfrac{1}{\ln(n+2)} \sin \dfrac{1}{n}$；　　　2. $\displaystyle\sum_{n=1}^{\infty} \dfrac{1}{(a+n-1)(a+n)(a+n+1)}$ $(a \neq 0)$；

3. $\displaystyle\sum_{n=1}^{\infty} \dfrac{3^n n!}{n^n}$；　　　4. $\displaystyle\sum_{n=1}^{\infty} \dfrac{n^2}{\left(n + \dfrac{1}{n}\right)^n}$；　　　5. $\displaystyle\sum_{n=1}^{\infty} \dfrac{(n!)^2}{(2n)!}$；

6. $\displaystyle\sum_{n=1}^{\infty} \dfrac{(2n-1)!!}{(2n+2)!!}$；　　　7. $\displaystyle\sum_{n=1}^{\infty} \dfrac{1}{n!}(\sqrt{1+n} - \sqrt{n-1})$；　　　8. $\displaystyle\sum_{n=1}^{\infty} \dfrac{n^{n-1}}{(2n^2 + \ln n + 1)^{\frac{n+1}{2}}}$；

9. $\displaystyle\sum_{n=1}^{\infty} \left(1 - \dfrac{\ln n}{n}\right)^n$；　　　10. $\displaystyle\sum_{n=1}^{\infty} \dfrac{n^{n+\frac{1}{n}}}{\left(n + \dfrac{1}{n}\right)^n}$.

三、求下列幂级数的收敛区间.

1. $\displaystyle\sum_{n=1}^{\infty}\frac{x^n}{n\cdot 3^n}$;　　　　2. $\displaystyle\sum_{n=1}^{\infty}(-1)^n\frac{(x-2)^n}{3^n}$;　　　　3. $\displaystyle\sum_{n=1}^{\infty}\frac{(-1)^{n+1}}{n(2n+1)}(3x)^{2n}$.

四、1. 设正项数列 $\{a_n\}$ 单调下降，且 $\displaystyle\sum_{n=1}^{\infty}(-1)^n a_n$ 发散，证明：级数 $\displaystyle\sum_{n=1}^{\infty}\left(1-\frac{a_{n+1}}{a_n}\right)$ 收敛.

2. 设正项数列 $\{a_n\}$，$\{b_n\}$ 满足 $b_n\dfrac{a_n}{a_{n+1}}-b_{n+1}\geqslant\delta$（$\delta>0$ 为常数），证明：级数 $\displaystyle\sum_{n=1}^{\infty}a_n$ 收敛.

五、将 $f(x)$ 展开成 $x-1$ 的幂级数.

1. $f(x)=\dfrac{1}{x^2+4x+3}$;　　　　　　　2. $f(x)=(x-1)^2\ln x$.

六、将 $f(x)=\cos x$ 展开成 $x-\dfrac{\pi}{6}$ 的幂级数，并求收敛区间.

七、证明：如果 $f(x-\pi)=-f(x)$，$f(x)$ 以 2π 为周期，则 $f(x)$ 的傅立叶系数

$$a_0=0,\ a_{2k}=0,\ b_{2k}=0\quad(k=1,2,\cdots)$$

习题答案

第七章

习题 7.1

1. 略. 2. $\left(\dfrac{6}{11},\dfrac{7}{11},-\dfrac{6}{11}\right)$ 或 $\left(-\dfrac{6}{11},-\dfrac{7}{11},\dfrac{6}{11}\right)$.

3. A. 第四卦限，B. 第五卦限，C. 第八卦限，D. 第三卦限.

4. A. 在 xOy 面上，B. 在 yOz 面上，C. 在 x 轴上，D. 在 y 轴上.

5. xOy 面：$(x_0,y_0,0)$，yOz 面：$(0,y_0,z_0)$，zOx 面：$(x_0,0,z_0)$；
   x 轴：$(x_0,0,0)$，y 轴：$(0,y_0,0)$，z 轴：$(0,0,z_0)$.

6. $\left(\dfrac{\sqrt{2}}{2}a,0,0\right)$，$\left(-\dfrac{\sqrt{2}}{2}a,0,0\right)$，$\left(0,\dfrac{\sqrt{2}}{2}a,0\right)$，$\left(0,-\dfrac{\sqrt{2}}{2}a,0\right)$，

   $\left(\dfrac{\sqrt{2}}{2}a,0,a\right)$，$\left(-\dfrac{\sqrt{2}}{2}a,0,a\right)$，$\left(0,\dfrac{\sqrt{2}}{2}a,a\right)$，$\left(0,-\dfrac{\sqrt{2}}{2}a,a\right)$.

7. x 轴：$\sqrt{34}$，y 轴：$\sqrt{41}$，z 轴：5.

8. $(0,1,-2)$. 9. 略.

10. 模：2；方向余弦：$-\dfrac{1}{2},-\dfrac{\sqrt{2}}{2},\dfrac{1}{2}$；方向角 $\dfrac{2\pi}{3},\dfrac{3\pi}{4},\dfrac{\pi}{3}$.

习题 7.2

1. （1）-6；（2）-61. 2. （1）38；（2）-113；（3）9.

3. （1）$3i-7j-5k$（2）$42i-98j-70k$（3）$-42+98j+70k$（4）0

4. （1）24（2）84 5. $\lambda=3$. 6. $\theta=\arccos\dfrac{2}{\sqrt{14}}$. 7. $\dfrac{\sqrt{16}}{2}$. 8. $\sqrt{8+\sqrt{3}}$. 9. $\dfrac{\pi}{3}$.

10. $\sqrt{35}$

习题 7.3

1. $x^2+y^2+z^2-8x=0$. 2. $18y^2+2z^2=5x$. 3. $11x^2+11y^2+11z^2-14xy-14yz=0$.

4. $(x-1)^2+(y-1)^2=2$. 5. $\left(x-\dfrac{25}{8}\right)^2+\left(y+\dfrac{5}{4}\right)^2=\dfrac{225}{64}$.

习题 7.4

1. 略.   2. 略.

3. 母线平行于 x 轴的柱面方程为：$y^2+4z^2=9$；

   母线平行于 y 轴的柱面方程为：$-x^2+7z^2=9$.

4. $\begin{cases} 2y^2-2y-3x+1=0 \\ z=0 \end{cases}$.   5. $\begin{cases} 2x^2+y^2\le 4 \\ z=0 \end{cases}$, $\begin{cases} z\ge y^2\ (|y|\le 2) \\ x=0 \end{cases}$, $\begin{cases} z\ge 2x^2\ (|x|\le\sqrt 2) \\ y=0 \end{cases}$.

习题 7.5

1. $x-2-z=0$.   2. $3x+2y+6z-12=0$.   3. $2x+2y-3z=0$.

4. $x+3y=0$ 5. $m=-\dfrac{66}{19}$.   6. $x+2y+1=0$.

7. $A(0,0,2\pm\sqrt{69})$.   8. 点不存在.   9. $\dfrac{\sqrt 2}{3}$.

10. $y+z=0$ 或 $y-z=0$

习题 7.6

1. xOy 平面.   2. $\dfrac{x-4}{2}=\dfrac{y+1}{1}=\dfrac{z-3}{5}$, $\begin{cases} x=4+2\lambda \\ y=-1+\lambda \\ z=3+5\lambda \end{cases}$.

3. $8x-5y-11z=0$.   4. $d=\sqrt 3$.   5. $\dfrac{x-3}{-9}=\dfrac{y+2}{-3}=\dfrac{z-6}{5}$.

6. $\begin{cases} x+y+z+1=0 \\ 2x+y-z+1=0 \end{cases}$.   7. $\dfrac{x+3}{4}=\dfrac{y-2}{13}=\dfrac{z-5}{1}$.   8. $5x-2y-2z+39=0$.

9. $\dfrac{x-3}{3}=\dfrac{y-1}{-2}=\dfrac{z}{1}$. $\begin{cases} x=3+3\lambda \\ y=1-2\lambda \\ z=\lambda \end{cases}$, $\begin{cases} x-3z-3=0 \\ y+2z-1=0 \end{cases}$ 10. 略

复习题七

一、1. D；2. C；3. B；4. A；5. B；6. B；7. C；8. A；9. D；10. D.

二、-103.   三、2.   四、$3\sqrt{10}$.   六、$\begin{cases} \dfrac{y^2}{3}+\dfrac{z^2}{3}=1 \\ x=0 \end{cases}$.

七、$\begin{cases} x=3t \\ y=-1+2t \\ z=0 \end{cases}$, $\begin{cases} x=3-t \\ y=0 \\ z=5+8t \end{cases}$, $\begin{cases} x=0 \\ y=-1+2t \\ z=5+8t \end{cases}$, $\begin{cases} 14x+11y-z-26=0 \\ x-y+3z+8=0 \end{cases}$.

474

八、 $x - 8y - 13z + 9 = 0$.

九、 $\begin{cases} x = -1 - 12t \\ y = -4 + 46t \\ z = 3 + t \end{cases}$.

十、 $x + y + 2z - 4 = 0$.

十一、 $\begin{cases} 2x + y - z + 1 = 0 \\ x + y + z + 1 = 0 \end{cases}$.

十二、直线 L_1 与 L_2 为异面直线， $d = \dfrac{\sqrt{3}}{3}$.

第八章

习题 8.1

1. $f(2, -1) = -\dfrac{7}{2}$ ； $f(u + 2v, uv) = (u + 2v)^{uv} + 2(u + 2v) \cdot uv$.

2. $z = \lg(x + y)$ 的定义域为 $D = \{(x, y) \mid x + y > 0\}$ ，图形是 xOy 平面内在直线 $y = -x$ 上方的区域（不包括边界 $y = -x$ ）；

$z = \sqrt{1 - x^2 - y^2}$ 的定义域为 $D = \{(x, y) \mid x^2 + y^2 \leqslant 1\}$ ，图形是 xOy 平面内以原点为圆心、1 为半径的闭域.

3. （1） 1 ；（2） e^{-2} ；（3） 4 ；（4） -1.   4. 略.

5. $\dfrac{x^2 - xy}{2}$.

6. （1） $(0, 0)$ ；（2） $\{(x, y) \mid y = x^2, y > 0\}$.

习题 8.2

1. （1） $\dfrac{\partial z}{\partial x} = 3x^2 \sin y + \dfrac{2}{1 - 2x - y^2}$ ， $\dfrac{\partial z}{\partial y} = x^3 \cos y + \dfrac{2y}{1 - 2x - y^2}$ ；

   （2） $\dfrac{\partial z}{\partial x} = \dfrac{-2xy}{(x^2 + y^2)^2}$ ， $\dfrac{\partial z}{\partial y} = \dfrac{x^2 - y^2}{(x^2 + y^2)^2}$ ；

   （3） $\dfrac{\partial z}{\partial x} = \dfrac{-2y}{(4x - y^2)\sqrt{4x - y^2}}$ ， $\dfrac{\partial z}{\partial y} = \dfrac{4x}{(4x - y^2)\sqrt{4x - y^2}}$ ；

   （4） $\dfrac{\partial u}{\partial x} = y^{\frac{x}{z}} \dfrac{1}{z} \ln y$ ， $\dfrac{\partial u}{\partial y} = \dfrac{x}{z} y^{\frac{x}{z} - 1}$ ， $\dfrac{\partial u}{\partial z} = -y^{\frac{x}{z}} \dfrac{x}{z^2} \ln y$.

2. （1） $-\dfrac{1}{2}, \dfrac{1}{4}$ ；（2） -3 ， -1.

3. （1） $z_{xx} = y(y - 1)x^{y-2}$ ， $z_{yy} = x^y \ln^2 x$ ， $z_{xy} = x^{y-1} + y \cdot x^{y-1} \ln x + 2$ ；

   （2） $z_{xx} = -\sin(xy) \cdot y^2 = -y^2 \sin(xy)$ ， $z_{yy} = -\sin(xy) \cdot x^2 = -x^2 \sin(xy)$ ，

   $z_{xy} = -\sin(xy) \cdot xy + \cos(xy) = \cos(xy) - xy \sin(sy)$.

4. $f_{xx}(0,0,1)=2$，$f_{yz}(0,-1,0)=0$，$f_{zx}(2,0,1)=4$.

5. $\dfrac{\partial^3 z}{\partial y^2 \partial x}=x^2(3+xy)\mathrm{e}^{xy}$，$\dfrac{\partial^3 z}{\partial y^3}=x^4\mathrm{e}^{xy}$.　　6. 略.　　7. 略.　　8. 略.

9. 略.　　10. 略.

习题 8.3

1.（1）$\mathrm{d}z=\dfrac{2y}{x^2-y^2}\cdot\mathrm{d}x+\dfrac{-2y}{x^2-y^2}\cdot\mathrm{d}y$；　　　（2）$u=-\sin(xyz)\cdot(yz\mathrm{d}x+xz\mathrm{d}y+xy\mathrm{d}z)$.

（3）$\mathrm{d}z=\mathrm{e}^{x^2+y^2}(2x\mathrm{d}x+2y\mathrm{d}y)$　　　（4）$\mathrm{d}z=\dfrac{x}{(x^2+y^2)^{\frac{3}{2}}}(y\mathrm{d}x-x\mathrm{d}y)$；

（5）$\mathrm{d}u=yzx^{yz-1}\mathrm{d}x+zx^{yz}\ln x\mathrm{d}y+yx^{yz}\ln x\mathrm{d}z$；

（6）$\mathrm{d}u=\dfrac{y}{z}x^{\frac{y}{z}-1}\mathrm{d}x+\dfrac{1}{z}x^{\frac{y}{z}}\ln x\mathrm{d}y-\dfrac{y}{z^2}x^{\frac{y}{z}}\ln x\mathrm{d}z$

2.（1）$\mathrm{d}z\big|_{(3,1)}=\dfrac{1}{5}(\mathrm{d}x-3\mathrm{d}y)$；　　　（2）$\mathrm{d}u\big|_{(1,-1,2)}=4\mathrm{d}x-6\mathrm{d}y+3\mathrm{d}z$.

3. $\Delta z=-0.119, \mathrm{d}z=-0.125$.　　　　4. 55.3 cm^3.

5.（1）2.95；（2）0.49.　　　　6. $\dfrac{\delta_z}{|z|}=0.496\%$.

习题 8.4

1. $\dfrac{\partial z}{\partial x}=\mathrm{e}^{\frac{x}{y}}(x+y)+\mathrm{e}^{-xy}\left(\dfrac{1}{y}-x\right)$，$\dfrac{\partial z}{\partial y}=\mathrm{e}^{\frac{x}{y}}\left(x-\dfrac{x^2}{y}\right)-\mathrm{e}^{-xy}\left(\dfrac{x^2}{y}+\dfrac{x}{y^2}\right)$.

2. $\mathrm{e}^{\sin x-2x^3}\cos x-6\mathrm{e}^{\sin x-2x^3}x^2$　　　　3. $\dfrac{3(1-4x^2)}{\sqrt{1-(3x-4x^3)^2}}$

4. $\dfrac{\mathrm{d}z}{\mathrm{d}t}=2t+\dfrac{3}{t^2}$.　　　　5. $\dfrac{2y^2\mathrm{e}^{2x}}{x\ln y}-\dfrac{y^2\mathrm{e}^{2x}}{x^2\ln y}$，$\dfrac{2y\mathrm{e}^{2x}}{x\ln y}-\dfrac{y^2\mathrm{e}^{2x}}{xy(\ln y)^2}$

6. $(x+2y)^{x-y}\left[\dfrac{x-y}{x+2y}+\ln(x+2y)\right]$，$(x+2y)^{x-y}\left[\dfrac{2(x-y)}{x+2y}+\ln(x+2y)\right]$

7. $\dfrac{\partial z}{\partial x}=2x\dfrac{\partial z}{\partial u}+y\mathrm{e}^{xy}\dfrac{\partial z}{\partial v}$，$\dfrac{\partial z}{\partial y}=-2y\dfrac{\partial z}{\partial u}+x\cdot\mathrm{e}^{xy}\cdot\dfrac{\partial z}{\partial v}$.

8.（1）$400\pi\,\mathrm{cm}^2/\mathrm{s}$；（2）$24\pi\,\mathrm{cm}^2/\mathrm{s}$.　　9. $\dfrac{\mathrm{d}z}{\mathrm{d}x}=\dfrac{\mathrm{e}^x(1+x)}{x^2\mathrm{e}^{2x}+1}$.　　10. 略.

习题 8.5

1. $\dfrac{\mathrm{d}y}{\mathrm{d}x}=\dfrac{y^2-\mathrm{e}^x}{\cos y-2xy}$.　　　　　　　　2. $\dfrac{\mathrm{d}y}{\mathrm{d}x}=\dfrac{a^2}{(x+y)^2}$.

3. $\dfrac{\partial z}{\partial x} = -\dfrac{3x^2 - 2yz}{3z^2 - 2xy}$, $\dfrac{\partial z}{\partial y} = -\dfrac{3y^2 - 2xz}{3z^2 - 2xy}$.

4. $\dfrac{\partial z}{\partial x} = -\dfrac{y + z\mathrm{e}^{xz}}{y + x\mathrm{e}^{xz}}$, $\dfrac{\partial z}{\partial y} = -\dfrac{x + z}{y + x\mathrm{e}^{xz}}$

5. $\dfrac{\partial z}{\partial x} = -\dfrac{1 - x}{z - 2}$, $\dfrac{\partial z}{\partial y} = -\dfrac{1 + y}{z - 2}$

6. $\dfrac{\partial z}{\partial x} = -\dfrac{z \ln z}{z \ln y - x}$, $\dfrac{\partial z}{\partial y} = -\dfrac{z^2}{xy - zy \ln y}$

7. $\dfrac{\partial^2 z}{\partial x \partial y}\Big|_{(0,0)} = \dfrac{1}{2}$.

8. $\dfrac{\mathrm{d}y}{\mathrm{d}x} = \dfrac{y(x - z)}{x(z - y)}$, $\dfrac{\mathrm{d}z}{\mathrm{d}x} = \dfrac{z(y - x)}{x(z - y)}$.

9. $\dfrac{\partial z}{\partial x} = -3uv$, $\dfrac{\partial z}{\partial y} = \dfrac{3}{2}(u + v)$ $(u \neq v)$.

10. 略.

习题 8.6

1. $x - 3y + z \mp \sqrt{\dfrac{13}{2}} = 0$.

2.（1）切线方程：$\dfrac{x - 1}{-2} = \dfrac{y - 2}{-1} = \dfrac{z + 1}{3}$ ，法平面方程：$2x + y - 3z - 7 = 0$ ；

（2）切线方程：$\dfrac{x - 1}{8} = \dfrac{y + 1}{10} = \dfrac{z - 2}{7}$ ，法平面方程：$8x + 10y + 7z - 12 = 0$.

3. 切平面方程：$x + 2y - 4 = 0$ ，法线方程：$\dfrac{x - 2}{1} = \dfrac{y - 1}{2} = \dfrac{z}{0}$.

4. $(1,1,1)$.   5. $(-6,8,21)$.   6. $\cos\alpha = \dfrac{-2}{3}$, $\cos\beta = \dfrac{2}{3}$, $\cos\gamma = \dfrac{1}{3}$.

习题 8.7

1. $\mathbf{grad}u\big|_{(2,-1,1)} = \boldsymbol{i} - 3\boldsymbol{j} - 3\boldsymbol{k}$.

2.（1）电压沿 $-\boldsymbol{i} + 4\boldsymbol{j}$ 方向升高得最快；

（2）沿 $\boldsymbol{i} - 4\boldsymbol{j}$ 方向电压下降得最快；

（3）$4\sqrt{17}$ 和 $-4\sqrt{17}$.

3. 略.   4. $\mathbf{grad}z = \left(2x - \dfrac{1}{x}\right)\boldsymbol{i} + \left(1 + \dfrac{1}{y}\right)\boldsymbol{j}$.

5. $3\sqrt{2}$.   6. $-\dfrac{24}{25}$.   7. $-\dfrac{5}{\sqrt{6}}$.

习题 8.8

1. $(1,1),(0,0)$.

2. $(0,2)$ 为 $f(x,y)$ 的极小值点，极小值 $f(0,2) = -2$.

3. 极小值 $z(1,0) = -1$.

4. 极大值 $z(3,-2) = 28$.

5. 极大值 $z(3,2)=36$.

6. 最大值为 $\sqrt[4]{e}$, 最小值为 $\dfrac{1}{\sqrt[4]{e}}$.

7. 长、宽、高均为 $\dfrac{2\sqrt{3}}{3}r$ 时, 体积最大, 最大值为 $\dfrac{8\sqrt{3}}{9}r^3$.

8. （1） $(1,2)$ ；（2） $\left(\dfrac{-1\pm\sqrt{3}}{2},\dfrac{-1\pm\sqrt{3}}{2},2\mp\sqrt{3}\right)$.

习题 8.9

1. 甲、乙两种产品分别生产 3.8 千件和 2.2 千件时利润最大,最大利润为 22.2 万元.

2. 甲种鱼 $x=\dfrac{3\alpha-2\beta}{2\alpha^2-\beta^2}$ （万尾）, $y=\dfrac{4\alpha-3\beta}{2(2\alpha^2-\beta^2)}$ （万尾）.

3. 服装业投资 $\dfrac{4K}{7}$, 家电业投资 $\dfrac{3K}{7}$, 出口总收入增量最大值为 $\dfrac{12K^2}{7}$.

4. $x_1=6\left(\dfrac{p_2\alpha}{p_1\beta}\right)^{\beta}$, $x_2=6\left(\dfrac{p_1\beta}{p_2\alpha}\right)^{\alpha}$.

复习题八

一、1. A; 2. B; 3. B; 4. B; 5. D; 6. C; 7. A; 8. A; 9. D; 10. B.

二、（1）当 $x+y\neq0$ 时，函数在点 (x,y) 连续；

（2）当 $x+y=0$ 时，而 (x,y) 不是原点时 (x,y) 为可去间断点， $(0,0)$ 为无穷间断点.

三、1. $z_x=(\ln y)x^{\ln y-1}$, $z_y=\dfrac{\ln x}{y}x^{\ln y}$;

2. $u_x=f_1+yf_2+(yz+xyz_x)f_3$, $u_y=xf_2+(xz+xyz_y)f_3$;

3. $f_x(x,y)=\begin{cases}\dfrac{2xy^3}{(x^2+y^2)^2}, & x^2+y^2\neq0 \\ 0, & x^2+y^2=0\end{cases}$, $f_y(x,y)=\begin{cases}\dfrac{x^2(x^2-y^2)}{(x^2+y^2)^2}, & x^2+y^2\neq0 \\ 0, & x^2+y^2=0\end{cases}$.

四、$\left(f_1-\dfrac{f_2}{y\phi'(z)-1}\right)\mathrm{d}x-\dfrac{f_2\phi(z)}{y\phi'(z)-1}\mathrm{d}y$.

五、$xe^{2y}f''_{uu}+e^y f''_{uy}+xe^y f''_{xu}+f''_{xy}+e^y f'_u$.

六、$\dfrac{\partial z}{\partial x}=(v\cos v-u\sin v)e^{-u}$, $\dfrac{\partial z}{\partial y}=(u\cos v+v\sin v)e^{-u}$.

七、$\dfrac{\partial f}{\partial l}=\cos\phi+\sin\phi$,（1） $\phi=\dfrac{\pi}{4}$ ；（2） $\phi=\dfrac{5\pi}{4}$ ；（3） $\phi=\dfrac{3\pi}{4}$ 及 $\phi=\dfrac{7\pi}{4}$.

八、$\left(\dfrac{4}{5},\dfrac{3}{5},\dfrac{35}{12}\right)$.   九、切点 $\left(\dfrac{a}{\sqrt{3}},\dfrac{b}{\sqrt{3}},\dfrac{c}{\sqrt{3}}\right)$, $V_{\min}=\dfrac{\sqrt{3}}{2}abc$.

第九章

习题 9.1

1. $Q = \iint\limits_{D} u(x, y)\mathrm{d}\sigma$.

2. $\iint\limits_{D}\left(1 - \dfrac{x}{2} - \dfrac{4y}{3}\right)\mathrm{d}x\mathrm{d}y$.

3. $\iint\limits_{D}\sqrt{R^2 - x^2 - y^2}\,\mathrm{d}\sigma = \dfrac{1}{2}\cdot\dfrac{4}{3}\pi R^3$.

4. （1）$[\pi, 5\pi]$；（2）$[0, 2]$.（3）$[0, 16\pi]$

5. 24π

6. （1）$I_1 > I_2$；（2）$I_1 > I_2$.

7. $I_4 > I_3 > I_1 > I_2$.

习题 9.2

1. （1）$\dfrac{1}{4}$；（2）-13；（3）-2；（4）$\dfrac{2}{3}$；（5）$\dfrac{e^2 - 1}{4}$；（6）$\dfrac{64}{27}\sqrt{2}$.

2. $\dfrac{3}{32}\pi a^4$.

3. （1）$\displaystyle\int_{-r}^{r}\mathrm{d}x\int_{0}^{\sqrt{r^2 - x^2}} f(x, y)\mathrm{d}y$，$\displaystyle\int_{0}^{r}\mathrm{d}y\int_{-\sqrt{r^2 - y^2}}^{\sqrt{r^2 - y^2}} f(x, y)\mathrm{d}x$；

   （2）$\displaystyle\int_{1}^{2}\mathrm{d}x\int_{\frac{1}{x}}^{x} f(x, y)\mathrm{d}y$，$\displaystyle\int_{\frac{1}{2}}^{1}\mathrm{d}y\int_{\frac{1}{y}}^{2} f(x, y)\mathrm{d}x + \int_{1}^{2}\mathrm{d}y\int_{y}^{2} f(x, y)\mathrm{d}x$.

4. （1）$\displaystyle\int_{0}^{4}\mathrm{d}x\int_{\frac{x}{3}}^{\sqrt{x}} f(x, y)\mathrm{d}y + \int_{4}^{6}\mathrm{d}x\int_{\frac{x}{3}}^{2} f(x, y)\mathrm{d}y$；

   （2）$\displaystyle\int_{1}^{\sqrt{2}}\mathrm{d}y\int_{1}^{y^2} f(x, y)\mathrm{d}x + \int_{\sqrt{2}}^{3}\mathrm{d}y\int_{1}^{2} f(x, y)\mathrm{d}x$；

   （3）$\displaystyle\int_{0}^{1}\mathrm{d}y\int_{\sqrt{y}}^{3 - 2y} f(x, y)\mathrm{d}x$.

5. （1）$\dfrac{1}{2}$；（2）$\dfrac{1}{2} - \dfrac{1}{2e}$；（3）$\dfrac{1}{6} - \dfrac{1}{3e}$；（4）$\dfrac{1}{6}$.

6. （1）$\displaystyle\int_{0}^{\pi}\mathrm{d}\theta\int_{0}^{a} f(r\cos\theta, r\sin\theta)r\mathrm{d}r$；　　（2）$\displaystyle\int_{-\frac{\pi}{2}}^{\frac{\pi}{2}}\mathrm{d}\theta\int_{a}^{b} f(r\cos\theta, r\sin\theta)r\mathrm{d}r$；

   （3）$\displaystyle\int_{0}^{\pi}\mathrm{d}\theta\int_{0}^{a\sin\theta} f(r\cos\theta, r\sin\theta)r\mathrm{d}r$；　　（4）$\displaystyle\int_{0}^{\frac{\pi}{4}}\mathrm{d}\theta\int_{0}^{1} f(r\cos\theta, r\sin\theta)r\mathrm{d}r$.

7. （1）$\displaystyle\int_{-\frac{\pi}{4}}^{\frac{\pi}{4}}\mathrm{d}\theta\int_{0}^{2\cos\theta} f(r^2, \theta)r\mathrm{d}r$；　　（2）$\displaystyle\int_{\frac{\pi}{4}}^{\frac{5\pi}{4}}\mathrm{d}\theta\int_{1}^{2} re^r\mathrm{d}r$.

8. （1）$\displaystyle\int_{0}^{\frac{\pi}{2}}\mathrm{d}\theta\int_{0}^{2R\cos\theta} f(r\cos\theta, r\sin\theta)r\mathrm{d}r$；　（2）$\displaystyle\int_{0}^{\frac{\pi}{2}}\mathrm{d}\theta\int_{0}^{R} f(r^2)r\mathrm{d}r$.

9. （1）$-6\pi^2$；（2）$\dfrac{\pi}{8} + \dfrac{1}{12}$；（3）$\sqrt{2} - 1$；（4）$\dfrac{\pi}{4}(2\ln 2 - 1)$.

10. （1）$14a^4$；（2）$\dfrac{1-\cos 1}{3}$；（3）$\dfrac{\pi}{8}R^4$.

习题 9.3

1. （1）$I=\displaystyle\int_0^1 \mathrm{d}x\int_0^{2(1-x)}\mathrm{d}y\int_0^{\frac{1}{2}(6-6x-3y)}f(x,y,z)\mathrm{d}z$；

（2）$I=\displaystyle\int_{-1}^1 \mathrm{d}x\int_{-\sqrt{1-x^2}}^{\sqrt{1-x^2}}\mathrm{d}y\int_{x^2+y^2}^1 f(x,y,z)\mathrm{d}z$；

（3）$I=\displaystyle\int_{-1}^1 \mathrm{d}x\int_{-\sqrt{1-x^2}}^{\sqrt{1-x^2}}\mathrm{d}y\int_{\sqrt{x^2+y^2}}^{\sqrt{2-x^2-y^2}} f(x,y,z)\mathrm{d}z$；

（4）$I=\displaystyle\int_0^1 \mathrm{d}x\int_0^{1-x}\mathrm{d}y\int_0^{xy} f(x,y,z)\mathrm{d}z$.

2. （1）$\dfrac{1}{10}$；（2）$\dfrac{1}{24}$；（3）$\dfrac{1}{64}$；（4）$\dfrac{2\pi}{15}$；（5）$\dfrac{8\pi}{5}$.

3. （1）$\dfrac{7\pi}{12}$；（2）$\dfrac{4\pi}{21}$.　　　　4. （1）$\dfrac{4\pi}{5}$；（2）$\dfrac{7\pi a^4}{6}$.

习题 9.4

1. $\sqrt{2}\pi$.　　　　　　　　2. $\left(\dfrac{a^2+ab+b^2}{2(a+b)},0\right)$

3. $\left(\dfrac{2}{5}a,\dfrac{2}{5}a\right)$.　　　　　4. $I_x=\dfrac{72}{5}$，$I_y=\dfrac{96}{7}$.

5. $F=\left\{2f\rho\left(\ln\dfrac{R_2+\sqrt{R_2^2+a^2}}{R_1+\sqrt{R_1^2+a^2}}-\dfrac{R_2}{\sqrt{R_2^2+a^2}}+\dfrac{R_1}{\sqrt{R_1^2+a^2}}\right),0,\pi fa\rho\left(\dfrac{1}{\sqrt{R_2^2+a^2}}-\dfrac{1}{\sqrt{R_1^2+a^2}}\right)\right\}$.

6. （1）$\left(0,0,\dfrac{27}{20}\right)$；（2）$\left(\dfrac{4}{3},0,0\right)$.　　　7. $\dfrac{1}{2}a^2 M$（$M=\pi a^2 h\rho$ 为圆柱体质量）.

复习题九

一、1. D；2. C；3. B；4. A；5. A；6. B，D；7. B；8. C.

二、1. $\pi^2-\dfrac{40}{9}$；2. $\dfrac{3}{64}\pi^2$；3. $\dfrac{\pi}{4}R^4+9\pi R^2$；4. $\dfrac{5}{2}\pi$.

三、1. $\displaystyle\int_0^2 \mathrm{d}x\int_{\frac{x}{2}}^{3-x} f(x,y)\mathrm{d}y$；　　　　2. $\displaystyle\int_0^1 \mathrm{d}y\int_0^{y^2} f(x,y)\mathrm{d}x+\int_1^2 \mathrm{d}y\int_0^{\sqrt{2y-y^2}} f(x,y)\mathrm{d}x$；

3. $\displaystyle\int_0^a r\,\mathrm{d}r\int_r^a f(r\cos\theta,r\sin\theta)\mathrm{d}\theta$.

四、$\int_0^1 dz \int_z^1 dy \int_0^z f(x,y,z)dx$.

五、1. $\dfrac{\pi^2}{16} - \dfrac{1}{2}$; 2. $\dfrac{250}{3}\pi$; 3. 0. 六、$\dfrac{1}{2}\sqrt{a^2b^2 + b^2c^2 + c^2a^2}$.

七、提示：$F(x) = \int_0^x f(t)dt$, 则 $F'(x) = f(x)$, 且 $F(t) = \int_0^1 f(x)dx$, $F(0) = 0$.

第十章

习题 10.1

1. $\dfrac{256}{15}a^3$; 2. $e^a\left(2 + \dfrac{\pi}{4}a\right) - 2$; 3. $2\pi a^{n+1}$; 4. $\dfrac{1}{12}(5\sqrt{5} + 6\sqrt{2} - 1)$;

5. $\dfrac{\sqrt{3}}{2}(1 - e^{-2})$; 6. 9; 7. $2\pi^2 a^3(1 + 2\pi^2)$.

习题 10.2

1. $-\dfrac{56}{15}$; 2. 0; 3. 14; 4. -2π ;

5. $-\dfrac{1}{2}\pi a^3$; 6. $\dfrac{k^3\pi^3}{3} - a^2\pi$; 7. 13; 8. $\dfrac{256}{15}\pi$;

9. （1）$\int_L \dfrac{P(x,y) + Q(x,y)}{\sqrt{2}}ds$; （2）$\int_L \left[\sqrt{2x - x^2}P(x,y) + (1 - x)Q(x,y)\right]ds$.

10. $\int_\Gamma \dfrac{P + 2xQ + 3yR}{\sqrt{1 + 4x^2 + 9y^2}}ds$; 11. $mg(z_2 - z)$.

习题 10.3

1. （1）$\dfrac{1}{30}$; （2）8. 2. （1）$\dfrac{3}{8}\pi a^2$; （2）12π ; （3）πa^2 .

3. $-\pi$. 4. （1）$\dfrac{5}{2}$; （2）236; （3）5.

5. （1）12; （2）0; （3）$\dfrac{\pi^2}{4}$; （4）$\dfrac{\sin 2}{4} - \dfrac{7}{6}$.

习题 10.4

1. $4\sqrt{61}$; 2. $\dfrac{1 + \sqrt{2}}{2}\pi$; 3. $\dfrac{64}{15}\sqrt{2}a^4$; 4. $\dfrac{2}{15}\pi a^5$; 5. $-\dfrac{27}{4}$; 6. 9π .

习题 10.5

1. $\dfrac{2}{105}\pi R^5$；   2. $\dfrac{1}{8}$；   3. $\dfrac{3}{2}\pi$；   4. $\dfrac{1}{2}$；

5.（1）$\displaystyle\iint_{\Sigma}\left(\dfrac{3}{5}P+\dfrac{2}{5}Q+\dfrac{2\sqrt{3}}{5}R\right)\mathrm{d}S$，   （2）$\displaystyle\iint_{\Sigma}\dfrac{2xP+2yQ+R}{\sqrt{4x^2+4y^2}}\mathrm{d}S$.

习题 10.6

1.（1）$3a^4$；（2）$\dfrac{2}{5}\pi a^5$；（3）a^4；（4）0；（5）$\dfrac{\pi h^4}{2}$.

2. $\dfrac{4}{3}\pi abc$.   3. $\dfrac{\pi}{2}h^4$.   4. $\dfrac{11}{24}$.

5. 当曲面 Σ 不包含坐标原点时，积分值为 0；当曲面 Σ 包含坐标原点时，积分值为 4π.

6.（1）$\dfrac{3}{2}$；（2）0；（3）$3a^2$；（4）$-\dfrac{1}{8}\pi a^6$；（5）8π.

7. $u(x,y,z)=x^3-xy+y^4+xz^2+C$.

8. 提示：此积分与路径无关，积分值为 $\dfrac{1}{3}h^3$.

复习题十

一、1. B；2. C；3. C；4. C；5. B；6. C；7. B；8. C；9. C；10. B.

二、1. $\dfrac{(2+t_0^2)^{\frac{3}{2}}-2\sqrt{2}}{3}$；2. πa^2.   三、1. $2\pi\arctan\dfrac{H}{R}$；2. $-\dfrac{\pi}{4}h^4$；3. 0.

四、$u(x,y)=\dfrac{1}{2}\ln(x^2+y^2)$.   五、$\left(0,0,\dfrac{a}{2}\right)$.   六、3.   七、$\dfrac{32}{15}\pi,0$.

第十一章

习题 11.1

4.（1）发散；（2）发散；（3）收敛；（4）发散.   5. 略.

习题 11.2

1.（1）发散；（2）收敛；（3）收敛；（4）发散；（5）$a>1$ 时收敛，$0<a\leqslant1$ 时发散；

（6）收敛.

2．（1）发散；（2）收敛；（3）收敛；（4）$a \geqslant 1$时发散，$0 < a < 1$时收敛；（5）收敛；
（6）发散.

3．（1）收敛；（2）收敛；（3）收敛；（4）发散；（5）收敛；（6）收敛.

4．（1）发散；（2）收敛；（3）发散；（4）收敛；（5）收敛；（6）$0 < a < b$且$b > 1$时收敛，其余情形发散.

习题 11.3

1．（1）条件收敛；（2）绝对收敛；（3）绝对收敛；（4）绝对收敛；（5）条件收敛；
（6）发散.

习题 11.4

1．（1）$\left(1 - \dfrac{1}{\sqrt{3}}, 1 + \dfrac{1}{\sqrt{3}}\right)$；（2）$[-1, 1]$；（3）$(-\sqrt{2}, \sqrt{2})$；（4）$\left(-1, -\dfrac{1}{2}\right) \cup \left(\dfrac{1}{2}, 1\right)$；
（5）$(-2, 4)$；（6）$[4, 6]$.

2．（1）$\arctan x$；（2）$\dfrac{2x}{(1+x)^3}$；（3）$\ln \dfrac{2}{1-x}$；（4）$\dfrac{16}{(2-x)^3}$.

习题 11.5

1．（1）$f(x) = \displaystyle\int_0^x \sum_{n=0}^{\infty} [(-1)^n 2^{n+1} - 1] x^n \, \mathrm{d}x = \sum_{n=0}^{\infty} [(-1)^n 2^{n+1} - 1] \dfrac{x^{n+1}}{n+1} = \sum_{n=1}^{\infty} \dfrac{[(-1)^{n-1} 2^n - 1]}{n} x^n$，收敛域为
$\left(-\dfrac{1}{2}, \dfrac{1}{2}\right]$；

（2）$f(x) = \displaystyle\sum_{n=0}^{\infty} [(-1)^n 2^{n+1} + 1] x^n$，$\left(-\dfrac{1}{2}, \dfrac{1}{2}\right)$；

（3）$f(x) = -1 + \dfrac{x^2}{2} + \displaystyle\sum_{n=1}^{\infty} (-1)^n \dfrac{(2n-1)!!}{(2n+2)!!(2n+1)} x^{2n+2}$，$[-1, 1]$.

2．（1）$f(x) = \displaystyle\sum_{n=0}^{\infty} \left(\dfrac{1}{2^{n+1}} - \dfrac{1}{3^{n+1}}\right)(x+4)^n$，$(-6, -2)$；

（2）$f(x) = \dfrac{1}{\ln 10} \displaystyle\sum_{n=0}^{\infty} (-1)^n \dfrac{(x-1)^{n+1}}{n+1}$，$(0, 2]$.

习题 11.6

1．（1）$1.098\,6$；（2）$0.488\,36$；（3）$0.521\,1$；（4）$0.052\,34$.

2. (1) 0.494 0;(2) 0.487;(3) 0.035 4;(4) 0.497.   3. 略.

习题 11.7

1. (1) $f(x)=\dfrac{a_0}{2}+\sum\limits_{n=1}^{\infty}a_n\cos\dfrac{nx}{2}=\dfrac{4}{3}\pi^2+\sum\limits_{n=1}^{\infty}(-1)^n\dfrac{16}{n^2}\cos\dfrac{nx}{2},\ [0,2\pi]$,

$f(x)=\sum\limits_{n=1}^{\infty}b_n\sin\dfrac{nx}{2},\ (0,2\pi)$;

(2) $f(x)=\dfrac{1}{2}-\dfrac{4}{\pi^2}\sum\limits_{k=0}^{\infty}\dfrac{\cos\dfrac{2k+1}{2}\pi x}{(2k+1)^2},\ (1<x<2)$,

$f(x)=\dfrac{8}{\pi^2}\sum\limits_{n=1}^{\infty}(-1)^n\dfrac{\sin\dfrac{n\pi x}{2}}{n^2},\ (1<x<2)$.

2. (1) $f(x)=\dfrac{1}{2}\cos x+|x|=\dfrac{\pi}{2}+\left(\dfrac{1}{2}-\dfrac{4}{\pi}\right)\cos x-\dfrac{4}{\pi}\sum\limits_{k=2}^{\infty}\dfrac{\cos(2k-1)x}{(2k-1)^2},\ [-\pi,\pi]$;

(2) $f(x)=\sum\limits_{n=1}^{\infty}\left[\dfrac{2}{n^2\pi}\sin\dfrac{n\pi}{2}-\dfrac{1}{n}(-1)^n\right]\sin nx=\dfrac{2}{\pi}\sum\limits_{n=1}^{\infty}\dfrac{1}{n}\left[\dfrac{1}{n}\sin\dfrac{n\pi}{2}-(-1)^n\dfrac{\pi}{2}\right]\sin nx,\ [-\pi,\pi]$.

复习题十一

一、1. B;2. C;3. B;4. C;5. D;6. B;7. A.

二、1. 发散;2. 收敛;3. 发散;4. 收敛;5. 收敛;6. 收敛;7. 收敛;8. 收敛;
9. 发散;10. 发散.

三、1. $[-3,3)$;2. $(-1,5]$;3. $|x|<\dfrac{1}{3}$.

五、1. $f(x)=\sum\limits_{n=0}^{\infty}(-1)^n\left(\dfrac{1}{2^{n+2}}-\dfrac{1}{2^{2n+3}}\right)(x-1)^n,\ x\in(-1,3)$.

2. $f(x)=\sum\limits_{n=0}^{\infty}\dfrac{(-1)^n}{n+1}(x-1)^{n+2},\ x\in(0,2]$.

六、$f(x)=\dfrac{\sqrt{3}}{2}\sum\limits_{n=0}^{\infty}\dfrac{(-1)^n}{(2n)!}\left(x-\dfrac{\pi}{6}\right)^{2n}-\dfrac{1}{2}\sum\limits_{n=0}^{\infty}\dfrac{(-1)^n}{(2n+1)!}\left(x-\dfrac{\pi}{6}\right)^{2n+1},\ x\in(-\infty,+\infty)$.